绵羊规模化养殖高效快繁技术

常卫华　陈彬龙　倪国超　主编

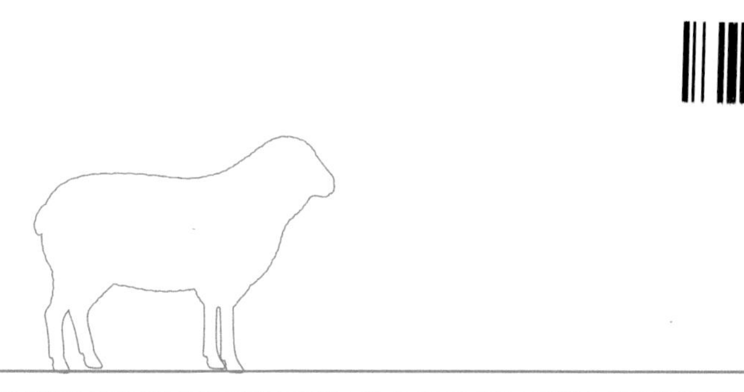

中国农业科学技术出版社

图书在版编目(CIP)数据

绵羊规模化养殖高效快繁技术 / 常卫华，陈彬龙，倪国超主编. --北京：中国农业科学技术出版社，2024.5

ISBN 978-7-5116-6816-5

Ⅰ.①绵…　Ⅱ.①常…②陈…③倪…　Ⅲ.①绵羊-饲养管理②绵羊-繁殖　Ⅳ.①S826

中国国家版本馆 CIP 数据核字(2024)第 095883 号

责任编辑　朱　绯
责任校对　马广洋
责任印制　姜义伟　王思文

出 版 者　中国农业科学技术出版社
北京市中关村南大街 12 号　　邮编：100081
电　　话　(010) 82109707 (编辑室)　　(010) 82106624 (发行部)
(010) 82109709 (读者服务部)
网　　址　https://castp.caas.cn
经 销 者　各地新华书店
印 刷 者　北京建宏印刷有限公司
开　　本　170 mm×240 mm　1/16
印　　张　17.75
字　　数　348 千字
版　　次　2024 年 5 月第 1 版　2024 年 5 月第 1 次印刷
定　　价　65.00 元

本论著由国家自然科学基金地区项目“卵巢 oar-miR-214_3p 对凉山黑绵羊发情调控作用的机制研究”（项目编号：32360905）、中国农业大学对口支援西昌学院联合基金及中央高校基本科研业务费专项资金项目“凉山黑绵羊高效快繁与利用保护”（项目编号：ZXL202403、2024TC080）、西昌学院博士人才基金项目“绵羊早期妊娠诊断 LncRNA 生物标志物的筛选及鉴定”（项目编号：YBZ202132）、横向课题“中国凉山黑绵羊科技示范园区高效快繁技术的集成与示范”、西昌市科技计划项目“规模化羊场疫病诊疗与风险防范关键技术研发与应用”［项目编号：（2023）53-11］、会东县农业科技创新项目“会东红骨羊红骨主效基因与疾病相关性研究”［项目编号：（2022）346-25］资助完成，特此感谢！

《绵羊规模化养殖高效快繁技术》

编　委　会

主　编：常卫华　西昌学院
　　　　陈彬龙　西昌学院
　　　　倪国超　西昌学院
副主编：赵　影　西昌学院
　　　　王金君　山东畜牧兽医职业学院
　　　　辛萍萍　山东畜牧兽医职业学院
参　编：周可磊　凉山州动物疫病预防控制中心
　　　　王娟红　西昌学院
　　　　李　昊　西昌学院
　　　　齐　琪　中国农业大学
　　　　唐国强　西昌市农业农村局
　　　　乔立旺　济宁市高级职业学校
　　　　邢耀潭　内江职业技术学院
　　　　李　臣　沂南县农业农村局
　　　　刘锡辉　西昌学院
　　　　王　瑞　甘肃庆阳合水县动物疫病预防控制中心
审　稿：严光文　西昌学院

前　言

从“十二五”到“十三五”，再到“十四五”，国家一直高度重视羊产业的发展，不断加大对羊规模化养殖及羊基础研究的扶持力度，加快转变羊产业发展方式，不断增强羊肉综合生产能力，提升羊标准化规模养殖水平；同时，支持羊规模养殖场开展圈舍、粪污处理、防疫等标准化改造，改善养殖基础设施等条件。在羊良种工程中，不断加大投资力度，提升新品种的培育，支持种畜场改善基础设施条件，提高种羊供应能力，满足羊肉生产良种需要，同时提高养殖场户使用良种积极性，推广普及同期发情、人工授精、高频快繁、早期妊娠诊断、早期断奶、性别控制等技术，增加养殖企业、养羊户收益，助力乡村产业振兴。

本书主要介绍绵羊规模化养殖高频快繁技术，共分 10 章，内容包括：绵羊发展概况、绵羊生殖生理、绵羊发情调控技术、绵羊精液保存及人工授精技术、绵羊胚胎生物技术、绵羊妊娠诊断技术、绵羊多羔技术、规模化羊场高频快繁技术、性别分化控制技术及羊繁殖障碍病。本书内容丰富，具有针对性，实用性强，对羊的规模化养殖具有非常好的指导作用。

本书由常卫华担任第一主编，组织相关教师进行编写，其执笔编写 11 万字，陈彬龙编写 9 万字，倪国超编写 8 万字，其他教师负责 6 万字的编写及稿件的修订、审核等工作。编者均为在职教学、科研与生产人员，有较丰富的实践经验、科研能力和生产管理能力。

由于时间仓促，本书的内容仍需继续提高完善，加之编者水平有限，缺点在所难免，恳请读者提供宝贵意见，以便及时改进。

编　者

2024 年 3 月

目　　录

第一章　绵羊养殖业发展概况

羊产业一直是我国畜牧业的主要组成部分之一。其品种的多样性、分布区域的广泛性保证了羊产品的多样化。世界上不同生产方向的羊品种和类型700~900个，大部分品种用于羊毛和羊肉的生产。

羊的饲养规模在不同时间段出现不同的发展趋势，比如1983—1994年全世界绵羊总头数减少了4.4%，其中，绵羊生产比较发达的国家减少幅度比较显著，例如新西兰减少了10.26%，澳大利亚减少10.70%，美国减少了20.17%，阿根廷减少了33.33%。而中国、印度、巴西的绵羊饲养量则呈上升趋势，我国增加了4.77%，印度增加了7.46%，巴西增加了17.14%。至2017年，我国羊出栏量上升至31 218.4万只；羊存栏量（包含毛用羊）升至29 903.7万只。1978—2015年，我国羊存栏量一直大于出栏量，2016年，我国羊出栏量反超存栏量。2017年，我国羊出栏量达到31 218.4万只，羊存栏量29 903.7万只。2023年，中国羊出栏量33 864.0万只，较上年增加240.0万只，增幅为0.7%；年末羊存栏量32 233.0万只，同比下降1.2%。从出栏率看，近5年羊只出栏率都突破了100%，2023年羊只出栏率为105.1%，较上年下降了2.6个百分点，虽然我国绵羊饲养量持续增加，但仍只能满足本国需求量的1/4~1/3，其余全依赖进口。2017年，来自新西兰和澳大利亚的羊肉进口总额占我国羊肉进口总额的比例已超过98%，2023年进口量达到34.4万t，同比增长17.4%。

绵羊肉产量占世界肉类总产量的4.5%~5%，生产羊肉的主要地区为西欧、北美、新西兰、亚洲、澳大利亚等。2001年全球羊肉产量上升到1 159.5万t。在此期间，羔羊肉的产量迅速增加。1983—1994年世界羊肉产量一直呈上升趋势，增长了21.72%，平均每年递增1.8%，其中，美国、罗马尼亚、英国基本持平，阿根廷和新西兰羊肉下降幅度较大，1983—1994年分别下降了34.5%和25.9%。巴西、印度、澳大利亚和中国的羊肉生产呈上升趋势。其中，澳大利亚增加了18.9%，印度增加了53.8%，巴西增加了129%，而我国增加了184%，增长幅度最大。2023年羊肉产量达531.0万t，比上年增加7.0万t，增幅为1.3%。近5年内，国内产能不断上升。

从世界几个主要国家的绵羊生产水平来看，平均每只存栏羊年产肉高的国家是以肉作为主要产品，羊毛次之，如美国、法国、英国等；平均每只存栏羊年产毛量高的国家是以毛作为主要产品，如澳大利亚、阿根廷等。而新西兰是毛、肉并举，半细毛兼用品种是新西兰的主导品种，在良好的放牧条件下，可保证羊毛和羊肉的高产。而中国和上述国家相比，羊毛和羊肉的生产水平均比较低，生产方向也逐渐清晰，开始大规模地趋向于肉羊的饲养与生产。

在世界绵羊生产中，通过集约化、规模化、新技术增加生产量的趋势越来越明显，主要表现在饲养和繁殖等新技术的应用、生产水平的提高和生产成本的降低。世界各国绵羊养殖业生产方向也在发生着明显变化，特别是羊毛生产比较发达的国家，其羊肉产量增长幅度较大，而羊毛产量却有所减少，均已趋向于肉羊的规模化、集约化生产。

第一节　养羊业在国民经济中的地位和作用

我国养羊业的历史悠久，绵羊和山羊品种资源丰富，羊的数量居世界第一位。养羊业生产与国家现代化建设和各族人民生活水平的提高关系十分密切，对新时代社会主义经济的发展，对全面巩固精准脱贫成果具有十分重要的作用。

一、改善人民生活，满足人民需要

羊肉营养价值很高，是我国主要的肉品来源之一。特别是在广大的草原牧区，农牧民消费的肉品以羊肉为主。因为绵羊和山羊繁殖相对较快，达到可食用期需要的时间较短，所以肉食以羊肉为主。近年来，羊肉的市场需求量很大，消费量急剧上升。

羊毛（绒）是我国纺织工业的重要原料之一，用途很广，如制绒线、毛毯、地毯、呢绒及其他精纺织品等。毛织品美观大方，保暖耐用，具有很多优点。

羊皮保暖性强，是冬季寒冷地区人们御寒的佳品。滩羊和中卫山羊的二毛皮，轻暖美观，一直为广大群众所喜爱；湖羊羔皮、济宁青山羊猾子皮、卡拉库尔羔皮、策勒黑羊羔皮、青海贵德紫羔皮等，花案奇特，美丽悦目，是制作皮帽、皮领及外套的良好原料；用绵羊、山羊板皮加工制作的各式皮夹克和箱包，更是广大中青年喜爱、富有时代色彩的衣着和日用品。

羊奶是我国奶品供应的重要来源之一。在许多草原牧区，羊奶还是牧民生活中不可缺少的重要食品。据测定，山羊奶的脂肪细胞比牛奶的脂肪细胞小，容易消化吸收，可作为老弱病人及婴儿的保健营养品。同时，羊奶还可以加工成乳酪、炼乳、酸奶和奶粉等，对满足人民群众的不同需要和增进人们的健康也有很大的益处。

二、提供工业原料，促进工业发展

羊肉、羊毛（绒）、羊皮、羊奶、羊肠衣等是食品工业、毛纺工业、制革工业以及化学工业等的重要原料。随着科学技术的进步，羊产品可以加工成更多、更高级的产品。因此，在某种程度上讲，养羊业已经成为若干工业生产的原料基地，它发展得快慢直接关系这些门类发展得快慢。以毛纺工业为例，我国现在毛纺工业年加工羊毛（净毛）近 40 万 t，约占世界羊毛加工总量的 35%，是世界上最大的羊毛制品加工中心。同时，中国毛纺产品近年来出口快速增长，2008 年，毛纺原料及制品出口额达 102. 2 亿美元。目前，中国年羊毛（净毛）消费量超过 20 万 t，约占全球羊毛消费量的 18%，是世界上最大的羊毛消费国家。75%以上的毛纺产品在国内市场消费。然而，我国目前年产羊毛（净毛）约 11 万 t，其余全部依赖进口。仅从这一点看，要确保和推动我国毛纺工业的持续发展，必须大力发展衣料用毛，即优质细羊毛生产，任重而道远。

三、繁荣产区经济，增加养羊户收入

随着国家各项农村经济政策的贯彻落实，我国的养羊业生产已从集体经营为主转变为以家庭经营为辅、以合作社及规模化饲养为主，这为调动城乡广大农牧民、养殖单位养羊的生产积极性，推动养羊业生产发展，创造了有利条件。在我国不少农牧区，养羊业现在已成为支柱产业，成为社会主义新农村建设新的经济增长点，对繁荣产区经济和增加农牧民收入起到了积极的推动作用。

四、养羊积肥，提高农作物产量

羊粪尿在各种家畜粪尿中，氮、磷、钾的含量比较高，是一种很好的有机肥料。施用羊粪尿，不仅可以明显提高农作物的单位面积产量，而且对改善土壤团粒结构，防止板结，特别对改良盐碱土和黏土、提高土壤肥力效果显著。一只羊全年的净排粪量为 750~1 000kg，总含氮量为 8~9kg，相当于硫酸铵 35~40kg。长期以来，我国广大劳动人民因地制宜地创造了许多养羊积肥的经验。例如，有的地区往远地、高山送粪时结合放羊，轮流到各地块露宿一段时间，轮流排粪，这种把放羊、积肥、送肥相结合的方法称为“卧羊”。又如，由于上海市各级政府和业务主管部门的推动、农牧业生产环境治理力度加大和有机农业迅速发展，上海永辉羊业有限责任公司以羊粪尿为基础生产有机肥，生产工艺流程一般是：原料［羊粪+猪粪+辅料（秸秆粉+蘑菇渣等）］—两次发酵（加好氧菌）—后熟—粉碎—筛分—成品包装（粉状或颗粒等）。2008 年，该公司生产有机肥 7 500t，出售给上海种植业相关单位，每吨有机肥售价 400 元（购买单位每吨出 200 元，政府补助 200 元），供不应求，效益不菲。这样种草养羊、羊粪肥地，循环往复，充分利用，既促进了有机农业的发展，降低了生产成本，又提高了产品品质，而且保护了环境和水体资源，显著增加了养羊业的经济收入。当然，羊粪只是养羊的副产品，不是养羊的目的。羊粪的再利用改善了农牧业生产的生态环境，实现了生态效益和经济效益双收。

五、提供出口物质，换取外汇

我国的羊毛、山羊绒、羊皮、羊肠衣等产品是传统的出口物资，在对外贸易上占有一定地位。地毯远销美国、日本及欧洲各国家，在国际市场上享有很高的声誉。山羊板皮、青猾子皮、湖羊羔皮、滩羊二毛皮等亦受国际市场的欢迎。特别应该强调的是，我国的山羊绒细软洁白、手感滑爽、质地优良，深受各国欢迎，我国每年出口的分梳净绒及羊绒织品占国际贸易量的一半以上，是重要的出口创汇产品。

近年来，随着我国加工业水平的提高，羊产品出口已不限于原料，经过深加工后的高档纺织品、服装、皮革制品等也已远销国外，从而大大提高了羊产品的价值，其换汇率进一步提高。

第二节　养羊业发展的潜力、现状和水平

一、中国养羊业发展的基础和潜力

（一）具有推动养羊业持续、健康发展的良好基础

1. 拥有丰富的绵羊、山羊品种资源

全国现有绵羊品种 98 个，其中地方品种 44 个，培育品种 21 个，引入品种 33 个；山羊品种 70 个，其中地方品种 56 个，培育品种 9 个，引入品种 5

个。近几年来，辽宁省畜牧科学研究院培育出了全年长绒型绒山羊新品系；在云南兰坪白族普米族自治县通甸乡，发现了具有乌骨、乌肉特征的乌骨绵羊群体等新的种质资源。

这些绵羊、山羊品种分别适于不同的生态经济地区，是我国家养动物物种生物多样性的重要组成部分，是持续发展我国养羊业生产和改善人民生活的重要生产资料和生活资料。

2. 拥有面积辽阔的草地资源

2008 年，根据农业部的资料，全国草原面积近 4 亿 hm^2，约占国土面积的 41.7%。我国天然草原主要分布在北方干旱半干旱区和青藏高原。全国天然草原鲜草总产量 2008 年达 94 725.5 万 t，折合干草约 29 626.8 万 t。其中，内蒙古、西藏、四川、新疆、青海、甘肃六大牧区天然草原干草产量 16 438.4 万 t，约占全国天然草原干草产量的 55.5%。载畜能力约为 23 178 万个羊单位。

近年来，国家在北京、河北、山西、内蒙古、四川、贵州、云南、西藏、甘肃、青海、宁夏、新疆 12 个省（自治区、直辖市）和新疆生产建设兵团的 230 个县（旗、团场）陆续实施了退牧还草、京津风沙源治理和西南岩溶地区草地治理试点等工程项目，采取了草原围栏、补播改良、人工种草等工程措施，工程区内植被逐步恢复，草原生产力和可食鲜草产量显著提高，生态环境明显改善。截至 2007 年底，全国累计人工种草保留面积 2 867 万 hm^2，围栏面积 5 467 万 hm^2，禁牧休牧轮牧草原面积 9 000 万 hm^2。

3. 为养羊业发展提供丰富的农副产品，特别是农作物秸秆和饼粕等资源

2007 年，根据农业部畜牧业司的资料，全国青贮秸秆已经超过 1.8 亿 t（鲜重），折合干秸秆 4 500 万 t，氨化（含微贮）秸秆 5 300 万 t，加上未经处理直接饲用的秸秆，被畜牧业利用的秸秆资源约为 2.2 亿 t，占全国秸秆资源总量的 1/3。另外，还有很多农田饲料生产基地，每年生产数量可观的优质饲草饲料；其他农副产品经过加工处理，用其养羊潜力也相当巨大。

4. 具有较好的生产技术条件

中国养羊的历史悠久，养羊经验丰富。国家和地方以及人民群众为发展养羊业生产投入了大量的人力、物力和财力，显著地改善了生产基本条件。同时，研究和推广了一大批科研成果及先进实用的综合配套技术，培养了一大批不同层次的科技人才，建立了分布在全国农村、牧区且较为有效的社会技术服务系统，等等。所有这些，都为中国养羊业现阶段的持续发展提供了有利条件，奠定了重要基础。

（二）农业农村部制定了羊业发展规划，为近期养羊业的发展明确了目标和任务

《全国肉羊遗传改良计划（2015—2025）》

总体目标

到 2025 年，建设国家肉羊遗传评估中心 1 个，区域性生产性能测定中心 6~8 个，遴选国家肉羊核心育种场（原种场和新品种选育场）100 家，重点选择 35~40 个肉用特点明显、适应性强、推广潜力大的地方品种，开展本品种选育，持续选育提高育成品种和主要引进品种性能，培育 10 个左右肉羊新品种，肉羊群体生产性能稳步提高。

主要任务

（1）确定重点选育的地方品种、育成品种、引进品种，制定选育方案，指导品种选育；筛选适宜杂交组合，指导品种利用。

（2）建立国家肉羊遗传评估中心和区域性生产性能测定中心，开展遗传评估，指导实施肉羊生产性能测定。

（3）制定遴选标准，遴选国家肉羊核心育种场，组建肉羊育种核心群，开展本品种选育和新品种培育。

（4）在国家肉羊核心育种场开展良种登记，健全种羊系谱档案。

主要指标

（1）2025 年前完成 100 家肉羊核心育种场遴选，形成纯种基础母羊 15 万只的核心育种群。

（2）完成肉羊核心育种场在群种羊良种登记，逐步形成连续完整的种羊系谱档案，实现种群动态跟踪。

（3）到 2025 年，100 个国家肉羊核心育种场每年种羊性能测定数量达到 10 万只以上。

（4）到 2025 年，重点选育的地方品种主要肉用性能提高 10%以上；新培育品种主要肉用性能比亲本提高 12%以上；绵羊产羔率牧区达到 120%以上、农区达到 150%以上，山羊产羔率达到 180%以上。

（三）颁布了国家级羊品种遗传资源保护名录

我国绵羊、山羊遗传资源十分丰富，列入《中国畜禽遗传资源志・羊志》中的地方品种共 100 个，其中，绵羊 42 个、山羊 58 个。根据 2014 年 2 月农业部第 2061 号公告，其中 27 个羊品种属于国家级遗传资源保护品种。

1. 绵羊（14 个）

小尾寒羊、乌珠穆沁羊、苏尼特羊、同羊、滩羊、西藏羊（草地型）、贵

德黑裘皮羊、湖羊、和田羊、大尾寒羊、多浪羊、汉中绵羊、兰州大尾羊和岷县黑裘皮羊。

2. 山羊（13 个）

辽宁绒山羊、中卫山羊、西藏山羊、内蒙古绒山羊（阿尔巴斯型、阿拉善型、二狼山型）、长江三角洲白山羊（笔料毛型）、济宁青山羊、成都麻羊、龙陵黄山羊、太行山羊、莱芜黑山羊、牙山黑绒山羊、大足黑山羊和雷州山羊。

二、中国养羊业生产的现状和水平

在全国 34 个省（自治区、直辖市）中，32 个有羊的分布，在《中国统计年鉴（2020—2023）》中统计全国存栏的绵羊、山羊总数中，年存栏量在 1 000 万只以上的省、自治区有内蒙古、新疆、山东、河南、甘肃、四川、西藏、青海和河北。饲养绵羊量居前的省、自治区有内蒙古、新疆和甘肃，饲养山羊量居前的省、自治区有河南、山东和内蒙古。

近年来，我国消费者对羊肉低脂肪、高蛋白、绿色健康等优点的认知度和认可度不断提高，购买意愿不断增强，羊肉已成为我国居民，尤其信仰伊斯兰教的民族不可或缺的动物性食品。2018 年，我国羊肉产品价格延续了 2017 年下半年的上涨趋势，肉羊产业发展迎来新机遇，养羊场（户）生产积极性迅速提高，我国肉羊产业供给能力增强。1978—2017 年，我国羊出栏量从 2 621.9 万只上升至 31 218.4 万只，增长了 10.91 倍；羊存栏量（此处包含毛用羊）从 16 993.7 万只上升到 29 903.7 万只，增长了 75.97%。1978—2015 年，我国羊存栏量一直大于出栏量，2016 年，我国羊出栏量反超存栏量。2017 年，我国羊出栏量 31 218.4 万只，羊存栏量 29 903.7 万只，羊可出栏量仍旧不足。受羊价上涨影响，养羊场（户）生产积极性提高，2018 年羊存栏量和出栏量均在增加。2023 年，中国肉羊生产稳定发展，出栏量与产量持续增长。从存出栏量看，2023 年，中国羊出栏量 33 864.0 万只，较上年增加 240.0 万只，增幅为 0.7%；年末羊存栏量（此处包含毛用羊）32 233.0 万只，同比下降 1.2%。从出栏率看，近 5 年羊只出栏率都突破了 100%，2023 年羊只出栏率为 105.1%，较上年下降了 2.6 个百分点。

第三节　现阶段养羊业存在的主要问题

一、绵羊、山羊品种良种化程度低，生产力水平有待提高

60 多年来，尽管中国在引入国内优良品种、开展杂交改良、培育新的高

生产力绵羊和山羊品种或选育提高地方良种方面做了大量的工作，但时至今日，中国羊产业中的良种化程度依然不高，绵山羊良种化程度仅占全国绵羊、山羊总数的38%。我国原有地方优秀品种羊，由于重视不够，经费短缺，选育提高进展缓慢。截至2018年底，策勒黑羊数量不足两万只，而且多数被杂化。和田羊、塔什库尔干羊、多浪羊等均有类似现象。近年来，培育出的阿勒泰肉用细毛羊、南江黄羊和巴美肉羊等新品种，其生产力最多只能达到二流水平；而号称培育出达到世界先进水平的中国美利奴羊、新吉细毛羊，在羊毛综合品质和群体数量上还不能与澳洲美利奴羊相媲美。国家和地方引进的许多优秀绵羊品种，由于种种原因，在改良地方低产羊方面进展不大。而且，多数地区绵羊改良都不采用人工输精技术，而是用本交方式，使优秀种羊的利用大大缩水。近年来，羊毛、羊肉价格倒挂，国内羊毛市场疲软，为了面对现实和追求经济效益，许多细毛羊、半细毛羊产区的养殖户纷纷引入肉用羊、小尾寒羊，甚至用土种羊对细毛羊、半细毛羊进行“倒改”，致使不少地区的同质细毛羊、半细毛羊又重新回到异质毛状态。而且这种“倒改”现象在部分细毛羊、半细毛羊产区至今仍在蔓延，严重威胁细毛羊和半细毛羊业的发展。近年来，种羊市场虽有复苏，但许多种羊场、公司企业至今种羊经营销售环境仍十分困难。因此，中国养羊业的总体生产水平和产品质量受到很大影响。如2010年，在新西兰养羊业中，每只存栏羊平均产肉为14.6kg，产毛5.1kg（净毛率60%以上），而同年中国的上述指标相应为12.4kg和2.8kg（净毛率50%以上），分别相当于新西兰的84.9%和54.9%，差距相当显著。

二、生产组织发展水平有待提高

目前肉羊产业仍处于粗放的发展阶段，养殖以小规模散养户为主，小规模分散经营的肉羊养殖户生产技术水平低，获得市场信息能力弱，在市场竞争中处于弱势地位，难以实现经营效益的提升。另外，产业链主体之间“各自为政”，尚未建立一个风险共担、利益共享的联结机制，产业链上下游间严重的信息不对称会限制肉羊产品质量的提升，降低其抵御市场风险和生产风险的能力。

三、羊产品加工标准不统一

虽然中国已经逐步确立肉制品加工安全生产标准体系，企业认证和污染治理管控也逐渐加强，但羊肉市场也频频受到“假羊肉”等食品安全事件的冲击，中国肉制品加工业的产品安全隐患依然突出。第一，羊肉加工标准体系不健全。基础标准、质量安全标准缺乏，且已有的各类标准修订目标不明确，企业参与度较低，实施起来有一定难度，与发达国家存在较大差距。第二，羊肉制品分级分类标准不统一，缺乏规范，导致优质产品不优价、劣质羊肉以次充好的现象时有发生，出现柠檬市场效应。这不仅对羊肉产品安全造成严重隐患，打击消费者对羊肉产品的信心，甚至会导致当地商家产生“连带效应”，造成地区肉羊加工行业畸形发展。第三，产品可追溯系统不完善。无法对生产、屠宰加工、销售等各环节进行有效的质量监控，大多数产品都无法进行供应链各个节点的正向追踪，无法满足消费者对产品知根知底的需求。

四、品牌影响力较弱，溢价效应不明显

随着品牌战略的深入实施，我国羊及羊肉地理标志品牌整体数量有所增加，但这些品牌主要在原产地知名度较高，在全国范围内影响力不足，带动羊肉消费的效果不明显。品牌的增值主要集中在精深加工环节，而目前中国屠宰加工企业仍停留在屠宰、分割和初加工环节，虽然产销量大，但企业之间生产的羊肉产品同质性严重，特色产品创新力度小，缺乏高附加值产品。此情况下会增加企业间恶性竞争的概率，或者产生寡头垄断，压低市场销售价格，削弱企业利润，同时导致羊肉回收价格偏低，养殖户难以从品牌建设中获益，与品牌企业合作意愿降低。另外，随着羊肉品牌知名度的不断提升，品牌自身的价值也在不断走高，但是品牌的溢价效应却非常有限，尤其对于“小农户”主体而言，从中获利更是微薄。

五、羊肉产品冷链运输基础薄弱

第一，冷链设备不足，产区库与产地库资源配比不均衡，利用率较低，肉类产品产地“最先一公里”冷链配套不完善。虽然全国冷链运输车辆保有量年均增速达到 20% 以上，截至 2021 年底已达 34 万辆，冷库容量达 1.96 亿 m^3，但仍与发达国家存在差距，难以满足日益增长的运输需求，尤其在一些农村和偏远地区，冷库、冷藏车等基础设施匮乏，导致在运输和储存过程中无法得到有效降温，存在变质风险。第二，缺乏标准化和规范化管理。在畜产品冷链领域，缺乏统一的国家标准和行业规范，导致不同地区、不同企业之间的冷链服务标准不统一，管理混乱，给食品安全带来潜在风险。此外，多数畜产品屠宰加工企业趋向于建立本部门、本企业的自营物流方式，不愿寻求社会化的第三方物流服务，从而导致了全社会物流资源的极大浪费，阻碍了统一物流大市场的形成。

第四节　未来养羊业发展的重点和策略

近几十年来，随着世界经济的发展和人们生活水平的提高以及对羊肉需求量的增加，绵羊业发生了明显变化，其发展趋势为绵羊饲养由单纯毛用转向毛肉兼用、肉毛兼用，有的国家和地区则完全转为肉用。影响绵羊业发展方向最主要的因素有：化纤工业快速发展，人工合成纤维取代部分天然羊毛；冷藏工业的发展，羊肉可以长期贮藏并远距离运输，而且近年飞速发展起来的肥羔生产所造成的经济增长可能更为直接。

2023 年，我国肉羊产业在生产、消费、技术等方面均取得了阶段性的良好成绩，为“十四五”期间继续推动产业绿色、低碳、高质量转型提供了有利条件。2024 年，在价格下行的趋势下，我国肉羊产业应继续维持集约化、良种繁育化，加大对肉羊养殖户的政策扶持，进一步规范肉羊屠宰与加工流通体系，并全面加强肉羊品牌建设，重视科学研究，在实现高质量发展目标的同时，为养殖户带来现实收益。

一、养羊生产集约化

绵羊生产比较发达的国家，如澳大利亚、新西兰、阿根廷、美国、英国等，已基本实现了品种良种化、杂交体系完善化、草原改良围栏化、生产环节机械化。因而养羊生产水平高，经济效益好，从根本上改变了粗放经营、靠天养畜的生产状况。

二、建立和健全羊的良种繁育体系

应在全国或各省份范围统一规划和布局，建好若干不同生产任务和性质的种羊场（企业），作为提供良种的重要基地。必须明确，种羊场任务要以种羊为主，种羊要以提高质量为主。种羊场（企业）的体制要理顺，机制要搞活，场长（总经理）要选好，职工队伍要精干，有职有岗有责。不能什么都推到市场去，不问不管，放任自流，甚至形同虚设。基层技术推广体系是普及良种，推广科技成果和先进实用技术的重要载体，业务主管部门应落实有专人负责，有必需的经费支撑，要认真研究和解决基层技术推广体系中存在的问题，充分发挥和调动各方面的积极性，并迅速有效地推动良种及先进实用技术的普及。采取积极有效的措施，加强应用型专业技术人才培养，制定鼓励到基层、到生产第一线工作等相关政策，为我国养羊业生产第一线培养和输送大批有理想、懂业务、善于动手和操作的各类专门技术人才，促进我国养羊业生产持续、健康发展。

三、全面加强肉羊品牌建设

加快构建品牌管理体系，推动品牌发展。推进各地区建立品牌管理体系，能有效解决目前多个企业品牌、产品品牌无序组合的现状，形成品牌合力。在完善产业规划的基础上，政府与各个企业要形成自身品牌规划，以品牌开路打开大市场，做大做强龙头企业，进而持续带动上游养殖场（户）实现扩能增收，品牌引领企业发展。一是加强产品营销环节。市场营销效果直接决定着产品销量和利润高低，多渠道、多通路、多方式营销探索正当其时，依托线上线下拓展销售通路，通过实体店和网络经营相结合可迅速扩大消费者认知度、产品影响力。多措并举，大胆尝试方能不断拓宽产品销售渠道，提升市场占有率。二是加强产品品牌建设。区域公用品牌建设在产业发展、资源整合、价值引领方面优势明显，既传递产品价值、引导市场消费，也能通过市场需求反馈倒逼产业升级，引领产业建设，将“大国需求”和“小农供给”这两端联系起来，实现共同富裕。三是以地方肉羊独特品种为切入点建立区域品牌，引领企业品牌和产品品牌形成品牌合力，塑造地方品牌名称、标识、形象设计、产品风味等方面的差异性，从而达到提高消费者对肉羊品牌和产品辨识度，获取品牌溢价和产品高利润的目的。

四、规范肉羊屠宰与加工流通体系

在顶层设计层面，对屠宰加工企业的布局与能力进行宏观调控，按照中国肉羊优势区域布局和羊肉工业发展的要求，促进屠宰行业的产业结构调整。各地根据养殖情况，合理设定屠宰场数量及规模，提高屠宰加工能力和水平。应用现代化的屠宰工艺技术，制定适用于新型加工技术与生产方式配套的标准体系，鼓励屠宰加工企业建设冷藏加工设施，推动物流配送企业完善冷链配送体系，促进屠宰企业多方面标准化改造与升级。针对加工企业加工档次不高，产能过剩与不足并存等现状，一是要充分利用地方品种资源优势，发展具有地区绿色资源优势和民族文化特色的肉类加工产品。二是对现有屠宰加工企业进行提升和改造，提升区域屠宰加工生产能力和生产效率，并引导同类企业通过参股、兼并、合作、租赁等方式联合重组，扩大规模效率，减少无效竞争。例如，以现有肉品加工企业为依托，组建特色肉食品加工企业；以已有乳品加工企业为依托，建立乳品加工企业集团。三是通过本地消化转移或引进外地精深加工企业等方式，完成对下游产品的转化和利用，聚合绒、毛、皮、骨、血、脏器等特色副产品加工业，实现资源的充分利用。

五、疫病防控

畜牧业先进的国家都有防疫法规和完整的防疫机构，注重疫病防控。澳大利亚的初级产品部和新西兰的农渔部都下设家畜防疫局，在各地设兽医诊断实验室、研究室、家畜检疫、肉类检疫等部门，而我国每个县市基本上都有畜牧兽医单位及乡、村级动物防疫员，主要从事动物疾病防治、活体检疫和产品检验等。

六、加快配套销售网络建设

市场化选聘专业销售人才，充分利用现代网络营销手段，加强与电商、商超、实体餐饮店等主体合作，线上线下融合。拓展企业现有客户资源，短期内快速增加品牌知名度，促进产品的产销转化。同时加强团购业务，面向政府部门、企业单位，利用大型会议、活动、节日、庆典，作为员工福利、礼品发放。根据所掌握的企业单位信息进行跟踪拓展，为客户提供个性化的礼品定制服务。一些肉羊产业优势产区，虽然地理位置偏僻，不利于羊肉品牌宣传，但地理资源丰富、环境气候适宜，可以积极发展休闲文旅模式。另外，基于消费者对农产品的“轻决策”特征，必须通过电子商务方式进一步拓宽销售渠道。

七、强化技术支撑，推进产学研联合

养羊业发达国家都十分重视科学研究工作。例如新西兰在南北两岛都建有农业科学研究中心，政府事业经费的80%用于科研，畜牧科研工作不仅经费充足，而且人员稳定、技术先进，研究内容紧密结合生产实际。

许多国家十分重视绵羊育种工作，有力地推动了养羊生产的发展，近年来育成的绵羊新品种主要有新疆细毛羊、奥胡羊、布鲁拉美利奴、夏利、波利帕、摩尔兰和达姆来等。另外，在改进原有品种、创造新品种的同时，各国都特别重视利用杂交优势。例如新西兰用罗姆尼、考力代和边区莱斯特羊交配，其后代再用南丘或萨福克公羊交配，所产羔羊4~5月龄体重达36~40kg时屠宰，胴体重可达14~15kg，羔羊肉因味美细嫩而很受欢迎。澳大利亚选用边区莱斯特公羊配美利奴母羊，而后再用南丘羊或有角陶赛特公羊与杂交母羊配种，所生的肥羔效果也很好。依托产业技术体系和科研院所的力量，我国已组织成立全国肉羊遗传改良计划专家组，负责制定相关技术规范和重点选育品种的遗传改良方案，开展遗传改良技术培训，为国家肉羊核心育种场开展性能测定、良种登记、杂交利用等工作提供技术支撑。全国肉羊遗传评估中心和区域性生产性能测定中心要按照遗传改良计划的要求，切实加强对测定数据的分析，做到科学测定、准确评估、及时指导。

开展政产学研大协作，集成整合国家肉羊核心育种场、科研院所和技术推广部门等力量，构建自主、高效育种体系，扎实推进肉羊群体遗传改良。同时，适当引进国外优良种质资源，鼓励国内国外企业、科研机构开展育种合作，不断提升我国肉羊种业发展水平。

第二章　绵羊生殖生理

第一节　绵羊生殖系统解剖结构

动物生殖系统的功能是产生生殖细胞（精子或卵子），分泌生殖激素，繁殖新个体，从而延续后代。动物生殖系统相差不大，但不同种类动物又各有特点，现将羊生殖系统介绍如下。

一、公羊生殖器官

公羊的生殖器官主要由睾丸、附睾、输精管、尿生殖道、副性腺、阴囊、阴茎和包皮组成。

（一）睾丸和附睾

羊的睾丸和附睾均位于阴囊中，左、右各一，中间由阴囊中隔隔开。睾丸可产生精子，分泌雄性激素。睾丸呈左、右稍压扁的椭圆形。表面有浆膜被覆，称为固有鞘膜。固有鞘膜深面为白膜，它是由致密结缔组织形成的一层厚的纤维膜。睾丸可分为睾丸头、睾丸体和睾丸尾三部分。附睾是暂时贮存精子并使之成熟的地方，它附着在睾丸上，分为附睾头（与睾丸头相对应）、附睾体和附睾尾（与睾丸尾相对应）。附睾由睾丸输出管和附睾管构成。马的睾丸呈椭圆形，长轴与地面平行，位于两股部之间的阴囊内。牛和羊的睾丸呈长椭圆形，长轴方向与地面垂直，位置与马的相近似。

（二）输精管和精索

输精管起始于附睾尾，经腹股沟管入腹腔，再向后进入盆腔，在膀胱背侧形成输精管膨大部，称为输精管壶腹，末端开口于尿道起始部背侧壁的精阜上。精索为一扁平近圆锥状结构，在睾丸背侧较宽，向上逐渐变细，出腹股沟管内环，沿腹腔后部底壁进入骨盆腔内。精索内有输精管、血管、淋巴管、神经和平滑肌束等，外包以固有鞘膜。羊的输精管壶腹较小，猪无输精管壶腹，而马属动物的输精管壶腹最大。

（三）阴囊

阴囊借助腹股沟管与腹腔相通，相当于腹腔的突出部，容纳睾丸和附睾。阴囊壁有以下几层结构。

阴囊皮肤：较薄，有少量细毛，阴囊正中有阴囊缝。

肉膜：与阴囊皮肤紧贴，不易分离，由结缔组织和平滑肌组成。肉膜在阴囊中形成阴囊中隔。

阴囊筋膜：位于肉膜深面，由腹壁深筋膜和腹外斜肌腱膜延伸而来。将肉膜与总鞘膜较疏松地连接起来，其深面有睾外提肌，它来自腹内斜肌，包在总鞘膜的外侧面和后缘，可上提睾丸。

鞘膜：包括总鞘膜和固有鞘膜两部分。总鞘膜由腹壁筋膜和腹膜壁层延续而来，附着在阴囊筋膜的深面，固有鞘膜包裹在精索、附睾和睾丸的表面，由腹膜脏层延续而成。固有鞘膜和总鞘膜间的空隙叫鞘膜腔。连系于固有鞘膜和总鞘膜之间系膜的增厚部分称附睾尾韧带或阴囊韧带。公羊去势时，必须剪断该韧带，方可将睾丸和附睾摘除。

（四）尿生殖道

公羊尿道兼有排尿和排精作用，故又称为尿生殖道。它可以分为骨盆部和阴茎部两个部分，两者间以坐骨弓为界。

尿生殖道骨盆部：是指自膀胱颈到骨盆腔后口的一段，位于骨盆腔底壁与直肠之间。

尿生殖道阴茎部：是尿道经坐骨弓转到阴茎腹侧的一段，末端开口在阴茎头，开口处称尿道外口。在坐骨弓处，尿生殖道壁上的海绵体层稍变厚，形成尿道球。

（五）副性腺

公羊的副性腺包括精囊腺、前列腺和尿道球腺，有的动物还包括输精管壶腹。副性腺分泌物参与形成精液，并有稀释精子、营养精子、改善阴道内环境等作用。

精囊腺：精囊腺为一对，位于膀胱颈背侧的尿生殖道褶中，输精管的外侧。每侧精囊腺导管与同侧输精管共同开口于精阜。羊的精囊腺较发达，呈分叶状腺体，左、右侧腺体常不对称，而马的精囊腺呈囊状，猪的精囊腺最发达，呈菱形三面体，有许多腺小叶组成，犬没有精囊腺。

前列腺：前列腺位于尿生殖道起始部背侧，以多数小孔开口于精阜周围。马的前列腺发达，由左、右两侧腺叶和中间的峡部构成。羊的前列腺为扩散部，位于尿生殖道壁内黏膜层，而牛的前列腺分为腺体部和扩散部，腺体部很小。猪的前列腺也包括腺体部和扩散部。犬的前列腺大而坚实，呈球状，被一正中沟分为左、右两叶。

尿道球腺：尿道球腺成对存在，位于尿道骨盆部末端，坐骨弓附近。羊的尿道球腺为一圆形小体，有一条管道，开口于尿道骨盆部后端的上壁，马的尿道球腺呈卵圆形，表面被覆尿道肌，每侧腺体有6~8条导管，开口于尿生殖道背侧两列小乳头上。牛的尿道球腺为胡桃状，表面被覆薄的结缔组织和球海绵体肌，每侧腺体各有一条腺管，开口于尿生殖道背侧壁，开口处有半月状黏膜褶被盖。猪的尿道球腺很发达，呈圆柱形，位于尿道骨盆部后2/3部分，每个腺体各有一条导管，开口于坐骨弓处尿生殖道背侧壁。

(六) 阴茎和包皮

阴茎是排尿、排精和交配器官，分为阴茎头、阴茎体和阴茎根三部分。阴茎根以两个阴茎脚起于坐骨结节腹面，进而合并为阴茎体。阴茎体是阴茎的主要部分。阴茎头位于阴茎的游离端。羊的阴茎呈圆柱状，细而长。阴茎体在阴囊后方，呈“乙”状弯曲，勃起时伸直。阴茎头长而尖，游离端形成阴茎头帽。羊的阴茎头伸出长的（3~4cm）尿道突。尿道外口位于尿道突顶端。

包皮为皮肤折转而形成的管状鞘，以保护阴茎头。羊的包皮长而狭窄呈囊状，包皮口在脐部稍后方，周围有长毛，牛和羊的相似。马的包皮为双层皮肤套，称内、外包皮褶，勃起时可以展平。猪的包皮呈管状，包皮口周围也有长毛，前部背侧壁有一圆孔通包皮盲囊，盲囊呈椭圆形，腔内常有腐败的脱落上皮及尿液，具有特殊腥臭味。

二、母羊生殖器官

母羊生殖器官包括卵巢、输卵管、子宫、阴道、尿生殖前庭和阴门。

(一) 卵巢

卵巢是产生卵子和分泌性激素的器官。动物种类不同，卵巢的外形和结构均不相同，羊的卵巢呈椭圆形及圆形。卵巢的解剖特征之一是没有排卵管道，卵细胞定期由卵巢破壁排出。排出的卵细胞经腹膜腔落入输卵管起始部。卵巢系膜将卵巢系于腰下。卵巢门是出入卵巢的血管、神经、淋巴管的部位。

(二) 输卵管

输卵管是一条多弯曲的细管，位于子宫角和卵巢之间，靠近卵巢侧的部分管径较粗，而靠近子宫角的部分，管径较细。

输卵管分为3个部分：输卵管漏斗位于最前端，漏斗的边缘不规则，呈伞状，称输卵管伞。伞的中央有一小的输卵管腹腔口；输卵管壶腹较长，稍膨大，管壁薄而弯曲；输卵管峡部较短，细而直，管壁较厚，末端以输卵管子宫口与子宫角相通连。

输卵管由输卵管系膜固定，后者与卵巢固有韧带之间形成卵巢囊。输卵管系膜位于卵巢的外侧，它是由子宫阔韧带分出的连系输卵管和子宫角之间的浆膜褶。卵巢固有韧带是位于卵巢后端与子宫角之间的浆膜褶，它位于输卵管的内侧。

（三）子宫

子宫是胎儿生长发育和娩出的器官。羊属双角子宫，分为子宫角、子宫体和子宫颈三部分。子宫大部分位于腹腔内，小部分位于骨盆腔内，直肠和膀胱之间。子宫由子宫阔韧带固定。后者为一宽厚的腹膜褶，内有丰富的结缔组织、血管、神经及淋巴管。子宫阔韧带的外侧前部，靠近子宫角处有一向外突出的浆膜褶，称为子宫圆韧带。

羊的子宫角长，前部呈绵羊角状，后部由结缔组织和肌组织连成伪体，其表面被以腹膜，子宫体很短。子宫颈由黏膜突起嵌合成螺旋状，子宫颈阴道部呈菊花瓣状。其中央有子宫外口。子宫内膜上有子宫阜，羊的子宫阜呈全纽扣状，中央凹陷，约 60 多个；而牛的子宫阜为圆形隆起，约 100 多个，排成 4 列。

（四）阴道

阴道是母畜的交配器官和产道，呈扁管状，位于骨盆腔内，在子宫后方，向后延接尿生殖前庭，其背侧与直肠相邻，腹侧与膀胱及尿道相邻。有些家畜的阴道前部由于子宫颈阴道部突入，形成陷窝状阴道穹窿。马和牛的阴道宽阔，周壁较厚。马的阴道穹窿呈环状，牛的呈半环状。猪的阴道腔直径很大，无阴道穹窿。犬的阴道比较长，前端尖细，肌层很厚，主要由环行肌组成。

（五）尿生殖前庭

尿生殖前庭是交配器官和产道，也是尿液排出的经路。位于骨盆腔内，直肠的腹侧，其前接阴道，在前端腹侧壁上有一条横行黏膜褶称为阴瓣，可作为前庭与阴道的分界；后端以阴门与外界相通。在尿生殖前庭的腹侧壁上，靠近阴瓣的后方有尿道外口，两侧有前庭小腺的开口。前庭两侧壁内有前庭大腺，开口于前庭侧壁。母羊的阴瓣不明显，在尿道外口腹侧有尿道下憩室，长约 3cm。给母羊导尿时，应注意勿使导管误入尿道下憩室。

（六）阴门

阴门位于肛门腹侧，由左、右两阴唇构成，两阴唇间的裂缝称为阴门裂。

阴唇上、下两端的联合，分别称为阴唇背侧联合和阴唇腹侧联合。在腹侧联合前方有一阴蒂窝，内有阴蒂，相当于公畜的阴茎。羊的阴唇背侧联合圆而腹侧联合尖，其下方有一束长毛。

（七）雌性尿道

雌性尿道较短，位于阴道腹侧，前端与膀胱颈相接，后端开口于尿生殖前庭起始部的腹侧壁，为尿道外口。羊有明显的尿道下憩室。

第二节　发情与发情周期

绵羊属季节性多次发情的动物，发情周期通常开始于夏末，结束于秋冬季节，有的一直到春季开始时才结束。繁殖季节中，绵羊以 16~17d 的间隔表现发情周期，大多数周期为 14~18d，平均为 16. 5~17. 5d。绵羊的发情周期分为发情前期、发情期、发情后期和间情期 4 个阶段，按卵巢上卵泡和黄体交替情况也可分为卵泡期和黄体期。卵泡期持续 2~3d，其主要特征为母羊表现发情行为，出现促黄体生成素（LH）排卵峰，从卵泡期向黄体期转化时发生排卵。

如果绵羊没有妊娠，则子宫、黄体产生大量的前列腺素（PGF2α），引起黄体溶解，孕酮含量降低，新的卵泡开始重新发育。黄体期持续 14~15d。在繁殖季节的后半期，由于周期的黄体期增长，发情周期长度出现明显变化。

一、发情周期的主要特点

（一）发情周期及发情期

绵羊性成熟以后，其生殖器官会发生一系列周期性的变化，这种变化周而复始（非繁殖季节及怀孕期除外），一直到繁殖机能活动停止为止。这种周期性的性活动，称为发情周期，其计算方式为从一次发情的开始到下一次发情开始的时间间隔。绵羊的发情周期平均为 17d，变动范围是 14~20d。发情季节的初期和晚期，周期长度多不正常。在发情的旺季，发情周期较短，此后逐渐变长。营养水平低时发情周期较营养水平高时长。绵羊的发情期一般为 1~1. 5d，也有报道为 35h。绵羊发情期延长比发情期缩短更为常见，发情季节中的第一次发情时间常比以后的短，青年母羊的发情期较短，1 岁绵羊的发情期处于中间，而且初次发情多出现安静发情。

发情前期：上一个发情周期所产生的黄体逐渐萎缩，新的卵泡卵细胞开始快速生长。子宫腺体略有增加，生殖道轻微充血肿胀。阴门逐渐充血肿大，排尿次数增加而量少。母羊兴奋不安，喜欢接近公羊，但无性欲表现，不接受公羊爬跨。

发情期：母羊性欲进入高潮，外阴充血肿胀，随着时间的增长，充血肿胀程度逐渐加强，并有黏液流出，发情盛期时达最高峰。子宫角和子宫体呈充血状态，肌层收缩加强，腺体分泌活动增加。子宫颈管道松弛，卵巢的卵泡发育很快。母羊接受公羊的追逐和爬跨。

发情后期：发情期过后进入发情后期，母羊由发情的性欲激动状态逐渐转为安静状态。子宫颈口逐渐收缩，腺体分泌活动渐减，黏液分泌量少而黏稠。卵泡破裂，排卵后开始形成黄体。

间情期：指发情后期之后到下次发情前期之间的时期。此时母羊的性欲已完全停止，卵巢上黄体逐渐形成，并分泌孕激素。其间，卵巢上虽有卵泡发育，但均发生闭锁。

母羊发情时的外部表现主要有食欲减退、精神不安、鸣叫，主动接近公羊或爬跨其他母羊，阴门充血、肿胀，有少量黏液流出。发情达到盛期时，母羊静立接受公羊爬跨和交配。绵羊的排卵一般发生在发情开始后 24~27h，但也有的前后相差数小时。交配可使排卵稍提前，而发情期稍有缩短。右侧卵巢排卵功能较强，排单卵时右侧卵巢的排卵比例为 62%；排双卵时，左右两侧的排卵比例分别为 44%~47%和 53%~55%。排卵数目有品种的差异，绵羊每次一般排一枚卵子，多胎品种能排 2 枚、有的能排 3~5 枚。排双卵时，两卵排卵时间平均相隔约 2h。配种季节前抓好体膘，可提高绵羊的排卵率。亦可使用孕马血清促性腺激素（PMSG）、促卵泡素（FSH）、PGF2α 和双羔素等激素以增加羊的排卵数目，从而提高双羔率。

（二）发情周期卵巢的变化

绵羊为自发性排卵的动物，但排卵与发情开始时间之间的关系并不十分精确。无论性接受时间长短，发情临近结束时均发生排卵。绵羊的发情现象比较复杂，如果其持续接触公羊，可以缩短发情行为表现的时间，通过提早 LH 排卵峰的出现而提早排卵。如果没有公羊，则 LH 排卵峰一直要到卵泡雌激素增加到一定浓度后才能启动。

1. LH 排卵峰与排卵的间隔时间

绵羊发情期的长短明显受品种的影响，从发情开始到出现 LH 排卵峰值的时间在品种内及品种间均有明显差别，例如多胎绵羊该间隔时间（18h）比单胎绵羊（6~7h）长。LH 排卵峰值的最高浓度在个体之间也有很大差别，但该峰值一般持续 8~12h，排卵一般发生在 LH 峰值开始后 24h。

2. 发情症状

绵羊在发情时喜欢接近公羊，站立等待爬跨。一般来说，绵羊在发情时具有强烈寻找公羊的行为，因此两性之间的接触并非完全取决于公羊，而实际上75%的发情母羊会主动寻找公羊并站立等待公羊交配。由于母羊没有明显的发情症状，在没有公羊的情况下发情鉴定十分困难。有研究发现，母羊在发情时阴门水肿，有黏液性分泌物，有时发情母羊频频举尾。发情母羊对公羊的性吸引力也有明显差别，这种能力可能为母羊先天性的，至少可以稳定 2 个发情周期。发情是母羊卵泡雌激素浓度变化而在下丘脑雌激素受体的行为反应，母羊在发情时血浆雌激素浓度达到高峰，之后迅速降低，说明母羊在发情时大部分时间血液中雌激素和孕酮浓度都很低。发情时孕酮浓度很低，黄体形成之后迅速增加，然后达到高峰。

3. 母羊对公羊的反应

公羊可以通过尿液来区分母羊是否发情，尿液中的味道在发情开始后 4d 就不能再被公羊感知。没有发情的母羊通常在公羊接近后排尿，而发情母羊则没有这种行为。排尿可能是绵羊的一种非接触性联系方式，这样可以使公羊能够有效地发现发情母羊。母羊通过发出不处于发情阶段的信息而避免异性干扰。公羊则将主要注意力放在排出的尿液上，表现“性嗅反射”。

4. 孕期发情

牛在怀孕时可发生发情，在绵羊也有这种报道，而且有人认为，绵羊在怀孕时常表现发情，因此通过发情鉴定区分怀孕和未孕羊十分困难。

（三）发情周期的生理及内分泌特点

随着分子生物学技术的发展和新的激素测定技术的应用，人们对绵羊发情周期中的内分泌变化特性进行了广泛研究。

1. 黄体期

排卵之后破裂的卵泡转变为黄体（CL）。绵羊的黄体生长非常迅速，持续时间为周期的第 2~12d，这种增长主要是通过细胞增生而发生。细胞增生速度很快，但增生的细胞大多数不是甾体激素生成细胞，而是上皮细胞。绵羊的黄体细胞分化为两种形态和生化特点完全不同的大小黄体细胞。小黄体细胞呈纺锤形，直径 12~22μm，大黄体细胞为椭圆形，直径为 22~50μm。

绵羊的黄体在周期的第 6~8d 时分泌功能达到最大，在第 15d 之前一直以比较恒定的水平分泌孕酮。周期中孕酮浓度的变化与黄体的生长发育完全一致，第 8d 时孕酮浓度达到高峰，发情前 1~2d 开始下降。季节、品种、营养、排卵率等对孕酮浓度均有比较明显的影响，卵巢上有 2 个黄体时孕酮浓度只轻微升高，因此不可能通过测定孕酮浓度准确判定绵羊的排卵数。

绵羊在发情周期的第10~15d孕酮含量有一定程度的下降，其实早在发情周期的第12~13d黄体就开始退化。这些结果与对发情周期中黄体形态变化的观察结果是一致的。黄体的分泌活性是通过垂体产生的促黄体素得到维持的。LH和PRL对绵羊黄体功能的维持发挥重要作用，在发情周期早期注射外源性孕酮可使黄体期缩短，因此此时用孕酮处理可能会干扰正常黄体的建立。

在黄体期中期用大剂量的雌激素处理绵羊可以引起黄体提早退化。外源性雌激素如果以适当剂量给药，在接近周期结束时处理可以引起黄体退化，发情开始之前48h内源性雌激素开始分泌。如果用X射线破坏卵泡，可以阻止雌激素的分泌，阻止黄体退化。

2. 卵泡期

绵羊卵泡期的主要特点是卵泡生长发育，孕酮浓度降低，黄体退化。绵羊在发情周期的第15d孕酮浓度就开始降低，这种降低与周期黄体期结束时黄体的功能活动突然终止有关。

对于绵羊，PGF2α具有溶黄体作用，它在溶黄体早期的波动性分泌依赖于卵巢催产素与其在子宫内膜受体的结合。PGF2α在发情周期的第12d或第13d先以小的波动开始分泌，之后分泌的频率增加，第14d时达到高峰。绵羊的黄体含有高低两种亲和力的PGF2α受体，激活高亲和力的受体可选择性地释放催产素而对孕酮的分泌没有任何影响，而激活低亲和力的受体则可增加黄体催产素的分泌，降低黄体孕酮的分泌。PGF2α最初是通过对孕酮浓度的升高（周期第7~10d）发挥作用，其后的释放则与孕酮的降低和雌激素浓度的升高有关。

黄体期结束时子宫催产素受体水平升高，这对判断黄体是否退化极为重要。雌激素和孕酮能够对催产素受体浓度和子宫PGF2α对催产素的反应发挥调节作用。在正常的发情周期中，当孕酮发挥抑制作用之后，雌激素通过促进子宫对催产素发生反应，增加PG的分泌而发挥溶黄体作用。黄体催产素和子宫PGF2α之间可能存在正反馈通路，两者之间可以互相促进分泌。

绵羊繁殖季节的第一个黄体大多提早退化。如果将摘除卵巢的绵羊用孕酮进行处理，可以改变其后甾体激素对催产素受体浓度的控制，因此孕酮降低可能是黄体提早退化的原因。

3. 细胞凋亡和黄体溶解

虽然对周期结束时黄体溶解的精确机理还不是很清楚，但血浆孕酮水平迅速降低，在新黄体形成之前一直维持在很低的水平，这种低浓度的孕酮可能来自肾上腺。绵羊黄体的退化是以一定的形态变化顺序为特征的，在此过程中黄体细胞可出现许多凋亡特征，在黄体中可以见到极富凋亡特征的细胞，说明凋亡可能是黄体溶解的重要机理之一。

二、发情季节与产后发情

（一）繁殖季节

我国北方绵羊有明显的繁殖季节，在每个繁殖季节出现多个连续的发情周期，发情周期一般集中发生在短日照季节，即秋季。每年发情的开始时间及次数，因品种及地区不同而有差异。我国北方的绵羊，从 6 月下旬到 12 月末或翌年 1 月初有发情周期循环，而以 8 月、9 月最集中。热带和亚热带地区，年日照时间相差不大，一些绵羊和山羊品种趋向于常年发情，可一年产两胎或两年产三胎。这些地区绵羊发情季节性虽不明显，但春、秋两季发情配种者较多，尤以秋季发情较旺盛。

发情季节初期，绵羊常发生安静排卵（幼年羊比成年母羊多），母羊卵巢上虽有卵泡发育并排卵，但并无明显的外部发情表现。如果发情季节开始时在母绵羊群中引入公羊，则 40%~90%的母羊会在引入公羊后 35h 出现 LH 排卵峰，65~72h 发生排卵。虽然第一次排卵时有些母羊表现安静发情，但在引入公羊后 17~24d 出现的第二次发情周期均可表现发情征兆。

（二）产后发情

在季节性发情的母羊中，产后第一次发情发生在下一个发情季节。非季节性发情的母羊，大约可在产羔后 35d 重新恢复发情，但寒冷季节和哺乳等因素对产后早期发情均具有明显的抑制作用。

第三节　卵泡生成及卵泡发育的动力学特点

绵羊的卵巢有两个重要功能，即产生可以受精的卵母细胞和产生维持生殖道正常功能的甾体激素及多肽。

卵泡是一个平衡的生理功能单位。胎儿期或出生后早期形成的原始卵泡库中的原始卵泡，可在一生中不断生长发育，直至该库耗竭。从该库中卵泡开始生长后可一直到排卵或者发生闭锁。绵羊卵泡的组成及各部分的功能见表 2-1。

表 2-1　卵泡的组成及各部分的功能

卵泡成分	形态及生理特点
壁细胞	对 LH 基础浓度的增加发生反应而产生雄激素；排卵后发育成黄体壁细胞
卵泡壁	由粒细胞/壁细胞组成，中间由基板（basement lamina）隔开，依内分泌状态不同而发生一定变化
粒细胞	排卵前卵泡的粒细胞通过突起经基板连接，排卵后粒细胞层被血管和结缔组织侵入
放射冠	排卵前卵子位于卵泡一侧，包围在卵丘细胞中
原始卵泡	卵母细胞位于卵泡中央，周围包围有单层粒细胞；由原始生长细胞（原卵）发育而来，在恢复减数分裂成熟之前一直处于减数分裂的静止状态；随着卵泡生长，粒细胞分化，透明带形成，壁细胞分化
次级卵泡	粒细胞通过分裂而使数量增加，细胞变为立方状
有腔卵泡	随着卵泡生长，中央出现腔体，聚集有卵泡液
卵泡液（卵泡腔）	其中某些成分具有重要的生理意义，如 OMF、LHBI、抑制素、各种酶、硫酸、软骨素等；大卵泡含有高浓度的 17β-E_2，排卵时 E_2/P_4 比例升高
卵泡液（粒细胞间）	随着排卵的临近，卵泡液增加；排卵后的黄体细胞是孕酮的主要来源

在绵羊，所有 2mm 以上的卵泡都是从原始卵泡库得到补充发育而成。一旦卵泡得到选择，其补充过程就会停止。但各种绵羊卵泡的补充过程有很大差别，例如布鲁拉绵羊卵泡的补充过程时间比较长，而诺曼诺夫绵羊则在周期的 13~15d 有大量卵泡得到补充。

在卵泡的生长发育过程中，卵泡液中的各种成分（表 2-2）均发挥重要作用，例如调节粒细胞的功能，调节卵泡的生长和甾体激素的生成，调节卵母细胞的成熟、排卵、调节黄体的形成等。

表 2-2　卵泡液具有生理作用的主要成分

成分分类	主要成分
蛋白质	白蛋白、球蛋白、lgA、IgM、纤维蛋白原、脂蛋白、多肽
氨基酸	Asp、Thr、Glu、Gln、Ala、Gly、Asn
酶	细胞内/细胞外各种酶
碳水化合物	葡萄糖、果糖、海藻糖、半乳糖、甘露糖
糖蛋白	氨基葡糖、半乳糖胺、透明质酸、肝磷脂、血纤维蛋白溶酶原
促性腺激素	FSH、LH、PRL
甾体激素	胆固醇、雄激素、孕激素、雌激素
前列腺素	PGE、PGF2α
矿质元素	钠、钾、镁、锌、铜、钙、硫、氯、碘、磷
免疫球蛋白	1gG 为主，IgA 的含量仅次于 IgG，随着排卵前卵泡的增大，IgG 含量增加

一、卵泡生成

胎儿在发育过程中就生成了一个由初级卵泡组成的静止卵泡库，第一个卵泡大约是在怀孕 70d 时形成，该卵泡库在生后不能再更新，卵泡发育后只有极少的卵泡排卵，大多数则发生闭锁。羔羊出生时卵巢上的卵泡数量为 100 000~200 000 个，成年绵羊任何时期卵巢上的有腔卵泡大约为 50 个。绵羊卵泡从静止状态发育到成熟大约需要 6 个月的时间，从开始形成有腔卵泡到成熟需要 34~43d。

目前对刺激卵泡开始生长的因子还不十分清楚，但卵泡库在一生中持续提供卵泡，一直到卵泡库中的卵泡耗竭。原始卵泡从非活动状态转变为活动状态，其间隔时间很有规律，卵泡或者成熟排卵或者发生闭锁。

绵羊每天每次有 2~3 个卵泡离开静止卵泡库开始发育。绵羊的卵巢含有几百个生长卵泡，其中表面可见卵泡就有 10~40 个，每个发情周期平均 44 个可见卵泡处于不同的发育阶段，左右卵巢的卵泡数量没有明显差别。有研究表明，随着排卵的接近，卵巢中凋亡细胞的数量逐渐增加，说明凋亡可能是绵羊决定排卵的关键因素。

绵羊在胎儿期时，生殖干细胞的数量在怀孕 75d 时到达大约 900 000 个的最高峰，怀孕第 90d 时降低到 170 000~200 000 个，第 135d 时降至 82 000 个。出生之后一直到初情期之前，卵母细胞和卵泡的数量继续减少，只有 30 000~50 000 个可以生存而排卵。

二、卵泡发育的动力学特点

牛在发情周期中，大卵泡的生长以 2~3 个卵泡波的形式出现，每个卵泡波的特点是同时出现一组卵泡开始生长，最后形成优势卵泡（DF），DF 继续生长，同时抑制其他卵泡的生长。

绵羊卵泡的发育也是以卵泡波的形式出现的。无论绵羊处于何种生理阶段（初情期前、乏情期或者黄体期），具有对 LH 敏感卵泡的羊比例很高（>80%），说明在其卵巢上卵泡生长波连续出现。这种情况与猪和灵长类不同，这些动物排卵前卵泡的生长仅仅限于周期的卵泡期，但也表明绵羊和其他家畜（牛和山羊）卵泡发育的调控机理完全相同。通过腹腔镜观察萨福克羊在繁殖季节的不同时间和乏情期间卵泡生长的动态变化发现，绵羊在发情周期中存在 3 个卵泡波（黄体期有 2 个卵泡波，卵泡期有 1 个卵泡波），乏情期卵泡的变化基本与发情季节相同。

（一）卵泡生长波

绵羊的卵泡在发情周期中以 3 个卵泡波的形式生长，发现 80% 的绵羊在 17d 的发情周期中表现有 3 个卵泡波，最后一个卵泡波导致排卵。在周期的第 2d 和第 11d 有大量卵泡离开卵泡库开始生长，说明这种情况可能与牛的两个卵泡波的生长形式一样，但绵羊卵泡的优势化与牛相比则较弱。与牛相反，绵羊的卵泡开始生长与 FSH 的浓度变化之间没有必然的联系，但也有人发现在 FSH 的过渡性升高和卵泡刺激之间存在有一定的因果关系。

（二）优势卵泡的出现

卵泡的大小并非是反应卵泡健康状况的最好指标，因此在评价绵羊卵泡生长的动态变化时必须要考虑其内分泌活性。决定卵泡健康状态的关键因素是其分泌雌激素的能力，因此只用超声波探测卵泡的大小并不能揭示卵泡优势化的特点。有研究表明，FSH 的波动和卵泡波在绵羊都以 4~5d 的间隔出现。

卵泡的成熟包括卵泡生长和细胞核及胞质成熟两个阶段。原始卵泡得到选择后，其卵母细胞和卵泡细胞开始生长，一直到形成卵泡腔。反刍动物卵泡生长过程中发生的主要变化见表 2-3 及表 2-4。

多胎（如湖羊、小尾寒羊等）和非多胎（如芬兰兰德瑞斯羊）绵羊卵泡均以波的生长形式生长，而且每个周期中卵泡波的数量及 FSH 峰值的数量也没有差别（表 2-3）。

表 2-3　反刍动物发情周期卵泡波的主要特点比较

每周期卵泡波数量（占总周期比例/%）	波间隔时间/d	卵巢周期间隔时间/d	最小卵泡直径/mm			
			波 1	波 2	波 3	波 4
牛 2 } >95%	10	20	15	15	—	—
3	8	30	15	12	15	—
绵羊 3（8%~29%）		9~16				
4（60%~80%）	3.5~4.5	16~17	5~7	4~6	4~6	5~7
>4（0~34%）		22~24				
山羊　4	3~4	23	9	7	7	10

表 2-4　卵泡生长成熟过程中发生的主要变化特点

主要变化	主要机理
卵泡的补充和选择	整个发情周期中卵巢表面含许多有腔卵泡，通过补充使一些卵泡能够生长发育到排卵；通过选择使得个别卵泡能够生长发育而排卵

（续表）

主要变化	主要机理
卵泡发育	可根据卵泡大小、粒细胞数量的多少及层数、壁层的发育、卵母细胞与周围的卵丘细胞的关系以及有无卵泡腔，对生长发育的卵泡进行分类
发育卵泡数	每个发情周期中发育的卵泡数量取决于遗传/环境因素；在绵羊，依品种、年龄和季节，每个周期有1~3个卵泡可发育到成熟阶段；在马和牛，一般只有一个卵泡发育更快，因此每个周期只排一个卵子，其余卵泡则退化萎缩
核成熟	未成熟或处于静止阶段的卵母细胞具有较大的核生发泡；减数分裂从第一次减数分裂的前期开始，再次终止在第二次减数分裂的中期；第一极体排出到卵周隙
胞质成熟	由于卵泡细胞对卵母细胞的抑制作用减弱，重新开始减数分裂，此时粒细胞与卵母细胞周期其他细胞的接触松散
卵子成热	受到LH/FSH的刺激，卵子开始成熟，卵泡达到排卵前状态时卵母细胞已经完成成熟过程
排卵点形成	卵泡顶端卵泡壁变薄，排卵前卵泡壁内层通过间桥突出，形成小乳头状突起；排卵点突起于卵巢表面，无血管分布；排卵时排卵点破裂，释放出卵泡液
排卵	卵丘—卵母细胞复合体随卵泡液一同排出

（三）乏情期的卵泡活动

在乏情期中期绵羊仍有卵泡持续发育，达到直径与正常周期时相似的水平。绵羊在乏情时能出现卵泡波，这也与牛一样，而且在有DF存在时注射促性腺激素可以影响其排卵反应。

排卵前卵泡在排卵过程中主要发生3个方面的变化，即卵母细胞的成熟、卵丘细胞之间的联系松散和卵泡壁外层变薄，最后破裂。在出现促性腺激素排卵峰后，供应各类卵泡的血液增加，但以将要排卵的卵泡接受的血液量最多。

排卵是一个极为复杂的生理过程，受许多因素的调节（表2-5）。由于促性腺激素排卵峰的出现，导致雌激素、孕酮和PGF2α的分泌增加，同时由于卵巢基质和卵泡壁的肌肉收缩等过程，最后导致卵泡破裂而排卵。

表2-5　排卵的内分泌调节

内分泌因素	生理生化机理
神经内分泌	促性腺激素对GnRH的波动性分泌发生反应而出现突发性分泌； 性腺甾体激素对垂体促性腺激素和下丘脑GnRH的分泌发挥反馈性调节作用；多巴胺抑制促乳素的释放； 内源性类阿片活性肽通过神经递质作用影响催乳素/促性腺激素的分泌

（续表）

内分泌因素	生理生化机理
内分泌	在卵泡期早期 LH 基本处于稳定状态，排卵前增加；出现 LH 排卵峰，黄体期恢复到基础水平； 雌激素和 FSH 的周期性变化刺激出现卵泡生长波，并调节排卵率； 粒细胞向卵泡液分泌孕酮，作为壁细胞合成雌激素的前体； 外周血液中 LH 达到关键浓度，对 CNS 发挥负反馈作用； 周期的头几天一般有几个卵泡发育，但只有个别达到排卵前的成熟阶段； 启动小卵泡生长需要的 FSH 浓度可能比维持大卵泡生长到排卵需要的浓度小
前列腺素	卵泡壁是合成前列腺素的主要位点，随着卵泡的发育，粒细胞/壁细胞合成前列腺素的能力增加； 排卵卵泡的破裂与卵泡产生的前列腺素有直接关系； 随着排卵的临近，卵泡液中 PGE 和 PGF 的浓度逐渐增加，如果抑制前列腺素的合成则能抑制排卵；外源性 LH 可使整个卵巢、卵泡和卵泡液中 PGE 和 PGF 浓度增加

（四）绵羊卵泡发育调节的分子机理

绵羊的腔前及有腔小卵泡可以分为 5 类：第 1 类为原始卵泡，只有一层扁平的粒细胞层；其中 1a 类为过渡型卵泡，虽然只有一层粒细胞，但这些粒细胞既有扁平又有立方状的；第 2 类为初级卵泡，有 1~2 层立方状粒细胞；第 3 类为小的腔前卵泡，有 2~4 层粒细胞；第 4 类为大的腔前卵泡，有 4~6 层粒细胞；第 5 类为小的有腔卵泡，粒细胞在 5 层以上。1 型卵泡粒细胞数量的差别可能是在卵泡形成时就已经形成的。在绵羊，1a 型卵泡所含的粒细胞数和卵母细胞的直径明显比 1 型卵泡大。在卵泡从 1 型生长到 3 型时，粒细胞数量平均约增长 6 倍。

1. c-kit/干细胞因子

酪氨酸激酶受体 c-kit 及其配体干细胞因子（SCF）分别位于粒细胞和卵母细胞，c-kit 酪氨酸激酶系统被 SCF 激活是原始卵泡生长的一个重要调节步骤，而卵母细胞可能在其发育的早期就发出刺激粒细胞分化的信号，这种信号可能是生长分化因子 9（growth differentiating factor 9，GDF-9）、表皮生长因子或其受体，有的也可能是 X 染色体基因编码的产物。

从原始卵泡开始，所有生长阶段的卵泡其粒细胞均含有 SCF mRNA，卵母细胞均含有 c-kit mRNA，而 c-kit 蛋白则存在于原始及生长卵泡的卵母细胞，SCF 蛋白存在于原始及初级卵泡的粒细胞和卵母细胞，表明 SCF 激活 c-kit 酪氨酸激酶系统是原始卵泡生长的一个重要调节信号。

2. 促性腺激素受体

FSH 可能在原始卵泡的生长中并不发挥关键作用，许多研究表明，FSHR

一直要到卵泡达到 2～3 型时才表达，此后 FSHR mRNA 广泛分布于粒细胞。虽然 FSH 对粒细胞的分化起刺激作用，而且在腔前卵泡中也发挥作用，但对粒细胞的分化和壁内层的形成并非必不可少。

LHR mRNA 出现在 4～5 型腔前卵泡，而 P450scc、P45017－羟化酶的 mRNA 也出现在 4～5 型卵泡的壁内层，而且此时的 4～5 型卵泡的粒细胞和壁细胞具有 FSHR 和 LHR。

绵羊的 3 型卵泡生长分化出壁内层，而 LHR 出现在 4～5 型卵泡。与此同时也出现甾体激素生成酶的表达，说明 4～5 型卵泡已经在粒细胞和壁细胞出现功能型 FSHR 和 LHR，而绵羊的这类卵泡在体外已经能够合成孕激素、雄激素和雌激素。

3. 抑制素/激活素亚单位

卵泡生长过程中能够表达抑制素 α、抑制素/激活素 βA、抑制素/激活素 βB 和激活素受体Ⅰ、ⅡA、和ⅡB，但只在 1a～2 型卵泡才有激活素 βA/抑制素表达而没有抑制素 α 亚单位表达。绵羊卵巢中 βB 抑制素/激活素亚单位第一次出现于 1a～3 型卵泡，其出现的最小卵泡时只有一层粒细胞，但至少有一个立方状粒细胞的卵泡。随着卵泡的生长，β 多肽在透明带中的含量逐渐增多。

4. 卵泡抑素

卵泡抑素可能调节激活素或 TGF－β 其他成员在卵泡中的作用。在绵羊，卵泡抑素基因表达出现在 3 型卵泡，此后几乎出现于不同发育阶段的所有卵泡。卵泡抑素和激活素以及抑制素可能在整个卵泡的生长过程中发挥关联作用，在腔前及有腔阶段，卵泡抑素可能是一种结合蛋白，阻止卵母细胞的提早成熟。

5. TGF－β 和 FGF

牛的壁细胞产生的 TGF－β 能影响粒细胞的分化，在原始卵泡的卵母细胞具有广泛的 TGF－β2 表达，而 2 型卵泡则在粒细胞有广泛表达。绵羊卵巢 TGF－β1 mRNA 存在于基质/间质组织，第一次出现于 4 型或 5 型卵泡的壁内层，而 TGF－β3 主要位于壁层血管周围的平滑肌细胞。

绵羊卵泡的生长开始于胎儿期后期，而且在幼年期、怀孕期、泌乳期和发情周期都一直持续而没有停顿。啮齿类动物卵泡持续生长，一直到卵泡闭锁或排卵。对反刍类动物粒细胞数量和卵泡液中甾体激素的浓度进行的研究表明，任何两个卵泡的细胞数量或甾体激素的浓度都不相同，这表明卵泡的发育是一个有等级的过程，腔前卵泡可能以分等级的方式发育，而这种发育与促性腺激素无关。

原始卵泡生长到早期有腔卵泡阶段时，粒细胞的数量增加 8 倍左右，卵母细胞的直径增加 3~4 倍。在反刍动物这些生长期不依赖于促性腺激素，但依赖局部产生的生长因子或其受体，例如 c-kit、SCF 和 TGF 家族成员等，这些生长因子及其受体以及促性腺激素受体在卵泡生长的早期是以阶段和细胞特异性方式表达的。

三、卵泡发育过程

绵羊的卵泡发育经历原始卵泡、初级卵泡、次级卵泡、三级卵泡或囊状卵泡和成熟卵泡 5 个时期，其中初级、次级和三级卵泡统称为生长卵泡。卵泡发育是个十分复杂的过程，既受到下丘脑—垂体—性腺轴系的神经内分泌调控，同时又受到卵巢内各种因子的调节。

成年绵羊卵巢上含有 12 000~86 000 个原始卵泡，100~700 个生长卵泡，其中在卵巢表面可见的有 10~40 个。正常健康的三级卵泡发育到直径超过 2mm 即称为原始补充卵泡，生长发育到直径达 2~5mm 则称为周期补充卵泡。这些三级卵泡直径超过 5mm 之后有一个选择过程，即优势化，经选择后，一般产生 1 个、少数情况下有 2 个，很少会有多个（3~4 个）优势化排卵卵泡。大量的研究表明，绵羊的卵泡补充发生在黄体溶解前后。

（一）原始卵泡库的建立

胚胎期卵黄囊内胚层迁移到生殖嵴的原始生殖细胞（primordial germ cell，PGCs），一旦在发育中的原始卵巢中固定下来，就开始发生形态学变化，分化为卵原细胞（oogonia）。卵原细胞通过有丝分裂在卵巢中大量增殖。绵羊的卵原细胞增殖期相对较短，在胚胎发育的前半期（35~90d 胚龄）便结束。卵原细胞在分裂时，子细胞之间并不完全分离，组成分裂细胞簇群，簇群内的细胞之间通过不规则的圆柱状突起使胞质相连形成细胞间桥。卵原细胞增殖后，达到一定数量，然后停止分裂，进入第一次减数分裂前期，形成初级卵母细胞（primary oocyte）。从卵原细胞增殖期首次进入第一次减数分裂前期的时间，绵羊为胚龄 50~100d。初级卵母细胞通过第一次减数分裂前期的细线期、偶线期、粗线期，然后在双线期停止（核网期，dictyate）。此时卵母细胞的核较大，称为生发泡（germinal vesicle，GV）。卵母细胞周围包有一层扁平的前颗粒细胞（即卵泡细胞），形成原始卵泡，并由它们形成未生长或静止的原始卵泡库（primordial fallicles pool）。绵羊的原始卵泡库中约有几百万个原始卵泡。

关于绵羊原始卵泡的来源，有研究发现 95%以上的新生原始卵泡（包括颗粒细胞呈扁平状或鳞片状的 1 型卵泡、颗粒细胞多为柱状的 1a 型以及不正常的原始卵泡）的颗粒细胞都来源于卵巢表面的上皮细胞；原始卵泡形成的整个过程都发生于卵巢索内，第一个原始卵泡即形成于皮质和髓质的交界处；大约有75%的早期生殖细胞在卵巢索内凋亡，而前颗粒细胞并不随之凋亡，这样就使每个存活下来的卵母细胞在卵泡形成前获得更多的前颗粒细胞。

（二）卵泡的补充

在卵泡形成后，部分原始卵泡以一种不明机制不断离开原始卵泡库，开始缓慢生长，此即所谓的原始卵泡启动补充（initial recruiment）。原始卵泡离开原始卵泡库开始生长时，包围卵母细胞的前颗粒细胞分化为单层立方状颗粒细胞，形成初级卵泡。从出生后直至性成熟前，卵泡生长发育极其缓慢，初级卵母细胞在体积上没有太大的变化，因而这一时期的卵母细胞又称为未生长初级卵母细胞。

初级卵泡发育的启动和早期卵泡发生可以在切除垂体的情况下出现。虽然启动补充时激素没有明显的变化，但提高FSH和LH的浓度能够增加参与启动补充的原始卵泡数，缩短原始卵泡在库中的停留时间。

促性腺激素虽然不是腔前卵泡发育启动的决定性因素，但能通过影响腔前卵泡发育过程（延长发育时间）而影响腔前卵泡发育的比率。可能在卵巢内存在着一个促性腺激素非依赖性的反馈通路，既影响原始卵泡发育启动的比率，又影响初级卵泡和次级卵泡的发育。然而，由于在启动补充期间卵泡尚无FSH受体表达，故FSH通过何种途径、以何种方式起作用尚不清楚。

虽然FSH可以促进原始卵泡的发育，但其并非启动补充的主导因子；这种主导因子可能是表皮生长因子（EGF）和抑制素。

到达性成熟期，卵泡受卵巢内各种因子的调节，开始迅速生长发育。当内分泌环境（主要是指促性腺激素分泌情况）发生变化时，能够对这种变化发生应答而启动补充（有腔）卵泡开始加快生长，这就是所谓的周期补充（cyclic recruitment）。卵泡细胞由单层增殖为3层，细胞约有900个，卵泡的直径达125μm，尚无卵泡腔。透明带和卵泡膜最早出现有二层卵泡细胞的无腔卵泡（直径约100μm）中。当卵泡细胞继续分裂增殖，卵泡直径达到250μm时，出现卵泡腔隙，以后腔隙越来越大，并融合为一个完整的大卵泡腔。卵泡细胞分成两部分，包围在卵母细胞周围的卵泡细胞称为卵丘细胞（cumulus cell），卵丘细胞外的卵泡细胞则称为颗粒细胞（granulose cell，GC）。卵丘细胞伸出胞质突起，伸入透明带，为卵母细胞的生长提供所需要的物质。卵母细胞通过间桥连接（gap junction，GJ）与卵丘细胞（或放射冠细胞）相联系。随着卵泡的生长，透明带和卵泡膜也相应增厚。

周期补充需要启动信号的参与才能发生。现已证明，这种启动信号是血浆中的FSH浓度的升高。绵羊有腔卵泡发育从2mm起开始具有促性腺激素依赖性。在发情周期中，卵泡补充前都有短暂的 FSH 浓度上升的过程。补充卵泡的典型特征是有多种类固醇激素生成酶、促性腺激素的受体和局部调节因子等的 mRNA 表达。摘除绵羊垂体或破坏 FSH 在体内生理条件下的波动，会导致卵泡不能进行周期补充或周期补充失控。用抑制素降低 FSH 的浓度，可以阻止卵泡的补充并推迟下一个卵泡波的出现。同样，提高 FSH 浓度可使更多的卵泡参与周期补充，正如超数排卵那样。这说明，FSH 峰是卵泡波出现的先决条件。表达 FSH 受体多的卵泡，较易在低浓度 FSH 条件下发生作用，FSH 受体少的卵泡则正好相反。因此，参与启动补充的卵泡由于 FSH 受体表达的不同而导致两种截然不同的命运；参与周期补充或闭锁。

（三）发情周期的卵泡发育

20 世纪 60 年代，人们通过大量从屠宰场回收卵巢的研究发现，绵羊的卵泡发育存在有卵泡波。当时的研究表明，卵巢上直径在≥5mm 的卵泡并非均匀地分布在发情周期的各天，这些卵泡显然是以两个生长阶段生长发育的，说明卵泡是以卵泡波的形式发育。早期研究表明，绵羊可能存在有 2 波或 3 波卵泡波。有研究表明，绵羊每天都有 3～4 个卵泡发育到有腔阶段。人们对卵泡波最初的定义是发情周期每天卵巢上卵泡数量的变化。因此，有人认为发情周期中卵泡波无明显的统计差别，有人则认为发情周期重复出现卵泡波。

随着超声影像技术和腹腔镜技术的应用，人们发现了许多绵羊卵泡波发育的基本特点。但这些研究中许多并未对发情周期每天卵巢上卵泡的数量变化进行动态研究。后来的研究表明，发情周期中每天卵巢上卵泡的数量是有波动的，每天大、中、小卵泡的数量都有变化，而且表现出在数天内卵泡从一个大小等级向另一个大小等级的渐进性变化，因此呈现出生长波。进一步的研究表明，绵羊也会出现 FSH 浓度的过渡性增加，因此能刺激卵泡波的出现，这与牛的研究结果是完全一致的。

根据以上研究结果可以看出，绵羊在发情周期中卵泡是以卵泡波的形式发育的，但卵泡的发育也是一个连续的过程，或者是一个很随机的过程，甚至有人认为在发情周期的黄体期的任何阶段，卵泡会出现不同步的生长退化。这些研究结果的差别可能与每个发情周期每次卵泡波出现的卵泡数量有关。发情周期中出现 2 个卵泡波的绵羊，卵泡从一个大小等级发育到另外一个大小等级是很有序的，但在 3 个卵泡波的绵羊，由于卵泡的数量及增长的速度增加，这种秩序不明显，因此在卵泡波的数量和频率增加的情况下有时可能监测不到清晰的卵泡波。最大直径达到 3～4mm 的卵泡，其生长和退化也没有明显的特征性范型，但在发情周期中，每 5d 可出现卵泡从 3mm 增长到≥5mm 以上，说明大卵泡的生长和退化是有一定的规律的。如果在研究中只考虑大卵泡（直径≥5mm），通常能观察到卵泡波。

（四）乏情期卵泡的生长发育

乏情期绵羊的卵巢是不活跃的，但存在有未形成腔体的卵泡。对单个大卵泡生长的暂时性变化进行的研究表明，确实是由不同大小等级的卵泡的波动组成了卵泡波。乏情期卵泡的发育除与FSH浓度的波动有关外，卵泡的生长也呈现出有规律的范型。在卵泡开始出现有直径在4~5mm的卵泡时其数量和FSH浓度有明显波动，但其他大小的卵泡没有明显变化。

（五）卵泡的优势化

绵羊的卵泡是否存在有优势化现象，人们对此多有争论。功能性的优势卵泡在其自身生长发育的时候还具有抑制其他卵泡发育的能力。牛的优势卵泡除粒细胞上的LH和FSH受体浓度有差别外，合成雌激素的能力也较高，但合成孕酮的能力很低，因此在同一个卵泡波内，不仅卵泡的直径，而且甾体激素的生成能力也有明显的层次差别。一般认为绵羊在卵泡期排卵卵泡对其他卵泡有优势化现象，这主要反映在卵泡数量的减少和不排卵卵泡的出现上。在黄体期，最大的卵泡可能延迟或阻止其他卵泡的发育。近来许多试验证明了绵羊卵泡有优势化的现象，排单卵的绵羊每一个卵泡波中某个卵泡常常明显较大于次大卵泡，每个卵泡波中常常是某个卵泡雌激素浓度及雌激素与孕酮的比例比同波中其他卵泡高，而且除了卵泡大小及卵泡液中雌激素浓度有等级差别外，同一卵泡群中卵泡的闭锁程度也存在有明显差别。牛下一个卵泡波的出现只发生在优势卵泡不能再对其他卵泡的生长发挥抑制作用以及FSH浓度增加之后；而绵羊在前一个卵泡波的最大卵泡停止生长或者在前一个卵泡波的最大卵泡的静止期结束时，才能出现新的卵泡波发育。因此，在一个卵泡波卵泡的消失和下一个卵泡波卵泡的出现之间可能有一定的关系存在，说明绵羊的卵泡在发育过程中也存在优势化现象。

在牛的研究表明，优势卵泡能抑制其他卵泡的生长，移除优势卵泡又可引起最大的亚优势卵泡的退化延迟，同时可引起下一个卵泡波提早出现。在单胎绵羊的研究表明，如果移除优势卵泡或所有卵泡，对其他卵泡的生长和雌激素、抑制素及FSH的浓度进行监测，发现除去最大卵泡后可引起第二大卵泡的持续存活和其直径轻微增加。除去卵泡也能引起FSH浓度升高，刺激小卵泡的发育，由此表明绵羊卵泡也有优势化趋势。虽然对优势卵泡影响次级卵泡的机理尚不清楚，但这种作用可能是间接通过促性腺激素或者是通过目前尚不清楚的一些局部机理发挥的。上述研究表明，绵羊确实有卵泡的优势化发生，但也有研究表明绵羊并不存在这种现象，因为即使存在有前一卵泡波的大卵泡，仍然也会出现新的卵泡波，甚至在有些情况下，卵泡会发育而发生排卵。大卵泡也不会抑制 eCG 诱导的卵泡生长和其他卵泡的功能，说明大卵泡对其他卵泡的生长并没有直接的作用。在乏情绵羊的研究表明，即使存在前次卵泡波的具有甾体激素生成活性的卵泡，也可出现新的卵泡波，因此绵羊卵泡波的出现可能与许多因素有关，这些因素包括繁殖周期的不同阶段、绵羊的品种和季节等。

（六）排卵率

绵羊的排卵率主要受遗传的控制，而且在品种内变异不大。许多研究证明，绵羊的高排卵率常常与小卵泡排卵、卵泡的闭锁减少、每个卵泡的粒细胞数较少及雌激素的产生较少有关。也有研究表明，绵羊的排卵率增加也可能与卵泡补充的窗口时间较长有关，或者与卵泡的可利用性增加，因此选择的卵泡数增加有关。

促性腺激素对卵泡的生长是极为重要的，卵泡生长直径超过 2. 5mm 时必须要有 FSH 的作用，但 FSH 浓度的增加也有利于排卵，而有些则认为不利于排卵率的提高，在大多数情况下，排卵卵泡从最后一次卵泡波的卵泡库中选择而生长，但超声波检查结果表明，排卵卵泡也可从倒数第 2 个卵泡波中选择，因此排卵卵泡到底是从最后一个还是从倒数第 2 个卵泡波选择仍不十分清楚。

近年来人们对调控绵羊排卵率的遗传机理进行了大量的研究，发现骨形态蛋白（BMP）及其受体可能发挥重要作用。绵羊与其他动物一样，BMP15（生长和分化因子 9B，GDF9B）只在卵母细胞上表达，BMP15 杂合子绵羊排卵率高，而纯合子绵羊则不育。BMPs 通过卵母细胞和粒细胞上的受体发挥作用，能增加粒细胞雌激素和抑制素的分泌，这种作用可能是通过促进 FSH 的分泌而发挥的。BMP 受体发生点突变的绵羊排卵率会增加，因此 BMP 这种精巧的作用可以在一定程度上解释不同排卵率的绵羊卵泡的生长范型的特点及 FSH 分泌的特点。

（七）卵泡发育的调控及其对生育力的影响

多年来人们一直试图用外源性激素处理绵羊以调控卵泡发育及提高生育力，近年来对这些激素对卵泡发育的精确作用进行了更为深入的研究。目前仍多用 eCG 刺激卵泡的发育，因此促进了小卵泡的补充，提高了排卵率，增加了同期发情处理之后发情的同步化程度，超排处理也采用促性腺激素处理，其成功率主要与用促性腺激素处理时小卵泡的数量有关，也可能与处理时是否存在大卵泡的影响有关。

孕酮等其他孕激素也被广泛用于绵羊非繁殖季节的诱导发情和繁殖季节的

同期发情，特别是近年来对孕酮诱导同期发情后的生育力进行的研究很多，采用这些方法处理之后可引起绵羊血液中孕酮浓度同时降低，但从撤出孕酮栓到排卵的时间则因撤栓时卵泡的发育阶段而有很大差别。在牛和绵羊的研究表明，如果没有黄体存在，则随着同期发情处理时从孕酮释放装置释放的孕酮浓度增加，LH 的波动频率增加，在牛的研究中发现用中等剂量的孕酮处理可引起 LH 波动的频率增加和大的优势卵泡发育，但排卵率及受胎率下降，这可能在一定程度上与子宫内环境对胚胎发育的影响有关，也可能与这种处理对卵母细胞质量的影响有一定关系。

在绵羊上还发现一种普遍现象，即 LH 的波动频率与孕酮浓度呈负相关。虽然在绵羊的一些超排处理中使用孕酮，但合成的孕激素作用更强大。阴道海绵释放的孕酮在开始的时候浓度较高，随后会降低，但长时间低浓度的孕酮处理可引起大卵泡持续时间较长，卵泡老化，雌二醇浓度升高。

对阴道内孕酮海绵释放装置处理 14d 和每间隔 4d 或 5d 用新海绵处理的绵羊其卵泡生长模式进行的研究表明，在用海绵一次处理的绵羊，从第 2～13d 血清乙酸甲羟孕酮浓度降低了 63%，说明阴道内海绵装置处理时随着时间的延长孕酮浓度降低。在用海绵孕酮处理的第 13d，单次海绵处理的绵羊其 LH 波动的频率明显比多次处理的高，说明用孕酮长时间处理时并不能很有效地负反馈性抑制 LH 的分泌。在出现这种 LH 波动频率增加的同时，可出现持续 9～12d 的大卵泡排卵，而对照的排卵卵泡的持续时间只有 3～8d。

老化卵泡对生育力的影响尚不十分确切。如果给用前列腺素处理的绵羊皮下注射孕酮，则在排卵时卵泡较大且老化，与不用前列腺素处理的绵羊相比，其孕酮浓度较低，受胎率也较低，其主要原因可能是受精率降低和早期胚胎死亡所引起。但也有研究表明，排出老化卵子的绵羊，其胚胎的质量及产羔数等均与正常绵羊没有明显差别。由此说明，排卵时绵羊卵子的老化并不像牛那样是影响生育力的关键因素，但用孕激素处理如果时间超过 14d，则可能明显降低繁殖力。绵羊如果口服孕酮处理 16～20d，则繁殖力可达到 61%～75%；而处理 14d 时则为 86%～94%。

从上述研究结果可以看出，绵羊的卵泡仍以卵泡波的形式发育，每个发情周期常见有 2～4 个卵泡波，但目前所描述的卵泡波的范式似乎更取决于卵泡波出现的频率和每个波中卵泡的数量。一般来说，每个卵泡波之前都会出现 FSH 的过渡性升高，一个卵泡波中卵泡的大小及卵泡液中雌激素的浓度具有一定的等级层次。每个卵泡波中是否有优势卵泡发育，目前的研究结果并不一致。虽然有许多研究表明每个卵泡波都有优势卵泡发育，但也有研究表明并非每个卵泡波都可产生优势卵泡。

(八) 卵泡的选择和优势化

参与补充过程的卵泡并非都能发育排卵，大多数卵泡要发生闭锁退化，只有少数能发育成为优势卵泡，这一过程称为选择。牛卵泡波出现的第 3d 开始出现卵泡的选择，猪的选择发生在发情周期的第 14～16d，人的选择据推测发生于月经周期的第 3～10d。羊的排卵卵泡波在黄体溶解后的 12～24h 内进行选择。被选择的卵泡即确立优势化地位，它们继续发育，体积逐渐变大，激素分泌能力增强，从而抑制从属卵泡的生长及下一卵泡波的出现。

在卵泡选择过程中，起决定作用的是 FSH 浓度下降与 LH 浓度上升这两个信号。在每个卵泡波开始后不久，FSH 都下降。在 FSH 下降后，FSH 受体缺乏的卵泡因缺乏足够的促性腺激素支持而趋于闭锁。而此时 LH 浓度有所升高，故能够表达较多 LH 受体（LHR）的卵泡仍可获得 LH 的支持而继续发育。因此，参与了周期补充的卵泡在生长速度上发生了分化，被选择的优势卵泡生长速度加快，完成了由 FSH 依赖型生长向 LH 依赖型生长的过渡；未被选择的从属卵泡生长减缓，停止并逐渐凋亡。导致 FSH 水平下降的主要原因是雌激素水平的上升。被选择的优势卵泡产生大量的 E_2，通过负反馈途径抑制垂体 FSH 分泌，同时促进自身表达更多的 FSH 受体。因此，在 FSH 下降的情况下，优势卵泡能够继续接受 FSH 的作用而表达更多的 LH 受体。于是，当 FSH 降到基础水平时，它们能够转而接受 LH 刺激，继续生长。而从属卵泡则因为 FSH 受体不足，不能充分利用 FSH，故 LH 受体表达少。这样，当 FSH 降到基础水平时，它们就不能转为 LH 依赖型的卵泡，所以逐渐停止生长。

完成了选择的卵泡经过优势化已经基本达到了最大直径，并维持这种状态一段时间，等待排卵。在此期间，优势卵泡是主要的性激素来源。这些性激素通过自分泌方式促进卵泡自身生长，通过旁分泌方式抑制从属卵泡的发育。优势卵泡主要通过直接途径和间接途径抑制从属卵泡发育。直接途径即优势卵泡能够分泌某种蛋白到血液中，直接抑制从属卵泡生长，促使其闭锁。间接途径可能主要为通过优势卵泡分泌许多调节因子，如 E_2 和抑制素等，经过负反馈途径使 FSH 水平降低到不能支持从属卵泡生长的程度。

(九) 卵泡的成熟和排卵

绵羊卵泡发育过程中，并非所有优势化后的卵泡都能够成熟排卵。因此，优势卵泡又分为排卵优势卵泡（ovulatory dominant follicles）与非排卵优势卵泡（nonovulatory dominant follicles）。排卵优势卵泡最终要排出成熟卵母细胞，而非排卵优势卵泡会发生闭锁，从而开始下一个卵泡波。决定优势卵泡是否成熟排卵的主要因素是卵泡波与黄体溶解的同步性，只有在与黄体溶解同步的卵泡波中的优势卵泡才有可能排卵，否则闭锁。当黄体存在时，虽然 LH 振幅较高，但高孕酮浓度导致 LH 频率较低。LH 只有同时具备高振幅和高频率，其浓度才能升高到促进卵泡成熟和排卵的水平。因此，黄体存在时，优势卵泡无法成熟排卵。只有在黄体溶解后，E_2 浓度升高，孕酮浓度降低，引起 LH 分泌频率升高，才会引起卵泡成熟排卵。

控制哺乳动物排卵率的生理机制不仅包括垂体—性腺轴的内分泌信号变化和交换，同时与卵巢内卵母细胞和卵泡细胞间激素等信号的双向交流有关。多数品种的绵羊在自然状况下一般在每次发情中排 1 个卵子，为单胎；排卵率随着年龄的增长有所提高，在 3~6 岁时达到高峰，以后逐步下降。高水平营养可提高排卵率，这是在实践中常用的增加排卵率的方法。

经过长期的自然选择和人工培育，世界各地出现了许多多胎绵羊和山羊品种，如国外的布鲁拉美利奴羊（booroola merino，BM）、芬兰兰德瑞斯羊、罗曼诺夫羊、剑桥羊以及我国的湖羊、小尾寒羊等品种。其中，美利奴羊每次发情排出的卵子数为 1~2 个，兰德瑞斯羊可达到 3 个。

四、卵泡发育波的调节

（一）卵泡发育的动力学特点

绵羊的卵泡从静止状态发育至排卵前的状态一般需要 6 个月时间，在此过程中，每天有 2~3 个卵泡离开静止卵泡群开始生长。绵羊的卵泡生成一般可分为基础阶段和紧张阶段。在卵泡生成的基础阶段，卵泡发育至直径达 2mm，此阶段完全不依赖促性腺激素，切除垂体后，卵泡仍可发育至此阶段。在紧张阶段，卵泡从 2mm 发育至排卵前大小，而且依赖于促性腺激素。补充卵泡的直径大于 2mm，而且选择过程也是在此类卵泡中进行的，所有被选择的卵泡的直径均大于 4mm。因此，某个卵泡要被补充及选择，它就必须进入依赖于促性腺激素的发育阶段。直径均大于 4mm 的卵泡其粒细胞具有 LH 受体，可以对 FSH 的刺激发生最大反应，使 E_2 的产生增加。有些品种的绵羊，排多卵的情况较为常见，因此，卵泡的补充和选择机理更为复杂。

在对绵羊和牛的研究都发现，新的卵泡波的出现伴随着短暂的 FSH 浓度升高。增大 FSH 峰值并不能改变绵羊的卵泡发育波，增加 FSH 峰出现的频率则可以促使卵巢出现额外的卵泡波，但不能改变内在的 FSH 峰的发生节律和卵泡发育波。切除卵巢的绵羊仍可检测到血清 FSH 浓度，表明绵羊体内存在一个内源性的 FSH 浓度峰值节律，而这一节律至少部分地不依赖卵巢卵泡发育模式的调控。FSH 同时受到雌激素和抑制素的负反馈调控。摘除卵巢上的优势卵泡或可见大卵泡，迅速引起雌激素浓度下降。因此，雌激素浓度的变化可能是 FSH 浓度的主要调节因素。另一种假说认为垂体对抑制素或类固醇（可能包括雄激素）的微小变化起主要调控。即便是十分微小的抑制素浓度波动也可导致很大的反应。摘除卵泡的绵羊，抑制素 A 浓度的降低与 FSH 浓度的升高在时间上的相关性表明，抑制素 A 也可能是绵羊 FSH 分泌的重要调节因子。

绵羊的卵泡发育过程中一个或多个优势化卵泡能继续发育，而其他的从属卵泡则发生退化的机制还不清楚。一种观点认为，可能是优势卵泡能从 FSH 依赖性转换到 LH 依赖，因而能在 FSH 浓度降低时免于闭锁。在研究绵羊发情周期黄体期的血液 FSH 和 LH 浓度随时间的变化与有腔卵泡发育波之间的关系时就发现，在一个卵泡波中大卵泡的出现或生长并没有引起 LH 分泌的脉冲突然性的或短时间的变化。因此，在卵泡发育波中有腔卵泡的出现或生长不需要 LH 分泌的改变，但卵泡对 LH 浓度的敏感性发生了变化。

另一种观点则认为，优势卵泡能抑制其他卵泡的生长。发情后 4~5d 摘除绵羊卵巢上的可见卵泡将使下一个 FSH 峰出现的时间提前，并使随后的卵泡波中的小卵泡数量增加；摘除大卵泡将延长从属卵泡的寿命，表明大的优势卵泡对稍小的从属卵泡有调节作用。

（二）卵泡发育的内分泌学调节

1. 促性腺激素的作用

LH 和 FSH 共同在卵巢发挥作用，决定了卵巢上排卵前卵泡发育的数量和发情结束时将要发生排卵的卵泡。

绵羊血浆 LH 浓度由两种分泌模式所决定。母羊的 LH 排卵峰由一组神经元控制，而雌雄两性基础分泌（basal secretion）则由另外一组神经元控制。绵羊 LH 的基础分泌在黄体期也能维持，而排卵前峰值则受孕酮的抑制，但能在发情时对雌激素发生反应而分泌。孕酮对 LH 分泌的抑制作用在很大程度上是受下丘脑正中基部的阿片肽神经元调控的。

发情周期结束时孕酮浓度降低，LH 的基础分泌增加，在开始出现 LH 排卵峰值时至少比基础浓度增加 5 倍，这种增加主要反映在 LH 波动的频率增加，因此使得 LH 的分泌增加，但与 LH 排卵峰值的释放又不完全相同。LH 基础值的增加约经过 48h，之后由于排卵前卵泡分泌雌激素使其浓度约增加 5 倍。雌激素浓度的迅速增加启动 LH 的大量分泌，出现 LH 排卵峰。

2. 雌二醇与 GnRH 峰值

无论绵羊处于何种季节，如果雌激素能增加到卵泡期后期的水平，则可以在中枢神经系统的 GnRH 神经元发挥作用，启动 GnRH 的突发性分泌增加，这种增加与 LH 排卵峰值的出现同时，因此也将其称为 GnRH 峰值。

LH 排卵峰出现于发情期的早期，使将要排卵的卵泡发生变化（表 2-6），其中最为重要的变化包括卵母细胞核和胞质的成熟以及卵泡破裂。这些变化使得卵泡从主要分泌雌激素转变为主要分泌孕酮，并且使得卵母细胞能够发生有利于受精和早期胚胎发育的变化。

表 2-6 LH 峰诱导的排卵前卵泡发生的主要变化

卵泡细胞	卵母细胞
卵泡液增多	重新开始减数分裂
雄激素和雌激素的分泌暂时性增加，然后受到抑制	膜的转运机制发生改变
刺激孕酮分泌	蛋白磷酸化发生改变
壁细胞和粒细胞 LH 受体减少	蛋白合成发生改变
PGF2α 和 PGE_2 合成增加	糖代谢发生改变
粒细胞和卵丘细胞分离	皮质颗粒迁移
	线粒体重新分布
	获得发育能力

3. LH 峰值和排卵

绵羊的排卵发生于 LH 峰值后 24h，这个时间基本接近于发情结束；发情早期注射 hCG 时排卵发生的时间也基本与此相同，而 IVM 卵母细胞核成熟的时间也基本与此相当。

在绵羊的发情周期中，LH 的浓度每天都会发生明显的变化，在 LH 峰值后的头几天 LH 的浓度较高，黄体期中期浓度降低，在周期的最后 1~2d 又开始逐渐升高。

4. 雌激素的作用

雌二醇可能通过两个方面对 LH 的浓度发挥调节作用，其一是在周期后期（卵泡期）单独作用，抑制 LH 的基础分泌；其二是在黄体期与孕酮发挥协同作用，控制 LH 的分泌。雌激素的这两种作用再加上孕酮对 LH 分泌的抑制作用控制了整个发情周期中 LH 的分泌。

绵羊在 LH 峰值期之前，雌激素以剂量依赖性方式引起 GnRH 波动性分泌的频率增加，降低波动性分泌的幅度，这种变化在 LH 峰值期间最为明显。虽然 GnRH 的释放大量增加，但并不完全呈突发性分泌。因此在 LH 峰值期间，GnRH 的分泌在波峰之间分泌量显著增加，随着峰值的出现，峰间 GnRH 的量逐渐积聚，垂体门脉中 GnRH 的浓度在 LH 峰值之后仍然保持高浓度。虽然雌激素在下丘脑水平具有很强的反馈作用，但 GnRH 神经元本身并不含有雌激素受体，因此雌激素对 GnRH 的分泌的调节作用可能是通过雌激素敏感性神经元再作用于 GnRH 神经元而发挥的。

5. 发情周期中 FSH 的变化

关于 FSH 在发情周期中的作用目前还不完全清楚。一般认为 FSH 的合成和分泌受 GnRH 的刺激，受卵巢产生的雌激素和抑制素的抑制。发情周期中 FSH 和 LH 的分泌可能受两种机理的调控，一个为控制中心，可能经过下丘脑释放激素发挥作用，使 LH 的分泌发生突然性的改变，但对 FSH 的分泌影响不大；另外一种可能通过卵巢雌激素和抑制素发挥作用，使得 LH 和 FSH 逐渐发生变化。

垂体分泌 FSH 受雌激素和抑制素的双向抑制作用，这两种激素都是由卵巢优势卵泡的粒细胞分泌。雌激素的分泌受 LH 的调节，但抑制素的分泌可能不受 LH 的调控。

FSH 与其他蛋白激素一样，也存在有异构体形式，它们在代谢清除率和生物活性上明显不同。血液循环中 FSH 异构体的分布有显著差异，绵羊在实验性诱导的初情期时，FSH 的生物活性明显增加。绵羊在整个发情周期中血浆 FSH 的浓度与卵泡的活动有关，这也反映了抑制素和雌激素产生的差别。

6. 抑制素的作用

在绵羊发情周期的大部分时间，大卵泡都能产生抑制素，黄体只产生少量或者不产生抑制素；卵泡期 FSH 的下降可能与抑制素的关系不大，而更有可能是雌激素调节的结果，雌激素可能是绵羊发情周期阶段 FSH 分泌的主要反馈调节激素。

抑制素由产生雌激素的大卵泡分泌，小卵泡和不产生雌激素的卵泡也可分泌少量的抑制素，因此在发情周期的各阶段抑制素的变化不大。抑制素也可能通过自分泌和旁分泌途径，促进促性腺激素刺激粒细胞和壁细胞产生甾体激素。

抑制素的半衰期较长，因此可能发挥重要的负反馈作用，而雌激素可能控制 FSH 的双向波动，这样就决定了排卵卵泡的数量，卵巢上大卵泡的数量受抑制素对 FSH 分泌的负反馈作用的控制，而选择排卵卵泡的数量则受雌激素的控制。

对绵羊发情周期中 FSH 生物活性的测定表明，FSH 活性在 LH 峰值之后明显增加，但从黄体期后期到卵泡期中期其活性则明显降低。LH 和 FSH 的释放范型有明显不同。在绵羊的发情周期中，垂体 FSH 的含量每天大约有 50%被释放，而 LH 的释放量则只有 1%~5%，这说明除了 GnRH 外，还有其他因素控制 FSH 的分泌。

第三章　绵羊发情调控技术

绵羊的同期发情技术（estrus synchronization，ES）主要是对发情周期的卵泡期或黄体期进行调控，其中大多数是调控其黄体期，这是因为黄体期持续的时间较长，对各种激素的调控较为敏感。在调控黄体期时可采用外源性孕酮延长黄体期，或者用其他方法使已存在的黄体提早退化。成功的 ES 技术不仅应该使发情高度同期化，而且在 AI 或自然配种之后应该有很高的繁殖力，为此常与促性腺激素协同处理。

绵羊的 ES 技术在很大程度上受季节性繁殖特征的影响，在卵巢上无卵泡发育的绵羊，不仅要使其发情同步化，而且也需要诱导其发情。启动发情周期后可以对季节性繁殖进行调控，从而可缩短生产周期。此外，也可通过调控绵羊增加其胎产羔数，针对这一目的调控时，可通过调节同期发情药物的剂量和增加营养水平而获得。

第一节　基于孕激素的发情调控技术

绵羊的发情调控技术因绵羊所处的繁殖状态不同，采用的处理方法亦不同，对表现发情周期循环的绵羊可采用两类同期发情技术（表 3-1）。一种是延长黄体期，可采用孕激素长期处理法，这样外源性孕激素可持续发挥对 LH 分泌的抑制作用，停药之后卵泡开始生长，绵羊表现发情。从停药到表现发情的时间在不同动物有较大差别。一般来说，孕激素长期处理需 14～21d。采用的孕激素制剂种类较多，包括口服、注射、海绵栓给药、耳部皮下埋植、阴道内给药等。另一种是通过溶黄体药物引起黄体提前退化，使用的药物主要有雌激素和前列腺素两类，雌激素在反刍动物具有溶黄体作用，但在马和猪则没有。一次注射 PGF2α 后黄体通常在 24～72h 内退化，2～3d 后出现发情及排卵。

表 3-1 动物的同期发情技术比较

动物	方法	处理方法	处理结束到发情时间
牛和水牛	PGF2α	间隔 11~12d 两次注射	3~5d，输精
牛	GnRH+PGF2α	第 0d GnRH，第 6d PGF2α	2~4d，输精
	GnRH + PGF2α + GnRH	第 0d GnRH，第 7d PGF2α，第 8~9d GnRH	2~4d，输精
	孕激素+雌激素	第 1d 雌激素，CIDR（第 1~9d）	3~5d，输精
	孕激素+PGF2α	第 1~7d 孕激素，第 6d PGF2α	2~3d，输精
绵羊	孕激素（海绵）+ eCG	孕激素 12~14d，撤出海绵后注射 eCG	2d，输精或两次输精
	PGF2α	间隔 11~12d 两次注射	2~3d，发情时配种或两次输精
山羊	孕激素（海绵）+ eCG+PGF2α	孕激素（18~21d），撤出海绵时注射 eCG	2~3d，配种或观察到发情时输精
	PGF2α	间隔 11~12d 两次注射	2~3d，发情时配种或两次输精
猪	孕激素饲料给药	Altrenogest（14~18d）	4~7d，发情时配种
马	孕激素饲料给药	Altrenogest（15d）	4~7d，发情时配种
	PGF	间情期一次注射	3~5d，发情时配种
	PGF+hCG	第 1d PGF2α，第 7~8d hCG，第 15d PGF2α，第 21~22d hCG	2~4d

阴道内孕激素海绵装置的研制成功使得给药变得十分简单易行。虽然在实验条件下取得的结果表明，这种技术在美利奴绵羊可以获得较高的受胎率，但其后大面积推广应用的效果并不完全令人满意。后来的研究表明，受胎率较低大多数发生在干旱年份，主要原因可能是营养缺乏所致。此外，许多情况下海绵中孕激素的剂量可能不足，而且 AI 中采用的精液也可能稀释比例不当。

上述研究和实践表明，应用绵羊的繁殖调控技术时，必须要有合适的饲料、配种及管理措施与之相配套。后来许多国家都对该技术的应用进行了试验，但由于各种原因采用者仍然不多。随后的许多试验证明，阴道内孕酮给药技术成了许多国家绵羊繁殖调控的主要技术，广泛用于绵羊的繁殖调控中。20 世纪 80 年代人们研制的硅胶海绵（药物控制释放系统，CIDR、AHI Plastic Mouldings），作为孕酮给药装置，在许多国家的应用都是十分成功的。

一、孕激素的种类及使用方法

绵羊常用孕激素的制剂有醋酸甲孕酮、醋酸氟孕酮、诺孕美特等，主要用药方法包括注射、口服、埋植或阴道内给药等。

（一）口服

美国曾在 20 世纪 60 年代采用高效能的孕激素（醋酸甲孕酮：medroxyprogesterone acetate，MAP）通过每天口服的方法进行绵羊的同期发情；澳大利亚则每天每只绵羊用40mg或80mg MAP进行同期发情处理，连续处理16d，处理后绵羊的发情率为89%。20世纪70年代挪威的研究人员每天用50mg MAP进行处理，连续10d，89%的绵羊发情集中在6d的时间内，其中74%的绵羊配种后怀孕。虽然上述结果与采用阴道内给药方法获得的结果相近，但采用口服给药时由于时间、劳力等原因，在生产实际中并非完全可行。

(二) 埋植

在绵羊可以采用皮下埋植的方法给药。早期的研究多采用硅胶孕酮埋植装置，但这种给药方法需要很高的技巧和经验，因此远不如阴道内给药方便。

后来对埋植物进行了改进，使其适合耳部皮下埋植，但在工作中发现仍然没有阴道内给药方便。可用3mg的甲基炔诺酮埋植10d，在开始时用雌激素/孕酮处理（0.5mg苯甲酸雌二醇+1.5mg甲基炔诺酮），用药后95%的绵羊可集中在5d内发情，其中62%可以在配种后怀孕。

在加拿大进行的研究发现，埋植3mg甲基炔诺酮，在同期发情及受胎率方面比40mg FGA阴道内海绵给药效果更好。但Tritschler等（1991）在美国对埋植2mg甲基炔诺酮和60mg MAP阴道内给药的效果进行的比较表明，使用两种方法处理的同时用500IU eCG进行处理，两者在发情反应、怀孕率和胎产羔数上没有显著差别。

在美国，由于批准Synchromate B（诺孕美特耳部埋植剂）可以用于肉牛的同期发情，因此也有人将其用于绵羊的季节外诱导发情。但在美国，由于FGA、MAP、CIDRs等尚未批准使用，因此也有人采用3mg甲基炔诺酮与PG-600合用来诱导绵羊的发情。

(三) 阴道内海绵栓给药装置

阴道海绵栓是用于绵羊传统的ES方法之一，可用于繁殖及非繁殖季节。可在海绵中浸入孕酮，使孕酮以较低的浓度释放。目前常用的阴道海绵栓有两种，一种是基于醋酸氟孕酮（flurogestone acetat，FGA；商品名为Chronogest、Intervet、Angers、France），另外一种基于MAP（商品名为Veramix、Pharmacia & Upjohn、Orangeville、Canada）。阴道海绵栓通常植入9~19d，同时可合用PMSG，特别是在繁殖季节外诱导发情时更应如此，可在撤栓时或者撤栓前48h注射。阴道海绵栓的保留率较高（>90%），母羊通常在撤栓后24~48h表现发情。

(四) 孕激素的应用效果

20世纪60—70年代在澳大利亚、法国及爱尔兰的研究表明，用大剂量的孕激素处理，然后迅速撤出，可以在绵羊获得较高的受胎率。爱尔兰的研究工作表明，如果用60mg MAP（veramix sponge，Upjohn）处理，在自然配种的情况下可以获得很好的结果。如果采用FGA（30mg）和MAP（60mg）阴道内海绵栓给药，然后采用AI，则PGA的效果较好。

（五）孕激素剂量水平及使用方法

在采用阴道内海绵给药时，除考虑药物的种类（如FGA，MAP等）以外，还有两个重要因素必须考虑，即药物的剂量和海绵内药物的植入方法。因为采用孕激素处理时，必须要在母羊的血液循环中维持一定的药物浓度才能模拟黄体的作用，因此上述问题也是极为关键的。在早期研究工作中，可能使用的孕激素药物浓度太低，因此难以模拟出正常黄体的完整功能。但早期的研究表明，抑制发情周期绵羊排卵的孕激素的剂量比用来调控发情的剂量低，而用来调控发情的剂量又比获得最高生育力所需要的剂量低。

阴道内海绵中的FGA的吸收速度明显受海绵内药物制备方法以及药物剂量的影响，而药物的吸收速度也明显影响母羊发情及母羊配种后产羔的百分比。如果海绵中FGA的剂量为30mg，则可获得最大的发情反应和产羔率，药物在海绵内植入时应采用结晶粉。FGA从海绵内释放的量可能与药物的放置方法关系密切而与用量关系不大，例如用15mg FGA，如果药物在海绵内以很好的分散方式植入，则处理母羊后的受胎率可能比用30mg FGA但药物分散不好者要高。

1. FGA的剂量

根据研究，FGA的最佳剂量一般为20~40mg。以前的研究表明，FGA剂量为5~20mg时对生育力有极为明显的影响，但如果剂量为20~40mg，则影响不大。法国采用以AI为配种方法，建议乏情季节处理绵羊时FGA剂量为30mg，繁殖季节处理时剂量为40mg。在爱尔兰进行的研究工作表明，发情周期的绵羊用30mg和45mg FGA处理之后产羔率没有明显差别，英国用于绵羊同期发情的FGA剂量一般为30mg，加拿大采用40mg的剂量，美国用的FGA一般控制在20mg以下。

2. MAP海绵

20世纪60年代的研究表明，MAP的用量一般为40~60mg，生产实际中多采用60mg的剂量。Greyling等采用30~60mg的MAP制成阴道海绵，用于美利奴羊繁殖季节之外的同期发情处理。Bekyurek等除将MAP用于乏情季节的诱导发情外，也将其在阴道内用药14d，撤出药物时注射500IU eCG，绵羊表现发情反应很好。

3. 孕酮海绵

爱尔兰的早期工作以天然甾体激素制备阴道海绵，孕酮的剂量一般为

500~1 000mg。大量的研究工作表明，在非繁殖季节的后期用 500mg 孕酮可诱导绵羊诱导发情。

4. 孕激素不添加 eCG 处理

英国及爱尔兰的许多研究都表明，繁殖季节中如果单用孕激素进行处理，就可获得较高的配种率和受胎率。但在用药时一定要注意，这种处理方法一定要等到所有绵羊都自发性表现发情时才能使用，因此用药的时间在品种之间可能不同，也可能受其他因素的影响。

5. 注意事项

阴道内海绵的放置部位影响海绵的丢失率，而正常情况下海绵的丢失不应该超过 0.5%。阴道内药物释放装置应该放置在紧靠子宫颈的部位，应在其表面撒布抗生素。撤出药物时，有时海绵上会释放出一些液体，这可能来自阴道分泌物，但对母羊的健康没有影响，也不影响繁殖力。每次用药时，术者应洗净和消毒手臂，海绵上不要使用润滑剂，否则会更容易丢失。

二、阴道海绵栓处理技术

（一）阴道海绵栓的效果

采用阴道海绵栓时，依绵羊的品种、处理方法、管理及配种方法、发情反应及生育力而差别很大。对含 15mg、30mg、45mg 或 60mg MPA 处理季节性乏情的考力代羊的效果进行的比较表明，其排卵率没有明显差别，商品中 60mg 的 MPA 剂量在 25%时仍有足够的药效引起绵羊发情，如果再用 MPA 30mg 处理 7d，虽然产羔率及产羔数没有明显增加，但乏情的绵羊则明显减少。对 2 304 头美利奴羊阴道内海绵处理后定时输精的效果进行比较，成年羊在诱导发情后 12h 用腹腔镜进行冻精 AI，怀孕率为 62.9%，如果在除去海绵后 60h 进行定时输精，怀孕率为 59.1%，两者之间没有明显差别，但在 20 月龄大的绵羊，两种方法输精后的怀孕率均较低，分别为 54.5%和 48.6%。对注射 eCG 的时间（除去 MPA 前 48h 或 0h）与定时子宫颈输精时间的关系进行的研究表明，在乏情季节的绵羊，对除去海绵前 48h 注射 PMSG 的绵羊在后 36h 及 48h 输精，或者除去海绵时注射 eCG，48h 或 60h 后输精，产羔率为 40%~60%，与观察到发情时输精 50%的产羔率相比差异不大，该试验中最佳输精时间与注射 eCG 和撤出海绵的时间有关。

（二）促性腺激素共处理

促性腺激素常常与阴道内海绵药物释放装置一同用于无卵泡发育的绵羊的同期发情处理和诱导排卵，最常用的激素为 eCG。但 eCG 的一个主要限制因素是作用时间较长，因此使用后会反复刺激卵泡发育，可产生大量的不排卵卵泡，特别在用 eCG 进行超排处理时这种现象时有发生，因此许多研究对 eCG 的使用剂量、处理时间等进行了大量的研究，就 3 个剂量的 eCG（300IU、450IU 和 600IU）与 FGA（40mg，14d）在乏情季节合用的情况来看，3 个剂量处理后的生育力均比不使用 eCG 而只用 FGA 处理时高，eCG 的剂量达到 450IU 和 600IU 时多羔的情况也明显增多，但 300IU 时则不多见，说明两者合并使用时 450~600IU 的 eCG 是最佳的处理剂量。

使用 eCG 的另一个限制因素是长期用后会导致生育力降低。在大群绵羊的研究表明，如果绵羊用标准 FGA 海绵（40mg，14d）处理，撤出海绵栓时注射 500~550IU eCG，植入海绵时和注射 eCG 后 20d 采集血样测定 eCG 抗体，结果表明没有用 eCG 处理过的羊其抗体结合率较低，而处理羊的抗体结合率则较高，而且与母羊的年龄和以前用 eCG 处理的次数无关。在山羊的研究表明，如果抗体结合率高于 5%，则会出现发情延迟，这也是反复用 PMSG 处理山羊导致生育力降低的主要原因之一。

如果将药理剂量的 GnRH 与阴道海绵栓合用诱导排卵，用 MAP 60mg 处理 14d，则一次或间隔 48h 两次注射 GnRH（125μg），与注射 eCG 相比可延迟开始发情的时间，怀孕率也比注射 eCG 的为低。美利奴羊在撤出海绵（MAP，12d）后 24h 注射 GnRH（100μg），在繁殖季节可提早排卵的时间，但在非繁殖季节处理对排卵时间没有明显影响，如果在海绵栓（MAP，12d）处理后 12h 注射 GnRH（100μg），则会缩短从处理到开始发情的时间。

（三）共处理提高排卵反应及提高发情同期率

短期内调节营养可以增加海绵栓处理后绵羊的排卵率，研究报道在 14d 的 FGA（40mg）处理中如果从第 8d 起补饲羽扇豆可使排卵率比未补饲者增加 64%，但在繁殖季节会延迟排卵开始的时间，而在非繁殖季节则没有明显影响。为了增加无卵泡发育的考力代羊的排卵率，研究者用两次 MAP 处理（10mg 和 60mg）时，并将含 70%甘油和 20%丙二醇的具有葡萄糖生成作用的饲料添加剂（100ml）在引入公羊前口服投放，发现这种方法处理可以在 MAP 剂量较低时提高排卵率，而在 MAP 剂量大时则能抑制排卵率。

专家使用 MAP 同期发情技术（60mg，14d，撤栓时注射 500IU eCG）时试图通过埋植褪黑素来提高效果，在植入阴道海绵栓前 35d 埋植褪黑素（Regulin，18mg；Cambridge Animal and Public Health，Cambridge，UK），撤栓后 48h 和 60h 通过子宫颈进行定时输精，发现褪黑素共处理可以提高处理后第二次发情时输精后的产羔率和总产羔率，也能使胎产羔数增加。

(四) 发情周期阶段及卵巢结构对处理效果的影响

对有发情周期循环的萨福克羊用 MAP 海绵栓处理 12d，植入海绵栓的时间确定为周期的第 0d（排卵当天）、第 6d 和第 12d，用超声波和血样分析监测卵巢的活动，在植入海绵前用间隔 9d 和 12d 3 次注射氯前列烯醇（100μl）的方法使发情同期化，发现在周期的第 6d 和第 12d 植入海绵可使排卵间隔时间分别从 16.4d 延长到 22.8d 和 28.4d，卵泡波数分别从 3 个增加到 4 个和 5 个。由此表明植入海绵的时间对 ES 后的输精效果具有明显影响。

三、MGA 饲料添加剂

MGA 为口服的合成孕激素，主要用于抑制发情，也可用于绵羊非繁殖季节的诱导发情，使用时需要每天一次或两次饲喂含有 MGA（Pharmacia & Upjohn，Kalamazoo，MI）的添加剂 8～14d，而且常常需要用 PG-600（PMSG/hCG；Invervet，Millsboro，DE）和/或 Ralgro（Zeranol；Pitttman-Moore，TerreHaute，IN）共处理。Zeranol 为一种商用的牛羊促生长剂，对 LH 和 FSH 浓度具有雌激素样的作用，可在开始或者结束 MGA 处理时注射。

在季节性乏情期间，处理后的发情反应为 13%～96%，如果与 eCG 或者 Zernol 共处理时则通常较高。MGA 饲喂后绵羊的生育力差别也很大（10%～75%），而且也与共处理和公羊效应有关。虽然 Zeranol 在 MGA 处理结束时以大剂量处理能增加发情的同期化程度，但剂量大时生育力会降低；但如果在开始饲喂 MGA 时注射该促生长剂，则不会引起绵羊生育力降低。

四、体内药物控释装置

目前在绵羊上使用的体内药物控释装置（controlled internal drug release，CIDRS）主要有 CIDRS 和 CIDR-G（InterAg，Hamilton，New Zealand）两类，以 CIDR-G 的使用更多，其孕酮含量一般为 9%～12%（330mg）。早期的研究表明，摘除卵巢的母羊在植入 CIDRS 后 2h 血浆孕酮浓度达到峰值，之后迅速下降。后来对装置进行了改进，发现可使孕酮浓度下降的时间延长。

对萨福克羊植入 CIDR-G 后的研究表明，CIDR 可使血浆孕酮浓度持续增加到撤出 CIDR 时，能明显延迟 LH 峰值出现的时间，可使大多数母羊 LH 和 E_2 值同步化。繁殖季节开始时埋植 11d CIDR 可使青年母羊发情开始的时间延迟。还有研究表明，采用 CIDR 处理之后可以消除自然条件下繁殖季节母羊排卵率的变化。

(一) CIDRS 的优点

使用 CIDRS 主要是考虑到所用的是天然甾体激素，而不是合成的孕激素

（如 FGA、MAP 等），因此容易被管理部门批准。此外，CIDRS 装置也没有采用阴道内海绵装置那样吸附有分泌物，因此更容易被人们接受。

对罗姆尼羊采用 CIDRS 和阴道内海绵装置进行同期发情处理的结果进行比较表明，CIDRS 处理之后发情开始较早，处理后前 10d 羊配种较少，这可能是由于 CIDRS 的丢失率（6.3%）较高所致，而阴道内海绵的丢失率只有 0.8%。对 CIDRS 处理进行同期发情后的排卵率的研究表明，同期发情处理之后排卵率的波动情况较小。

（二）CIDRS 的效果

人们对 CIDR 的使用效果进行了大量的评价性研究，CIDR-G 与传统的 FGA 海绵的效果比较表明，两者处理后，虽然生育力没有明显差别，但 CIDRS 处理后输精的时间可提前 10h 左右，冻精子宫颈输精怀孕率为 39%，腹腔镜输精后的怀孕率为 52%~64%，但是用 CIDRS 处理后多羔率明显提高。同样用 CIDRS 海绵和 30mg FGA 海绵处理 14d，处理结束时注射 eCG（750IU），结果表明 CDIRS 处理后的受胎率和多羔数分别为 71%和 1.6 个，而 FGA 处理后分别为 85%和 1.5 个。

（三）孕酮及 eCG 的超剂量使用

常用于绵羊的主要为甲基炔诺酮耳部埋植系统（Syncro-mate-B，SMB；Rhone-Merieux，Athens，GA），最早用于牛，常用含有 6mg 合成的孕激素甲基炔诺酮（17a-acetoxy-11-methyl-19-pregn-4-ene-3，20-dione），在绵羊和山羊常用其 1/2 或 1/3 的剂量，使用时一般埋植 914d，同时在埋植结束前 2d 或埋植结束时用 eCG 和/或 PGF2α 共处理。采用遥感发情鉴定仪器 HeatWatch 和直肠内超声波探查用甲基炔诺酮埋植（6mg）处理的陶赛特和 Rambouillet X Dorset 羊在处理之后发情和排卵的时间，发现 84%以上的绵羊可监测到发情，季节对发情的时间没有明显影响，但用 eCG 共处理（500IU）可提早排卵的开始，在处理的第 9d 如果有黄体存在，则甲基炔诺酮处理后 LH 峰值出现的时间会延迟，但不受第 0d 黄体存在的影响。处理第 0d 黄体的数量对发情开始的时间没有明显影响，也不影响发情开始及出现 LH 峰值时卵泡的数量。用基于甲基炔诺酮的 ES 方法处理后的发情反应率一般为 62%~100%，处理效果与剂量、季节、共处理方法等有关，生育力的变化范围更大，为 27%~83%，也与上述因素和配种方法有关。对甲基炔诺酮埋植处理时 eCG 的剂量与效果的关系进行的研究表明，如果用甲基炔诺酮（6mg 处理 10d）及 eCG 撤栓前 24h 注射）处理，则 eCG 剂量为 500IU 和 1 000IU时发情反应会降低，但剂量超过 2 000IU时会出现超排效果（>5CL），能产生大量不排卵的卵泡。

第二节　基于 PGF2α 及其类似物的发情调控技术

绵羊在发情周期中，子宫内膜合成及释放 PGF2α，引起黄体溶解。文献资料中利用 PGF2α 调控绵羊发情的研究远比牛的少，其主要原因之一是在绵羊的乏情期间采用 PGF2α 调控繁殖几乎没有任何作用。

一、黄体的自然退化或诱导退化

对绵羊正常及 PGF2α 诱导黄体退化的形态及机能的研究证明，PGF2α 处理可以对绵羊黄体细胞甾体激素的生成发挥快速而明显的影响，而发情周期中黄体的正常溶解则要相对缓慢，这种特点可能与绵羊用 PGF2α 处理后的乏情反应及生育力有关，例如绵羊用 PGF2α 诱导发情之后配种，其受胎率差别很大。

二、基于 PGF2α 的 ES 系统

基于 PGF2α 的 ES 系统主要通过引起黄体溶解终止黄体功能而控制发情周期长度，这种方法只有在表现发情周期的绵羊才有效果，因此在绵羊主要限于发情季节使用。目前常用的制剂有两种，即 PGF2α（lutalyse；Pharmacia & Upjohn）和前列腺素类似物氯前列烯醇（estrumate；Bayer；ShawneeMission，KS），因为并非发情周期的任何阶段均能对 PGF2α 处理发生同样的反应，因此多间隔 11d 重复注射一次。

三、处理方法及 PGF2α 的剂量

一次肌内注射 10～15mg PGF2α 就能引起绵羊黄体溶解，有效调控表现发情周期绵羊的发情，100～125μg 氯前列烯醇也有类似的效果。

绵羊的黄体只在周期的第 4～14d 对 PGF2α 有反应，因此为了确保所有处理羊只都处于能够反应的适宜阶段，通常采用的方法是在发情周期中间隔 9～14d 两次用 PGF2α 处理。20 世纪 70 年代的许多研究表明，PGF2α 处理后 40h 大多数母羊表现发情，处理后 70h 排卵。PGF2α 只能在已经表现发情周期的绵羊发挥作用，因此在母羊用这种方法处理后可在繁殖季节的早期进行配种。

四、PGF2α 剂量及间隔时间

根据 20 世纪 70 年代的研究结果，两次 PGF2α 处理的间隔时间对处理后

的生育力有明显影响。用125μg氯前列烯醇间隔12d处理2次，绵羊的生育力明显比间隔14~15d的低，如果间隔时间为8d，与间隔14d相比生育力则更低。根据上述研究结果，有人建议两次PGF2α处理的间隔时间不应短于13~14d，否则AI后绵羊的受胎率可能会很低。但如果采用14d的间隔时间进行处理，并非所有的处理羊在第二次的处理后会出现发情反应。

有研究表明，无论间隔9d后或者间隔14d处理，与孕激素处理相比，绵羊用PGF2α处理后的反应性很低，而且发情反应也受PGF2α剂量的影响。20mg的PGF2α间隔4d和15d处理可诱导所有的羊出现发情反应，如果剂量为15mg，则只有70%的羊出现反应，67%的羊出现同期发情，配种后产羔，这与羊的正常生育力接近。如果用15mg天然PGF2α，则60%的母羊会出现发情反应，如果采用氯前列烯醇100μg则可以引起黄体溶解，该剂量只有牛的20%。

南非的研究表明，如果氯前列烯醇以250μg为剂量，间隔10d用药2次，可以有效诱导绵羊出现同期发情，如果剂量太低（125μg）则不足以引起黄体完全溶解，因为最初孕酮开始下降，但之后又开始升高，说明黄体功能可能又有恢复，125μg氯前列烯醇处理之后只有80%的羊只会出现发情，而250μg处理后则有100%的绵羊表现发情。

五、PGF2α及其类似物处理后的生育力

PGF2α及其类似物处理诱导同期发情之后，绵羊的生育力有很大差别，但这种处理对排卵率没有明显影响。虽然20世纪70年代有研究表明，同期发情采用PG处理几乎没有任何不良作用，但也有报道，用PGF2α处理诱导同期发情，然后进行AI，母羊的受胎率和产羔率可能会受到抑制。

对PGF2α及孕激素两种同期发情方法进行比较发现，PGF2α处理后的发情反应及生育力在自然配种及AI时都比较低。而且还有人发现，采用较长间隔时间（14d）与短间隔时间（9d）相比，效果没有任何明显差别。还有研究表明，与孕激素处理相比，PGF2α处理进行同期发情没有多少明显的优势，处理效果并不比孕激素处理明显较好。

六、孕激素PGF2α合用处理

绵羊同期发情处理时，如果不用PGF2α进行两次处理，则可以用短效孕激素处理，然后再用PGF2α处理。采用较多的方法是用孕激素阴道药物释放装置处理7~9d，撤出药物的同时用15mg PGF2α进行处理。

有人对采用孕激素处理4~5d的结果进行了研究，发现5d孕激素处理后

100%的绵羊都在 3d 的时间内接受公羊配种。因此，在诱导绵羊同期发情时可以采用孕激素结合 PGF2α 的方法，不但绵羊的发情反应及生育力都比较高，而且还可以节约时间，所以目前在绵羊的同期发情上一般都是孕激素结合 PGF2α 进行处理。

第三节 公羊效应及其在排卵与排卵调控中的应用

山羊和绵羊都可通过与公羊的接触而引起乏情母羊发情，母羊的反应程度取决于季节性乏情的深度。这种反应是通过引起 GnRH 波动频率的增加而使 LH 增加所引起，第一次排卵通常为安静排卵，形成的黄体也提早退化，第二次可在 5d 后出现正常的发情排卵。

一、公羊效应的基本理论

目前的研究证明，公羊效应的本质来自于公羊同时产生的外激素和求偶过程中产生的行为刺激。母羊通过嗅觉、视觉、听觉和触觉感知这些刺激，而且一般来说是这些感觉系统发挥协同作用，此外也可能与母羊同公羊身体接触时的应激有关。

公羊产生的嗅觉和视觉刺激能引起母羊发情及排卵，公羊可能主要通过母羊的嗅觉受体刺激乏情母羊出现发情活动。公羊效应可能主要是通过外激素发挥，这些外激素存在于公羊的毛中。

虽然一般认为，公羊效应是通过外激素介导的，而其他系统发挥的作用则极少，但也有人注意到行为刺激可能也发挥一定的作用。有人对除嗅觉外的其他感觉系统的作用进行了研究，发现用手术方法破坏嗅球后，这些母羊仍能对公羊发生反应而出现类似的 LH 分泌，说明非嗅觉刺激也在公羊效应中发挥重要作用，也能与外激素一样启动同样的生理反应。

二、公羊效应在诱导发情和排卵上的应用

ES 方案中采用公羊效应的一个主要限制因素是第一次发情时受胎率降低及以后的周期同步化程度差。公羊效应诱导的 CL 短寿也可能与繁殖季节 FGA 处理之后黄体的细胞组成不同有关。引入公羊时注射 20mg 孕酮能明显减少短周期的发生，延长从引入公羊到出现发情的时间及排卵率。有研究表明，绵羊用氯前列烯醇或阴道内海绵栓处理之后持续接触公羊能缩短从引入公羊到发情的间隔时间。

绵羊用 MGA 或者甲基炔诺酮处理之后，公羊效应在诱导排卵上与 PG-600 一样有效，而且在无卵泡发育的母羊效果更好。因此如果在没有促性腺激素的情况下，利用公羊效应是一种廉价有效的诱导乏情母羊发情和排卵的有效方法。

三、公羊的管理

影响公羊效应调控母羊繁殖调控效率的因素很多，其中最为重要的因素是公羊的健康状况。公羊的繁殖效率直接取决于精液的产量、储存量和质量以及公羊本身的性欲和交配能力。比较而言，公羊的睾丸较大，具有较强的产生精子的能力，其体内保存的精液相当于 95 次的射精量，而相比而言，兔子只有 30 次，人仅有 2 次的量。

在生产实际中，用孕激素-eCG 对母羊进行同期发情处理时，应在处理结束时放入公羊，在同群的最初几天，母羊应该限制在较小的活动范围之内，公母比例为 1∶10，母羊每群不应超过 50 只。

20 世纪 60 年代末期对孕激素同期处理后母羊群中引入公羊的标准时间及延迟 48h 的效果进行比较发现，延迟 48h 可以提高受胎率，后来又有研究证实，这种措施是十分有效的。

1960—1970 年，人们通过大量的研究，获得了有关孕激素-eCG 处理后绵羊发情开始及结束时间的资料。在撤出药物后 48h 公母合群，大多数母羊可能已经发情数小时。就绵羊发情的行为特征来看，公绵羊更喜欢与刚发情的母羊交配，而且公母同群后最初交配的母羊接受的精子数量较多，因此公羊多在最初的几次交配中就可能用尽其储存的精子。

母羊用激素处理而发情时，交配可能发生在发情开始 12h 之后，这时母羊的生殖道发生的变化更有利于精子的转运。孕激素处理可以显著影响子宫颈黏液的流动。发情早期由于子宫颈中黏液较多，交配之后可能会稀释精液，因而使得子宫颈中难以有足够数量的精子。子宫颈是绵羊的精子库之一，因此影响精子在该部位停留及存活的因素也可能影响绵羊的生育力。

发情后期的交配有时也存在问题，自然发情后期精子在雌性生殖道内的转运效率降低，这可能是母羊为了阻止老化的卵母细胞受精的一种保护机制。

四、母羊与公羊的比例

爱尔兰在 20 世纪 60—70 年代采用绵羊繁殖调控技术时公母比例一般为 1∶10，但法国也有人采用 1∶5 左右的比例。英国的研究表明，对孕激素处理的母羊，每只公羊的配种母羊数量不应超过 6 只。

也有人建议在同期发情的母羊，可以采用 1∶50 的比例配置公羊，但这种情况下，母羊的药物处理则比较困难，而且产羔集中，有时也会造成管理上的问题。

公母 1∶10 配置时应注意必须要有足够的公羊才能满足需要，因此爱尔兰的有些农场使用共用的公羊来克服这一困难。

在调控绵羊发情排卵的几种方法中，阴道内海绵给药（FGA 或 MAP）或者 CIDR 是最为简单的方法，在经过简单的培训之后技术人员可以自行操作；如果采用诺孕美特耳部埋植的方法则没有这些优点。其他药物，例如 PGF2α 及其类似物，由于生育力的变异较大，可能没有孕激素类药物处理效果确实。

许多研究证明，采用孕激素处理后母羊繁殖率降低，可能使受精失败，这种受精失败主要是由于精子在母羊生殖道，尤其是在子宫颈的转运和存活受到影响所致。因此，如果采用高剂量的精子输精可以克服受精失败的问题，如果延迟 48h 公母合群，或者采用手工配种的方法，有时也可成为应激因素而降低同期发情母羊的受胎率。

第四章　绵羊精液保存及人工授精技术

人工输精（AI）是指使用器械采集公羊精液，再用器械将经过检查和处理后的精液输入母羊生殖道内，以代替公母羊自然交配而达到繁殖后代的一种繁殖技术。

AI是养羊业中最有价值的技术和管理手段之一，该技术可高效利用优秀种公羊的大量精子资源，提高优秀种公羊的配种效能，能大大提高优秀种公羊的种用价值，加快羊群改良过程。同时，AI技术由于减少了种公羊的饲养数量而降低养羊成本，提高经济效益。另外，由于公母羊不直接接触即可完成配种，从而可防止各种接触性疾病的传播。

绵羊的AI技术始于20世纪初，当时主要是对稀释液及对繁殖性能的影响进行的研究，后来这种技术逐渐扩展到大多数农畜。第一次世界大战后苏联对绵羊的AI进行了大量的研究，20世纪30年代，绵羊的鲜稀释精液已大面积推广应用，但由于生产发展的需要，遗传性状优良的绵羊精液常常需要远距离运输来扩散优良基因，而且对性状优良的公羊也需要有较长的使用年限，由此刺激人们对精液的保存技术进行了大量的研究，据此建立了精液的液态非冷冻保存、冷藏保存和冷冻保存技术。

第一节　精液液态保存技术

绵羊常用的精液液态保存技术为将精液在0~5℃或10~15℃或室温保存。

一、低温保存技术

最早开始对绵羊精液的低温保存技术研究始于20世纪40年代，后来大量的研究结果表明，精液在10~15℃保存可获得最高的生育力。但也有研究表明，0~5℃保存最适于精子存活。

精液在低温下保存时，如果处理不当，精子会发生冷休克。精子细胞的这种不可逆变化发生在精子降温到0℃时。早在1931年人们就发现，如果将精液的温度从室温逐渐降低，或者在精液稀释液中加入脂类均可有效防止精子在降温过程中出现冷休克。各种来源的脂类，如卵黄、睾丸、黄体、大脑及大豆等均对精子的冷休克具有保护作用。另外常用的稀释液为卵黄—柠檬酸稀释液。高庆华等研究团队通过多年研究发明一种卵黄稀释液（已获国家发明专利），该稀释液在冰水混合物的情况下可使精液保存15d及以上，活力不低于60%。

在20世纪40年代以前，苏联保存绵羊精液最常用的稀释液为葡萄糖磷酸盐—磷脂—大豆提取物GFO-5，后来逐渐被葡萄糖柠檬酸—卵黄所代替。卵黄中的主要成分，特别是高分子量低密度的脂蛋白成分，除保护精子经受冷休克外，也能减少精子在储存过程中顶体酶的损失，阻止顶体发生退行性变性。

目前采用的柠檬酸稀释液的配方为：2.37g柠檬酸钠、0.50g葡萄糖、15ml卵黄、100 000IU青霉素、100mg链霉素，加蒸馏水到100ml。

果糖是绵羊精液中唯一的简单碳水化合物，但在稀释液中加入葡萄糖和甘露糖时，精子也能代谢这些糖类。虽然其他糖类不能作为能源，但许多糖类有助于精子维持活力。许多研究者将葡萄糖和果糖用作稀释液中糖类的主要成分，但也有人将蔗糖和乳糖用在稀释液中以调节渗透压，发现均有助于保护精子在储存过程中膜的稳定性和完整性。

有人试图用氨基乙酸替代柠檬酸盐或者在柠檬酸缓冲液中加入氨基乙酸，但获得的结果差异很大。其他稀释液还有柠檬酸—乙二醇—卵黄—黏蛋白酶、柠檬酸—硼酸—卵黄等，但大多只是用于试验研究。20世纪70年代中前期，许多研究集中于有机缓冲液，主要是当时认为有机缓冲液的缓冲能力比柠檬酸或磷酸盐缓冲液更强，对活细胞无毒性，可以透入精子内部，作为细胞内缓冲液缓解pH值的变化，也可增加精子对细胞内单价阳离子的耐受性。

（一）含三羟甲基氨基甲烷（Tris）的稀释液

Tris是许多动物精液稀释液的重要组成部分，其浓度为10~50mmol/L时对绵羊精子的活力和代谢没有明显影响，浓度更高时对冷藏精液的效果更好。其他类似成分也在绵羊精液的稀释中广为使用，如Tes［N-Tris（hydroxymethyl）-methylaminoethane-sulfonicacid］、Hepes［N-2-hydroxyethyl-piperazine-N′-2-ethanesulfonicacid］、Mops［3-（N-morpholino）propanesulfon-icacid，Mes［2（N-morpholino）ethanesulfon-icacid］和Pipes（piperazine-N，N-bis）（2-ethanesulphonicacid）等。

目前建议使用的基于Tris的绵羊精液稀释液的配方为：3.63g tris、0.50g果糖、1.99g柠檬酸、14ml卵黄、100 000IU青霉素、100mg链霉素，加蒸馏水到 100ml。

(二) 乳汁稀释液

全乳、脱脂乳及重组乳被广泛用于绵羊精液的稀释，主要是因为这种稀释液中蛋白成分可缓冲 pH 值的变化，也可作为螯合剂与重金属结合，防止重金属离子对精子的毒害作用，还能在温度变化时保护精子。牛奶的效果比其他动物乳汁的效果更好，稀释前应将乳汁或相似成分加热到 92~95℃，8~15min，使蛋白成分中对精子有毒害作用的乳烃素失活。配置重组乳稀释液时将 9g 脱脂奶粉溶解在 100ml 蒸馏水中，为了防止微生物的生长，可在每毫升稀释液中加入 1 000IU青霉素和 1mg 链霉素。

有研究表明，在 2~5℃保存绵羊精液时，脱脂乳的效果明显比全乳好，特别是在稀释液中加入抗生素后，效果与卵黄—葡萄糖—柠檬酸稀释液相当。在脱脂乳中加入 5%卵黄和 1%葡萄糖可提高精子在冷藏保存中的活力。

在近年来的研究中，人们采用超高热处理（ultra-heat-treated，UHT）的灭菌乳作为绵羊精液的稀释液，发现能保持在液体保存时精子的活力。UHT 是无菌的，无须进行加热处理，可直接作为稀释液使用。此外，还有人建立了化学成分组成的稀释液 RSD-1 用于绵羊精液的液态保存，而且生育力较高。

二、室温保存技术

二氧化碳对大多数动物的精子活力具有抑制作用，根据这些研究结果，人们建立了伊利尼变温（Illini variable temperature，IVT）稀释液用于牛的精液稀释。另外一种用于室温下储存牛精液的稀释液是康奈尔大学稀释液（Cornell University extender，CUE），这两种稀释液也早已用于绵羊精液的稀释。

三、液态保存精液的生育力及影响因素

人们对子宫颈输精后的生育力进行了大量的研究，特别是对稀释液的组成、储存温度、稀释比例、输精剂量、发情鉴定技术、输精技术等的影响进行了大量的比较研究。现有的研究结果表明，子宫颈输精时，如果精液液态保存时间超过 24h，输精后的生育力会迅速下降，保存时间每延长 1d，则生育力会下降 10%~35%。因此，如果一个发情周期母羊用鲜精输精后产羔率为 68%~75%，则精液保存 24h、48h 及 72h 后输精，其产羔率则分别为 45%~50%、25%~30%及 15%~20%。

无论采用何种稀释液、稀释比例及保存温度和条件，随着保存时间的延长，对精子的损害均增加。精子在保存过程中发生的主要变化是活力降低、精子的完整性被破坏，这些变化可能与精子在储存过程中由于代谢等产生的有害

物质的蓄积，特别是超氧化物离子 ROS 等有关，由于这些变化，使得精子在雌性生殖道中的存活能力降低，而引起生育力降低。

子宫颈是精子通过的主要屏障之一。与鲜精相比，液态保存的精液在输精后通过子宫颈的数量较少，到达受精位点的精子数更少。因此在输精时保证有足够量的精子对于绵羊是极为重要的。有人为了增加精子从子宫颈到达输卵管的速度，在精液保存时加入 PGF2α 或 PGE，但效果并不一致。

液态精液的保存过程可能也与冷冻精液一样，能加速精子质膜的成熟过程，因此增加了获能和发生顶体反应的精子数量。获能的精子活力和寿命均降低，如果在雌性生殖道中进一步老化，则可能不能使卵子受精。

早期胚胎死亡也是生育力降低的一个主要原因。受精时配子的状态会影响胚胎的存活，精子老化可引起胚胎的发育异常，这种异常可能与精子基因组的变化有关。有研究表明，保存的精子在雌性生殖道中进一步老化时可引起精子和卵子的成熟时间不协调，因此会使胚胎的死亡率升高。

目前还没有有效的方法来解决子宫颈输精后生育力降低的问题。有研究表明，经子宫颈深部输精可提高生育力，因此还有人试图通过子宫颈进行子宫内输精，但穿入子宫颈方法在绵羊上有一定的难度。

如果采用腹腔镜技术进行子宫内输精，可以有效提高液态保存精液的输精后的受胎率，特别是如果精液中含有抗氧化剂时效果更明显。采用这种方法输精，即使精液在冷藏条件下保存 8d，其受胎率仍然较高，有些精子的受精能力甚至可保留达 10d 以上。常用的抗氧化剂有超氧化物歧化酶（super oxide dismutase，SOD）、过氧化氢酶（CAT）、细胞色素 C 和谷胱甘肽过氧化物酶（glutathione peroxidase，GSH-Px）等，它们均对绵羊精子保存过程中活力的保持和顶体质膜的完整性具有保护作用，如果采用腹腔镜技术进行子宫内输精，在 Tris-葡萄糖-卵黄稀释液中加入 SOD 800Ur ml 和 CAT 200Ur ml，可使输精后的受胎率明显提高，精子存活的有效时间延长到 14d。

有人采用胶囊剂的方式储存牛精液，后来在绵羊也建立了这种技术。在 5℃保存 8d 后，在 D-赖氨酸和多聚 D-赖氨酸胶囊中保存的绵羊精子其活力和顶体的完整性均明显比未用胶囊的对照组低，但在 5℃保存 20h 后进行子宫内输精，胶囊和非胶囊精液的受精率没有明显差别。

四、冷冻保存技术

采用液氮（-196℃）或干冰（-79℃）保存精液，即在超低温环境下，使精子的活动停止，处于休眠状态，代谢也几乎停止，从而延长精子的存活时间。

低温环境对精子细胞的危害主要表现在细胞内外冰晶的形成，于是改变了细胞膜的渗透压环境，使细胞膜蛋白质、脂蛋白和精细胞的顶体结构受损伤；同时冰晶的形成和移动会对精子及其细胞膜结构造成机械破坏。在一般条件下，冷冻不可避免地要形成冰晶，因此冷冻精液成败的关键取决于冰晶的大小。只要避免对生物细胞足以造成物理伤害的大冰晶的形成，并稳定在微晶状态，将会使细胞基本得到保护。

精子在低温环境下，形成冰晶的危险区为-50～-15℃。因此，在制作和解冻冷冻精液时，均须以快速的方式降温和升温，使其快速地通过危险温区而不形成冰晶。

绵羊的冷冻精液已经进入应用阶段。冷冻保存绵羊精液的重要性在于提高优秀种公羊的利用率；促进品种改良速度，提高肉羊生产性能；使精液的使用不受时间、地域的限制；同时，可以大幅度减少种公羊数，从而节约对种公羊的饲养管理费用；还不受种羊生命的限制，在种羊死后，仍可用其精液输精，繁衍后代；也可以作为一种商品，在国内、国际间流通，参加贸易活动，能取得较大的经济效益。

第一例绵羊的冷冻精液研究见于1937年，当时将9.2%的甘油用于冷冻保存兔子、豚鼠、猪、绵羊、牛、马和禽类的精液。后来的研究表明，甘油浓度为18%时对精子有毒害作用。1947—1950年人们对不加甘油而采用小剂量（0.05～0.10ml）的绵羊精液进行玻璃化冷冻，发现可以获得较高的受胎率。1949年Polge等发现了甘油的冷冻保护效果，此后哺乳动物精液的冷冻保存取得了快速发展，因此1950年前后对绵羊精液冷冻的研究逐渐增加，最初大多采用在牛精液冷冻时使用的稀释液和冷冻方法，但产羔率只有5%左右，说明在牛使用很成功的方法并不完全适合于绵羊。

与其他动物一样，绵羊冷冻精液的稀释液应该具有足够的调节pH值变化的缓冲能力、合适的渗透压，应该能够保护精子免受冷冻损害。目前在绵羊采用的稀释液分为以下几类。

1. 基于柠檬酸和糖的稀释液

在柠檬酸稀释液中使用何种糖类，研究者所持观点不一，如果以精子解冻后的生存作为判断指标，有人选用树胶醛糖，有人选用果糖或葡萄糖。稀释液中加入甘油后会引起渗透压下降，高渗的柠檬酸—葡萄糖—卵黄或柠檬酸—果糖—卵黄稀释液的渗透压通常为400～600mOsm，绵羊精液的渗透压为382mOsm，而且绵羊的精子由于可被单糖渗入，因此能耐受比等压高两倍的葡萄糖和果糖浓度，可平衡渗透压的变化。

以柠檬酸—葡萄糖或者果糖—卵黄为稀释液制备的冻精输1～3次后的产

羔率为 17%和 40%。1960 年前后以柠檬酸糖为基础的稀释液在绵羊精液冷冻中的使用越来越少。

2. 乳汁稀释液

牛奶常与树胶醛醣、果糖或卵黄等合用制备绵羊冻精。有研究表明，巴氏消毒的全乳或重组脱脂乳、柠檬酸—卵黄、牛奶—葡萄糖—卵黄效果基本相当，在这些稀释液中以牛奶的效果最好，但将卵黄加入加热的均质牛奶中并不能增加精子解冻后的存活。均质牛奶中冷冻的精子的复苏明显比 Norman-Johnson N-J-1 和 N-J-2 稀释液冷冻的高，但加入卵黄后则效果降低。有些实验室将牛奶用于含糖类和电解质的合成稀释液中，例如 INRA 的专利产品牛奶—柠檬酸稀释液在法国广泛用于绵羊精液冷冻时的两步稀释法。脱脂奶在瑞典广泛用于绵羊精液的冷冻保存，但冷冻精液子宫颈输精后的生育力仍然差别很大，有些只有 0~23%，有些可达到 30%~45%，产羔率极少超过 50%~75%。

3. 基于乳糖的稀释液

乳糖曾成功地用于牛的精液冷冻，因此人们也试图研究可否用于绵羊的精液冷冻。早期的研究结果差异很大，后来建立的果糖—卵黄稀释液的产羔率也只有 12%~50%，但稀释液中可加入甘油或不加甘油。

在冷冻过程中乳糖和蔗糖等二糖在降低结晶温度上效果比单糖好，如果其与 EDTA-Na_2 合用则效果更好。在基于乳糖的稀释液中加入阿拉伯树胶也具有较好的效果。阿拉伯树胶为一种大分子物质，稀释液中浓度达到 1.5%~15.0%时精子均可很好地耐受，且具有较好的防冷冻能力。如果采用两步稀释法稀释绵羊精液，第一步用无甘油的乳糖—卵黄稀释，然后用乳糖—阿拉伯树胶—卵黄—甘油或乳糖—卵黄—EDTA-Na_2-二乙基—阿拉伯树胶—甘油稀释液稀释，并据此建立了绵羊精液的 VNil-plem 稀释系统（Russian Animal Research Institute, lesnie poljany）。该系统采用两步稀释法，第一步用不含甘油的稀释液在 23℃进行 1.5~2 倍稀释，第二步用含甘油的稀释液在 24℃进行 2 倍稀释。两步稀释法可采用的稀释液为乳糖（9%）—右旋糖苷（5%）—EDTA-Na_2（0.135%）-Tris（0.105%）—卵黄（20%）+抗生素及 14%甘油用于第二步稀释，也可用乳糖（2%）—卵黄（20%）+抗生素进行第一步稀释，再用甘油（17%）—乳糖（14.5%）—阿拉伯树胶 6%—Tris（0.6%）—柠檬酸盐（0.27%）—卵黄（20%）+抗生素进行第二步稀释。精液在 2h 内冷却到 23℃，然后在干冰上制成冷冻颗粒。

4. 基于蔗糖的稀释液

由于蔗糖保护顶体完整性的功能比葡萄糖、果糖或乳糖好，因此常用于精液稀释液。在蔗糖稀释液中常加入合成的抗氧化剂来抑制精子磷脂，特别是不饱和脂肪酸的过氧化反应。厌氧环境下操作、加入抗氧化剂及 EDTA 等均可抑制过氧化反应，而冷冻解冻过程则不能抑制脂类的过氧化反应。

基于蔗糖的稀释液能在一定程度上抑制过氧化反应，主要是在该稀释液中加入一些抗氧化剂，如维生素 E 在含葡萄糖、EDTA-Na 和 Tris 的基于蔗糖的稀释液中效果较好，后来又有人试验过二丁羟基甲苯（buty-latedhydroxytoluene，BHT）、亚诺抗氧化添加剂（6-ditrat-butyl-1，4-kresol，ionol）或 topanol（DTBK）、单乙醇胺（mo-noethanolamine，kolamine）、磷酸乙醇胺（phosphoethanolamine）及海胆色素 A（echinochrome A，海胆提取物，活性为 DTBK 的 10 倍）。许多研究表明，采用上述抗氧化剂后可以明显提高产羔率，但也有研究表明 BHT 和维生素 E 对绵羊精子没有多少保护作用，但可稳定质膜磷脂，降低精子质膜的通透性，而 DTBK 则具有冷冻保护效果。

苏联科学家建立了多种基于蔗糖的稀释液，称为 VIZ 系统。该系统的主要特点是将精液在室温下用蔗糖（9.8%）-EDTA-$CaNa_2$（0.84%）-DTBK 抗氧化剂（0.5%）—卵黄（10%）—甘油（5%）+抗生素进行 3~4 倍的稀释，3h 内冷却到 2~4℃，然后在干冰上制成 0.2ml 的颗粒，由此制成的冻精输精后的产羔率为 19%~55%。

5. 基于棉子糖的稀释液

棉子糖最早用于牛的精液稀释，由于其分子量较大，因此在快速冷冻时可以比小分子量的糖类能更好地保护精子。在绵羊的精液冷冻中发现，三糖的冷冻保护效果比单糖和二糖均好，能有效稳定精子质膜的蛋白—脂类复合物。

对柠檬酸钠与各种浓度的糖、树胶醛糖、葡萄糖、乳糖、棉子糖的组合结果进行的比较研究表明，棉子糖（9.9%）—柠檬酸—(2%）—卵黄（5%）甘油（5%）稀释液可用于制备绵羊的颗粒冻精。最佳渗透压因为稀释液的不同而不同，但制备绵羊颗粒冻精时需要高渗透压的稀释液。棉子糖—柠檬酸—卵黄稀释液的最佳渗透压为 375 485mOsm，由于棉子糖浓度的增加引起的高渗透压对精子的损害作用比柠檬酸浓度高时引起的小。用这种稀释液稀释后制备冻精，输精剂量为 1.5 亿~1.8 亿个精子，则产羔率可达 40%~50%。如果在棉子糖—柠檬酸—卵黄稀释液中加入谷氨酸和蛋氨酸可提高产羔率，但在棉子糖—葡萄糖—蔗糖稀释液中加入 Tris 缓冲液则对产羔率没有明显改进。

棉子糖也是 VNIIOK 精液冷冻系统的基础（All-Union Sheep and Goat Research Institute，Stavropol），这种精液冷冻系统在苏联曾得到广泛应用，他们将精液用含 15%棉子糖、3%蔗糖、0.5%葡萄糖、3% PVP（分子量为 8 000~20 000）、0.07%Tris、20%卵黄和 4.2%甘油及抗生素的稀释液在 25~30℃进行 2.5~3 倍稀释，34h 内冷却到 2~4℃，然后制备成 0.15~0.20ml 的颗粒冻精。

6. 基于 Tris 的稀释液

早在 1970 年就有许多关于用 Tris 进行绵羊精液冷冻的报道，后来又有人进行了大量的系统研究，表明绵羊精子对 Tris 的耐受浓度为 250~400mmol/L，而且在该稀释液中葡萄糖比果糖或棉子糖更为适用。如果将精液用 Tris（300mmol/L）—葡萄糖（27.75mmol/L）—柠檬酸（94.7mmol/L）—卵黄（5%）—甘油（5%）及抗生素进行 3~5 倍的稀释制备颗粒冻精，则产羔率为 30%~57%。含 2%卵黄的 Tris 缓冲液其渗透压为 375mOsm 时能更好的维持顶体的完整性和精子解冻后的活力。如果将 30~290mmol/L 的单糖或二糖与 100~300mmol/L Tris 合用，使其渗透压达到 325mOsm，则对精子解冻后的活力没有明显影响，也对输精后的生育力没有影响。但也有研究表明，Tris 与乳糖合用时效果比与葡萄糖和蔗糖明显较好。

Triladil 是一种基于 Tris 的稀释液，在冷冻精液时的效果明显比乳糖—卵黄和蔗糖—乳糖—卵黄好，加入 2%牛血清白蛋白可明显提高它对顶体完整性的保护效果，但输精之后，基于蔗糖的稀释液效果明显比 Triladil 稀释液好，Triladil 稀释液制备的冻精子宫颈输精之后的受胎率明显较高。

Tris—果糖稀释液是进行两步稀释时常用的稀释液，Tris 也是许多乳糖和蔗糖为基础的稀释液的重要组成部分，例如 Tris—葡萄糖稀释液就是较为常用的冷冻绵羊精液的稀释液。

7. 其他稀释液

两性离子缓冲液，如 tes、hepes 和 pipes 也被广泛用作冷冻绵羊精液的基础稀释液，以 tes 和 Tris 为基础稀释液制备的冷冻精液其产羔率差别很大，如果两性离子与脱脂乳合用，则效果明显比 Tris—葡萄糖—卵黄稀释液较好，精子解冻后的活力较高，但对顶体完整性的保护能力较差。两性离子稀释液制备的冻精其产羔率明显比 Tris—葡萄糖—卵黄低。

在所研究的各种稀释液的成分中，值得注意的是右旋糖苷和羟基淀粉。当在 tes—柠檬酸盐—氨基乙酸—乳糖—棉子糖—果糖—柠檬酸稀释液中加入这些成分，不再加入甘油用于稀释和制备绵羊冷冻精液，之后再用含甘油的乳汁—柠檬酸进行稀释，则冷冻保护效果比采用乳糖—卵黄作为第一稀释液，INRA 作为第二稀释液明显较好。

第二节 人工授精技术

绵羊人工输精技术包括采精、精液品质检查、稀释、分装、精液的保存(液态保存、冷冻保存)、精液的运输、解冻与检查、输精等基本环节。

一、人工输精的组织和准备

由于绵羊人工输精的效果不仅受技术环节影响，而且还直接与输精过程组织管理有关，并且在目前技术已基本成熟的情况下，组织管理工作有时就显得更为重要。在绵羊中开展人工输精，应做好以下各项组织和管理工作。

(一) 人工输精站的建设

人工输精站一般应选择在母羊分布密度大、水草条件好、放牧地比较充足、交通相对方便、地势平坦、避风向阳而又排水条件良好的地方。

人工输精站一般应包括采精室、精液处理室、消毒室、输精室、工作室及种公羊舍、试情公羊舍、试情母羊舍、待配母羊舍等。有条件时，还应修建住房、饲草饲料库房等配套房屋。各房舍布局要合理，既便于采精、精液制备和输精，也应符合卫生和管理要求。

人工输精站的大小，应根据授配母羊数的多少而定。如对 1 000~1 500 只母羊规模的羊场，采精室面积以 15~25m^2 为宜，精液处理室约为 12m^2，输精室以 20~30m^2 较好（也可以与采精室通用）。

(二) 器械和药品的配备

人工输精需要一定的器械和药品，应及时选购及配置。常用的器械有假阴道内胎、假阴道外壳、输精器、集精杯、金属开膣器及显微镜、血细胞计数板、消毒锅、温度计、体温计、吸耳球、量杯（量筒）等。常用药品包括酒精、生理盐水、凡士林、高锰酸钾、消毒液及必要的兽医药品等。各种器械和药品均应量足质优，以防使用过程中损坏后因不能及时补充而影响输配质量。

(三) 种公羊的饲养管理

种公羊应严格按照机体营养需要进行饲养，同时，在人工输精工作开始前 1 个月左右应加强蛋白质（如补加鸡蛋）、维生素等营养物质的供给，以确保公羊的种用体况，使其产生健壮精子。还要加强管理，如定时定量放牧或室外运动。

配种开始前1个月左右，有关技术人员应对参加配种的公羊进行精液品质检查，主要目的：一是掌握公羊精液品质情况，如发现问题，可及早采取措施，为确保配种工作的顺利进行奠定基础；二是排除公羊生殖器中长期积存下来的衰老、死亡和解体的精子，促进种公羊的性机能活动，产生新的精子。因此，在配种开始以前，每只种公羊至少要采精15~20次，开始每天可采精一次，在后期每隔1d采精一次，对每次采得的精液应进行品质检查。

如果公羊系初次参加配种，则在配种前1个月左右应有计划地进行调教，可使公羊在采精室与发情母羊自然交配几次；也可把发情母羊的阴道分泌物涂抹在公羊鼻尖上以刺激其性欲；或注射丙酸睾丸素，每次1ml，隔1d一次；每天用温水把阴囊洗干净，擦干，然后用手由下而上地轻轻按摩睾丸，早、晚各一次，每次10min，让公羊“观摩”其他公羊的采精。

（四）母羊群的准备

凡确定参加人工输精的母羊，要单独组群，防止公、母羊混群而偷配，扰乱人工输精计划。在配种开始前几天，应让母羊群进入人工输精站的待配羊圈舍。加强配种前和配种期母羊群的放牧管理，保证羊只有良好的膘情。

（五）其他工作

配备必要的人力，如1 000只母羊的规模，应有6~10人协助早晚的抓羊、管羊等工作。应准备好试情公羊。

二、人工输精

（一）精液采集

采精是人工输精的第一个环节。绵羊的采精方法很多，最常用假阴道采精法，其优点主要是能收集到公羊排出的全部精液，精液不易被污染，不会引起公羊损伤、设备简单，使用和装卸方便。

1. 器械的准备

凡是人工输精使用的器械，都必须经过严格的消毒。在消毒前，应将器械洗净擦干，然后按器械的性质、种类分别包装。消毒时，除不易放入或不能放入高压消毒锅（或蒸笼）的金属器械、玻璃输精器及胶质的内胎以外，一般都应尽量采用蒸汽消毒，其他用酒精或火焰消毒。蒸汽消毒时，器材应按使用的先后顺序放入消毒锅，以免使用时在锅内翻找，耽误时间，而且可能影响无菌操作。凡士林、生理盐水、棉球等在用前均需消毒好。已消毒的器材、药液要防止污染，并注意保温。

2. 台羊的准备

台羊是指用发情的活母羊或假台羊（大小与母羊体格相似的木架，架内填上适量的麦草或稻草，上面覆盖一张羊皮并固定之）作为公羊爬跨射精的对象，以达到采精的目的。台羊的体格应与采精公羊的体格大小相适应，活母羊应健康且发情明显。采精时，将台羊固定在采精架上。

3. 假阴道的准备

假阴道包括外筒、内胎和集精杯 3 个部件，另外还有胶圈、气门活塞等附件。

（1）安装和消毒。准备假阴道时应检查所用的内胎有无损坏和沙眼，若完整无损时最好先放入开水中浸泡 3~5min。新内胎或长期未用的内胎，必须用热肥皂水刷洗干净。安装时先将内胎装入外壳，并使其光面朝内，而且要求两头等长，然后将内胎一端翻套在外壳上，依同法套好另一端，此时注意勿使内胎有扭转情况，并使之松紧适度，再在两端分别用橡胶圈固定。用长柄镊子夹上 65%酒精棉球消毒，从内向外旋转，勿留空间，要彻底。等酒精挥发后，用生理盐水棉球多次擦拭、冲洗。最后将集精杯安装在假阴道的一端。

（2）灌注温水左手握住假阴道的中部，右手用水杯或吸耳球将 50~55℃温水从气门孔灌入。水量为外壳与内胎间容量的 1/2~2/3。最后装上带活塞的气嘴，并将活塞关好。

（3）涂抹润滑剂。用消毒玻璃棒取少许凡士林，由外向内均匀涂抹一薄层。涂抹深度占内腔长度的 1/3~1/2。

（4）检温和吹气加压。从气嘴吹气，用消毒的温度计插入假阴道内检查温度，以采精时达 40~42℃为宜，若过低或过高可用热水或冷水调节。当温度适宜时吹气加压，使涂凡士林一端的内胎壁状如三角形。最后用纱布盖好入口，准备采精。

4. 采精方法

应事先擦洗干净公羊阴茎周围，并剪去多余的长毛。把公羊牵引到采精现场后，用台羊反复挑逗，使公羊的性兴奋不断加强，待阴茎充分勃起并伸出时，再让公羊爬跨。因为发情母羊是公羊很强的性刺激，这样可提高精液品质。

采精员用右手握住假阴道后端，固定好集精杯（瓶），并将气嘴活塞朝下，跨在台羊的右后侧，让假阴道靠近公羊的臀部，当公羊跨上台羊背部而阴茎尚未触及台羊时，迅速将公羊的阴茎导入假阴道内，若假阴道内的温度、压力、润滑度适宜，当公羊后躯急速向前用力一冲，即已射精完毕。此时，应顺公羊动作向后移下假阴道，并迅速将假阴道竖起，集精杯一端向下，然后打开活塞上的气嘴，放出空气，取下集精杯，加上瓶盖，送精液处理室待检。

AI 中使用的公羊应该训练使其能够适应假阴道采精，如果将采精用的台羊进行人工诱导发情（可以采用阴道内孕激素海绵处理，撤出海绵时注射 25~50μg 苯甲酸雌二醇），则能延长母羊的发情期，该方法在孕激素处理的羊只或者自然发情的羊只均可通过注射苯甲酸雌二醇使发情期延长一倍，便于采精时使用。

人们采用了各种方法以增加每次采精量。例如，采精时有发情母羊存在，则可使采精量增加 17%，如果采精时有其他母羊存在则效果更好。还有研究表明，如果能使公羊长期与发情母羊接触，则可以明显改进睾丸的功能。在绵羊，假阴道采精比电刺激采精效果更好。

许多国家采精一般是从周一至周五每天从每只公羊采精 1~2 次，然后休息 2d，因此每只公羊每周采集的精液可供 50 次输精（每次输入 40 000 万~50 000 万个精子）。英国的研究表明，在繁殖季节萨福克公羊每周的采精量可供 220 次输精，而在乏情季节则只能供 50 次输精。法国的研究表明，绵羊在春季的精液所含异常精子比秋季的高，可能会明显影响其生育力。

5. 清理采精用具

倒出假阴道内的温水，将假阴道、集精杯放在热水中用肥皂充分洗涤，然后用温水冲洗干净，擦干，待用。

6. 其他注意事项

（1）采精的时间、地点和采精员应固定，这样有利于公羊养成良好的条件反射。应尽量固定采精员，以便掌握公羊的特点，使采精易于成功。

（2）要一次爬跨即能采到精液。多次爬跨虽然可以增加射精量，但实际精子数的增加不多，而且容易造成公羊不良的条件反射。此外，多次爬跨易使假阴道混入尘土和杂质污染精液，降低精液品质。

（3）保持采精现场安静，不要影响公羊性欲。

（4）应特别注意假阴道的温度，采精时保持在 40~42℃。

（二）精液品质检查

精液品质检查的主要目的在于鉴定其品质的优劣（是否符合输精要求），同时也为精液稀释、分装保存和运输提供依据。精液品质检查主要从外观评定（如精液量、色泽、气味、pH 值）、实验室检查（如精子的运动能力、精子密度、精子形态）、其他检查（如精子存活时间及存活指数、精子代谢能力评定、微生物检查）等方面进行。

1. 射精量

单层集精杯本身带有刻度，采精后直接观测读数即可。若使用双层集精瓶，则要倒入有刻度的玻璃管中观测。绵羊每次射精量为0.8~1.5ml。射精量因采精方法、品种、个体营养状况、采精频率、采精季节及采精技术水平而有差异。

2. 色泽

正常的精液为乳白色。如精液呈浅灰色或浅青色，是精子少的特征；深黄色表示精液内混有尿液；粉红色或淡红色表示有新的损伤而混有血液；红褐色表示在生殖道中有深的旧损伤；有脓液混入时，精液呈淡绿色；精囊腺发炎时，精液中可发现絮状物。凡是颜色异常的精液均不得用于输精。

3. 气味

正常精液微有腥味，若有尿味或脓腥味，则不得用于输精。

4. 云雾状

用肉眼观察采集的精液，可以看到由于精子活动所引起的翻腾滚动、极似云雾的状态。精子的密度越大、活力越强者，则其云雾状越明显。因此，根据云雾状的明显与否，可以判断精子活力的强弱和精子密度的大小。

5. 活力

精子活力是评定精液品质优劣的重要指标，一般对采精后、稀释后、冷冻精液解冻后的精液均应进行活力检查。

一般可根据直线前进运动的精子所占比例来评定精子活率。在显微镜下观察，可以看到精子有3种运动方式——前进运动：精子的运动呈直线前进运动；回旋运动：精子虽也运动，但绕小圈子回旋转动，圈子的直径很小，不到一个精子的长度；摆动式运动：精子不变其位置，而在原地不断摆动，并不前进。除以上3种运动方式之外，往往还可以看到没有任何运动的精子，呈静止状态。

前进运动的精子才是具有正常受精能力的精子。因此，根据在显微镜下所能观察到的前进运动精子占视野内总精子数的百分率来评定精子活率。过去多采用五级评分：如果全部精子做直线前进运动，评为五级；大约有80%的精子做直线前进运动，为四级；60%左右的精子做直线前进运动，为三级；40%左右的精子做直线前进运动，为二级；20%左右的精子做直线前进运动，评为一级。现在大多直接采用百分率来评定精子活率，如活率为80%，即表示精液中直线前进运动的精子数占总精子数的80%。

6. 精子密度

精子密度也称为精子浓度，指每毫升精液中所含有的精子数目。密度检查的目的是为确定稀释倍数和输精量提供依据。精子密度检查主要有两种方法，即显微镜计数法和光电比色法。过去采用的目测法，对评定精液品质无实际意义，已不再采用。

（三）精液稀释

稀释的主要目的是扩大精液量，便于输精操作。对要保存的精液必须要进行稀释，以延长精子的存活时间；另外，稀释后的精液更有利于保存和运输。

增加精液容量而进行鲜精输精时，通常用0.9%氯化钠溶液或乳汁稀释液。稀释应在25℃左右的温度下进行。绵羊精液一般可作2~4倍稀释，以供鲜精输精之用。

绵羊精液稀释液多用卵黄或牛奶，也可将卵黄和牛奶混合使用。脱脂奶应在90℃加热1min以灭活牛奶中存在的杀精子因子，然后再加入抗生素和其他成分（抗生素可采用青霉素、链霉素等）。精液的稀释度以每毫升含2亿个精子为宜，稀释后的精液从30℃降低到15℃需30min，然后装入0.25ml的细管中，放入运送容器中。输精之前的储存温度为15℃。

加拿大采用脱脂牛奶稀释，精子浓度为每毫升9亿个，多采用0.5ml的输精量，因此精子的输精数量为4.5亿个。精液稀释后的储存时间和温度对受胎率有明显影响，如果采用的为0.5ml含精子4.5亿个的剂量，则在4℃储存24h对其受精能力没有明显影响，在15℃贮存时如果超过6h，则受胎率明显下降。

绵羊精液在未冷冻状态下保存时，稀释液的保护能力取决于保存的温度和保存时间。如果在15℃下短期保存，则脱脂奶的保存能力明显比卵黄稀释液好；如果在4℃保存则相反，因此精子在4℃保存时不应采用脱脂奶作为稀释液。

（四）输精

输精是人工输精操作的最后一个环节。掌握好母羊发情排卵的时机，用正确的方法把精液输送到母羊生殖道的适当部位，是提高绵羊受胎率的重要因素之一。

1. 输精的基本技术

（1）输精方法。绵羊常用的各种输精技术基本可分为4类，即阴道输精法（VAI）、子宫颈输精法（CAI）、经子宫颈输精法（TAI）和腹腔镜输精法（LAI）。每种输精法各有其优缺点。各种输精方法的技术要点见表4-1。

表 4-1 绵羊的常用输精技术

输精方法	技术要点
VAI	简单，但人员需要简单培训；采用 0.2ml 鲜精或稀释鲜精；精子数量为 200×10^6 ~ 400×10^6 个；输精母羊站立保定；输精管插入 13cm；受胎率 40%~65%
CAI	比 VAI 技术性强，精液用量少，受胎率高；可以用冷藏精液；精子数量为 100×10^6 ~ 200×10^6 个；输入 450×10^6 个冻精受胎率为 30%~35%；需要开膣器插入 10~14cm 打开子宫颈；精液输入子宫颈后 1~3cm，受胎率 60%~70%
TAI	可以输入冻精；鲜精的受胎率可达到 90%；冻精受胎率 22%~51%；需要开膣器；可以穿过 70%~90%的母羊子宫颈；建议在体型较大的经产母羊产后 4 个月进行；精液量需要为 0.5ml；母羊需要在背部固定
LAI	可以使用冻精；冻精的受胎率可达到 65%~80%；禁食 18h；母羊需要腹腔镜支架保定；乳房前 14cm，腹中线两侧各 6cm 进行局部麻醉；羊呈 40°背部仰卧；用套管针穿刺腹壁；除去套管针，通过开口将腹腔镜探头插入腹腔；用内窥镜光检查生殖器官；将 CO_2 注入腹腔；用探头检查子宫；将大约 1ml 精液输入子宫腔和两侧子宫颈；切口用抗生素；术后注意母羊的护理

输精后的母羊应保持 2~3h 的安静状态，不要接近公羊或强行牵拉，因为输入的精子通过子宫到达输卵管受精部位需要有一段时间。

输精人员的技术水平对 AI 后的受胎率有明显影响。爱尔兰在绵羊 AI 工作时并不采用很复杂的设备，可只将母羊做简单保定，也可只将后躯倒提起来，但操作人员需要一定的技术和经验，每只羊的输精时间不应该超过 1min。寻找子宫颈开口需要一定的技术，输精时应该尽量轻柔，不要过度刺激腹胁部。等待输精的母羊数量不应超过 40~50 只，以免集中母羊太多造成应激。

（2）输精时间。绵羊在发情开始后 10~36h 内输精为宜。同时还应注意“少配迟，老配早”的原则，即幼龄羊以发情后的较晚时间配种为宜，而成年羊或老龄羊则在发情时就应立即配种。一般根据试情制度，早、晚各输精一次。次日仍发情的母羊，应进行第三次输精。

绵羊在用孕激素-eCG 处理后一般可以比较准确地判断其发情和排卵的时间，一般是发情开始于撤出药物之后的 36h，发情持续 36h 时，排卵发生在撤出药物之后的 70h，因此如果在撤出药物之后第 56h 进行一次输精，则在排卵之前母羊生殖道内就有足够的精子。

（3）输精量。输精量主要由每次输入的有效精子数即直线前进运动的精子数来决定，这又取决于精液的稀释倍数及精子活率。绵羊每次输精中，应输入前进运动精子数 0.5 亿个。对新鲜原精液，一般应输入 0.05~0.1ml，稀释精液（2~3 倍）应为 0.1~0.3ml。

（4）输精部位。母羊的输精部位应该在子宫颈口内 1~2cm 处。但由于母羊的子宫颈细长，管腔内有 5~6 个横向皱褶，因此要把精液直接输入子宫内是比较困难的。需要仔细操作，才有可能达到在较深部位（0.5～1.5cm）输精的目的。由于绵羊子宫颈的结构特点，子宫颈输精时精液是输入在子宫颈内或者第一个褶内，这样子宫颈的保留能力就很低，只能保留0.1～0.2ml精液。定时输精的一个最大的困难是需要很大的精液剂量（1～2次输精，需要的总精子数为4亿～5亿个），而且总的输入量应越小越好。在苏联进行的AI中，精子总数为1.2亿～1.5亿个；澳大利亚采用的精子最少数量为1.2亿个。

法国和爱尔兰在绵羊输精中使用卡苏枪，将精液输入子宫颈的第一个褶中。大多数结果表明将精液输入子宫颈深部时可以明显提高受胎率。

（5）输精次数与时间。绵羊的输精次数可从2次减少到1次，但输入的总精子数量应与2次输精相同（4亿～5亿个）。

就输精时间而言，大多数1次AI多采用孕激素-eCG处理后55～57h。爱尔兰在孕激素-eCG处理后56h输精，其受胎率为70%。

将输精次数减少为1次极大地降低了费用和劳力，从而为绵羊育种和生产实际中采用AI技术开辟了新的途径。

孕激素-eCG处理后进行2次AI的时间在不同的国家有一定差别。法国是在撤出药物后50h和56h输精，而英国是在48h和58h或者48h及64h输精。在爱尔兰，如果第一次输精是在9:00，第二次输精是在19:00，则一般是在药物撤出之后的第2d（即48h和58h输精）；另外一种方法是第一次输精是在第二天的19:00，最后一次输精是在第三天的9:00（即撤出药物之后的48h和62h）。两种方法输精后的受胎率基本相同。

2. 影响输精效果的因素

（1）绵羊的应激。绵羊在配种期间短时间的营养及处理造成的应激对其生育力有明显影响，这种影响可能是通过影响受精或者是引起早期胚胎死亡而造成的。因此在采用繁殖调控技术进行绵羊配种时应该尽量轻柔，避免任何不必要的干扰，这在采用AI进行配种时尤为重要。应激绵羊在精子通过子宫颈时可能受到不利的影响，这些应激可能是由于发情母羊在输精时对周围环境不熟悉，输精人员操作过于粗鲁所造成。

（2）小母羊的AI配种。小母羊的繁殖性能一般都比成年母羊差，这可能主要是小母羊配种后胚胎死亡率较高所致，而且小母羊的发情行为也十分微弱，难以进行准确的发情鉴定。小母羊用AI输精时，体重较重者怀孕率较高，因此小母羊在进行配种时，其体重应至少达到成母羊的2/3。

（3）AI的时间与剂量。子宫内输精的时间和生育力之间呈线性关系。如果子宫内输精的时间从撤出孕激素处理后的24h增加到48h，则鲜精输精后的怀孕率从71%增加到97%；撤出阴道海绵后48h或55h用冻精输精，则怀孕率也明显提高。

研究表明，腹腔镜子宫内输精时，鲜精的受胎率（>90%）明显比冻精（55%）高。英国在生产实际中采用 AI，他们用阴道内海绵技术进行绵羊的同期发情，撤出海绵时注射 500IU eCG，用冻精进行子宫内输精，发现在撤出海绵后 54~60h 输精受胎率最高，900 只羊的试验表明，上述两个时间输精，受胎率分别为 56%和 58%，每个子宫颈中输入的活精子的数量从 5 000 万个降低到 1 300 万个时对受胎率没有明显影响。

在西班牙，用 FGA 海绵及 300~500IU eCG 进行绵羊的同期发情，然后进行子宫内输精，腹腔镜输精后的受胎率为 55%~58%，受胎率及胎产羔数在 10 月、4 月和 8 月输精时没有显著差别；子宫内输入冻精时，受胎率（67.8%）明显比子宫颈输入鲜精（51.1%）的高。

对子宫颈输精深度、子宫内输精位点等与冻精输精后的生育力的关系进行的研究表明，发现成年绵羊在子宫颈输精时输精枪可以插入子宫颈深部，而且其能够插入的深度随着绵羊年龄的增长（4~7 岁）而增加，随着输精深度的增加受胎率也增加，但观察到发情后 12h 和 24h 输精，受胎率没有明显差别；AI 后 35d 的怀孕率（16.4% ~ 27.7%）在采用不同精子剂批（2 000 万~8 000 万个）输精的绵羊之间没有明显差别。子宫体输精与左侧子宫角输精之后受胎率也没有明显差别，但随着活精数量的增加，受胎率呈线性增加，6 500 万个的活精子可以获得 72.8%的受胎率。

对腹腔镜输入冻精之后，只有输入的总精子数和活动精子数量与生育力高度相关，从不同公羊制备的精液，输精之后的受胎率也有很大差别（17.3%~86.1%），但用常规的显微镜法检查精子质量时一般发现不了这种差别。

（4）子宫颈输精技术。20 世纪 70 年代，人们曾经试图通过非手术法使用输精导管将精液输入母羊的子宫腔，但穿过子宫颈比较困难。近年来，加拿大的研究建立了一种称为穿子宫颈的绵羊 AI 技术（guelph system for transcervical artificial insemination，GSTAD）采用这种方法可以通过子宫颈将精液输入子宫，但有时输精管通过子宫颈很困难。羊侧卧保定，后躯抬高，用一鸭嘴式开膣器开张阴道，用钳抓住子宫颈向后回拉，在大多数绵羊可将输精枪插入子宫颈开口。经子宫输入鲜精后的产羔率分别为 50%、55%和 40%，而采用腹腔镜技术时则为 65%。

采用这种方法进行冻精输精时，65 个农场的 2 060 只绵羊 2 年的试验表明，用孕激素阴道海绵法及注射 eCG 的方法进行同期发情，撤出海绵后 54h 进行 AI，穿过子宫颈的比率为 76.3%，年产羔多次的绵羊（92%）比年产一次的绵羊（82.4%）穿过子宫颈的比例高，秋季繁殖季节输精时绵羊的产羔率为50.7%，其他季节则为24.4%。每只羊处理及输精的时间从开始500只的平均8.26min减少到最后500只的5.8min。

绵羊也可以采用外源性催产素扩张子宫颈，因此可用非手术法进行子宫内输精，输精时如果10min之内仍不能将输精枪通过子宫颈，则也可将精液输入子宫颈。

（5）子宫内输精后的怀孕率。20世纪80年代，许多国家对绵羊子宫内输精的效果进行了研究和评价。新西兰的研究表明，如果采用腹腔镜技术在每个子宫角输入0.03~0.05ml精液，鲜精的产羔率为83%，而冻精为38%；子宫内输精后冻精的产羔率一般为40%~60%。

第三节 发情鉴定技术

羊一般在秋冬两季发情，具有季节性繁殖的属性，但是现代繁殖技术的使用使这种自然选择形成的属性发生了变化。某一品种羊被引进后要适应当地生态条件。如一些南方品种和国外品种被引进后夏季和冬季都不进行配种，一般选择在凉爽的秋季。羊在繁殖季节内可以多次发情，属季节性多次发情动物，即在繁殖季节内羊的发情具有重复性。母羊在每个发情周期内可分为发情前期、发情期、发情后期和间情期，这是羊发情的阶段性特征。绵羊的发情持续时间一般为30h左右，山羊24~38h。母羊一般在发情后期（发情临近结束或前后）会出现卵泡破裂排卵。卵子在输卵管中能存活4~8h，精卵结合最佳时间是24h内。因此，随着集约化、规模化的快速发展，羊的发情鉴定在繁殖管理中具有十分重要的地位，只有正确把握羊的发情特征，掌握羊的最佳排卵时间，适时配种，才能提高受胎率，减少饲养成本，提高经济效益。

一、发情鉴定方法

对绵羊进行发情鉴定的目的是及时发现发情母羊，正确掌握配种或人工授精时间，以防止误配漏配，从而提高受胎率。绵羊的发情期短，发情的外部表现不明显，不易被发现，又无法进行直肠检查，因此绵羊发情鉴定主要采用试情，并结合外部观察的方法。

（一）外部观察

外部观察是鉴定各种母畜发情的最常用的方法，主要是观察母畜的外部表现和精神状态以判断其发情情况。母绵羊的发情持续期短，外部表现不明显，主要表现为喜欢接近公羊，并强烈摆动尾部，当被公羊爬跨时则站立不动，但发情母羊很少爬跨其他母羊。母羊发情时，只分泌少量黏液，或无黏液分泌，外阴部没有明显的肿胀或充血现象。发情母羊最好从开始时便定期观察，以便了解其变化过程。

（二）阴道检查

用开膣器撑开阴道观察黏膜、分泌物和子宫颈口的变化来判断发情与否。发情母羊阴道黏膜充血，色红，表面光亮湿润，有透明液体流出；子宫颈口松弛开张，有黏液流出。进行阴道检查时，应先将母羊保定好，外阴部清洗干净，开膣器清洗消毒、烘干后涂上灭菌的润滑剂或用生理盐水浸湿。开膣器插入阴道时应闭合前端，慢慢插入，然后轻轻张开开膣器，通过反光镜或手电筒光线检查阴道变化。检查完毕后，稍微合拢开膣器随即抽出。

（三）试情

应用公羊（或结扎输精管的公羊）对母羊进行试情，根据母羊对公羊的性欲反应情况来判定其发情程度。母绵羊一般不会爬跨其他绵羊，且发情期短，发情征兆在无公羊存在时不明显，不易发现。因此，在群牧条件下绵羊发情鉴定以试情为主。通常是按一定比例（1：40）在母羊群中放入试情公羊(施行阴茎移位术或结扎输精管，或在腹下戴上兜布)，每日一次或早、晚各一次。试情公羊进入羊群后，发情初期的母羊注意并喜欢接近试情公羊（头胎羊可能不敢接近)，但不接受公羊爬跨。当母羊进入发情盛期，则表现出静立接受公羊爬跨的行为，公羊用蹄轻踢及爬跨时母羊静立不动或回顾公羊。此时可根据母羊接受公羊引逗及爬跨的行为判断发情情况。在较大的母羊群中，也可在试情公羊的腹部戴上标记装置（发情鉴定器)，或在前胸涂上颜料，公羊爬跨时将颜料印在母羊臀部，据此即可辨别出发情母羊。

该方法简便，表现明显，容易掌握，故应用较广泛。供试情用的公羊应选择体质健壮，性欲旺盛，无恶癖者。

二、最佳配种时间

绵羊的初配适龄在 12~18 月龄。到 3~5 岁时，绵羊繁殖力最强。母绵羊的最佳利用年限为 6 年。

地方种羊一般有较为固定的繁殖季节，但人工培育品种的繁殖常无严格的季节性。北方地区羊的繁殖季节一般在 7 月至翌年 1 月，而以 9—11 月为发情旺季。绵羊冬羔以 8—9 月配种，春羔以 10—11 月配种为宜。进入繁殖季节期，羊群中引入公羊后，能刺激母羊卵泡发育和排卵。大群放牧的绵羊应采用人工授精，但发达国家公羊品质好、数量多，母羊群体整齐，为了节省劳力，多采用公母羊比例为 1：30 的自然交配方式。

绵羊排卵通常发生于接近发情结束时，或发情开始后 24~27h。因此，绵羊应在开始发情后 30h 左右配种为宜。在生产实践中，如在清晨发现发情，可在上午和傍晚各配一次，翌日上午追配一次；早、晚配一次，再加上追配，可提高受胎率，并增加胎儿数目。交配可使排卵提前，发情期缩短。绵羊多次交配较单次交配的受胎率高。绵羊的情期受胎率可达 85%，在繁殖季节的开始和结束时，受胎率下降。

北方牧区可尝试在 6 月至 7 月底配种，产羔集中在 11 月和 12 月。此时茬地好、母羊体膘好，气温还不是全年最低，羔羊的成活率高，生长发育快。到翌年开春，羔羊断奶后，母羊体况迅速恢复，特别是剪毛和吃上青草后，母羊很快就可以再次发情。

第五章　绵羊胚胎生物技术

第一节　超数排卵技术

绵羊超数排卵采用的技术基本与牛相同，可在发情周期接近结束时（周期 11～13d）或在采用孕激素处理进行发情调控结束时注射促进卵泡发育的药物。但与牛不同的是绵羊为季节性繁殖的动物，因此使用促性腺激素处理之前采用孕激素处理是一种较为可行的方法。

20 世纪 90 年代由于超声扫描技术在观察绵羊卵泡发育状态中的应用，人们对超数排卵之后绵羊卵泡发育的动态变化进行了大量的研究，也可以采用这种方法检查超数排卵效果，尽早鉴别没有反应或者反应不良的绵羊。

一、超数排卵处理方案

（一）超数排卵激素及超数排卵效果

1. eCG

绵羊超数排卵中应用最为广泛的促性腺激素是 eCG。eCG 的生物活性类似于垂体促性腺激素和 hCG。这些促性腺激素都由 α 和 β 两个亚单位组成，β-亚单位主要发挥全激素的 LH 和 FSH 生物活性，能够促进卵泡生长、雌激素分泌、排卵、黄体的生成和孕酮合成等。eCG 在体内的半衰期比其他促性腺激素长。

（1）绵羊对 eCG 处理的反应。对自然发情的绵羊，eCG 可以引起与剂量相关的卵巢反应。如果在周期的第 12～13d 用 eCG 处理，eCG 的剂量从 700IU 增加到 1 300 IU时，平均排卵数可从 2. 8 个增加到 9. 1 个；但是随着 eCG 的剂量增加，大的不排卵卵泡的数量也增加，因此一般认为 2 000IU可能是最大有效剂量。

（2）eCG 抗体。eCG 广泛用于超排，但主要缺点是作用时间太长，因此可以引起 FSH 的第二次排卵后高峰，同时卵泡产生的甾体激素升高。这些副作用可在使用之后通过用 eCG 抗体中和 eCG 而得到有效消除，如果采用单克隆抗体，则效果更好，在发情开始之后 12~24h 处理，则产生的可移植胚胎的数量会明显增加。

在使用 eCG 时，如果剂量过高，会引起未排卵卵泡的黄体化数量增加，但使用马垂体制剂则不会出现这种情况，用其处理绵羊时最佳反应出现在处理结束后 24~48h 发情的母羊，每只羊平均可以获得 9 枚胚胎，而且胚胎质量的差异也不像采用 eCG 时那样明显。

2. 垂体制剂

20 世纪 80 年代垂体制剂（FSH-P）开始用于胚胎移植（表 5-1），在采用 FSH-P 时需要进行系列注射以启动卵巢反应，这种反应受 FSH-P 注射剂量的影响。一般来说，就处理后的受精率和回收的胚胎数来看，绵羊用 FSH-P 处理，在采用子宫颈输精时，效果比 eCG 好。

表 5-1 羊超数排卵所用的 FSH 商用制剂

来源	商用名称	公司
绵羊	Embryo-S	澳大利亚 Embryo Plus
绵羊	Ovagen	新西兰 Immuno-chemicals Products
猪	FSH-P	美国 Schering
猪	Folltropin	加拿大 Vetrepharm
猪	Stimufol	法国 Raone-Marieux
猪	Super-OV	美国 Ausa International

（1）FSH-P 的剂量反应关系。FSH-P 处理之后之所以能够提高胚胎质量，主要是由于处理后雌激素浓度升高的时间缩短所致。研究表明，虽然 FSH-P 可以使得卵泡增大，但甾体激素生成的效率及其分泌范式则不发生改变。如果用 eCG 处理之后不仅可以使卵泡的大小增加，而且使得甾体激素生成的效率和分泌范型也发生明显改变。FSH-P 处理后可以提高胚胎的质量，特别是绵羊在进行子宫颈输精时这种效果十分明显，说明其处理之后并没有明显改变精子在子宫颈的转运。

（2）羊和猪制剂的比较。对两种 FSH 制剂在萨福克绵羊 MOET 中使用的结果进行比较发现，Ovagen 的效果较好，在 8 月和 10 月的诱导超数排卵效果明显比猪 FSH 好，季节、品种及年龄则对超数排卵效果没有明显影响。

绵羊用 Folltropin-V 处理之后排卵反应明显较高，回收的可移植胚胎数明显比 Super-OV 处理后多；羊 FSH（Ovagen）在所有的超数排卵方法中结果都比猪 FSH 好。

3. hMG

hMG 广泛用于人的 ART 的超排。在绵羊使用的结果表明，其超数排卵效果与 eCG 相当，排卵数及高质量的胚胎数明显比采用 FSH-P 多。

（二）超数排卵处理方法

1. 单次 FSH 处理

许多人试图对 FSH 的超数排卵程序进行简化，以便注射一次 FSH 就能达到效果，以节约时间和劳力。有研究表明，如果绵羊在同期发情撤出海绵之前 36h 时一次注射 FSH，其排卵率与多次注射 FSH 相同。撤出海绵时一次注射 25mg FSH，超数排卵效果比在 4d 的时间内重复注射更好。

如果将 FSH-P 溶解在丙二醇中，周期第 13d 一次注射，则排卵率比对照明显较高。乏情绵羊，一次注射猪 FSH（溶解在 30% polyvynlpyrrolidone 中），超数排卵效果比多次注射 FSH 或 FSH 与 eCG 合用效果更好。

2. FSH-P 与 eCG 合用

FSH-P 单独处理的主要缺点是在有些绵羊不出现超数排卵反应，因此可采用 FSH 和 eCG 合并用药处理，两者合用时超数排卵效果比单独使用 FSH-P 好。eCG 可采用中等剂量，与 FSH-P 合用后胚胎质量比两种激素单独使用好。也有研究表明，在孕激素海绵撤出后 24h 对 eCG-FSH 处理的绵羊再注射 GnRH 可以明显提高超排率。

3. PGs 与 Gn

PGF2α 及其类似物也可用于绵羊的超数排卵处理。例如可以在促性腺激素处理之后用氯前列烯醇溶解黄体。用 eCG 处理之后 24~72h 注射 100μg 氯前列烯醇，大多数绵羊可在处理之后 36h 发情。但对 eCG 处理绵羊再用 PGF2α 处理时，一个主要问题是超数排卵处理之后形成的黄体提早退化。

4. 孕激素与 Gn

在绵羊的超数排卵中，许多研究试图用 FSH 或 eCG 结合孕激素处理，将超数排卵与发情控制相结合。在这种处理方法中，可以在撤出孕激素海绵前 48h、24h 或者在撤出海绵的同时一次注射 eCG。

垂体 FSH 制剂通常是在几天的时间内分次注射，最后一次注射的时间应该是在孕激素处理结束之后的 12h。如果连续注射 FSH 持续到发情开始而不是在孕激素处理结束时停止，则可获得最好的超数排卵反应。

二、影响超排反应的因素

（一）品种

高产绵羊对超数排卵的反应比低产绵羊好，生长卵泡的数量也比低产绵羊多，因此有更多的卵泡能对 eCG 的超数排卵发生反应。例如，从高产羊群选择的罗姆尼绵羊用 eCG 超数排卵之后排卵卵泡的数量就比低产母羊多；选择用来生产多羔的美利奴羊超数排卵之后其排卵卵泡的数量比选择用来生产双羔的母羊多 3 倍。上述研究结果表明，高产绵羊的卵巢可能对促性腺激素更加敏感。

通过与携带 F 基因的布鲁拉绵羊杂交，可使绵羊对外源性促性腺激素更加敏感。例如，布鲁拉美利奴羊对 1 000IU eCG 的反应平均排卵数为 12 个，而对照组的美利奴羊的排卵数仅为 7 个，但也有研究表明，布鲁拉美利奴羊对 FSH 制剂的处理似乎不很敏感。

（二）季节

用 FSH-P 进行超数排卵处理，其反应性与处理的季节没有明显关系，但也有研究表明，在非繁殖季节进行超数排卵时其反应明显比在繁殖季节好；春季超数排卵时排卵率明显比秋季低，但胚胎的发育能力在季节之间没有明显差别。

（三）营养与体况

母羊超数排卵前后的孕酮水平对胚胎的存活有明显影响，而血浆孕酮浓度又与绵羊的营养摄入呈负相关，超数排卵母羊排卵前营养摄入过高，可使排卵前孕酮浓度降低，使胚胎的产量和质量明显降低。超数排卵母羊在配种之前的突击饲喂不能使排卵率增加，相反可使排卵前的孕酮水平降低，因此对胚胎发育和胚胎质量均产生严重的不良影响，如果通过采用外源性孕酮处理，则可改变这种影响。

绵羊的体况对排卵反应和胚胎的产量及质量具有极为显著的影响。

引起羔羊的出生重增加的原因可能是由于其代谢活动增强所致。

与牛一样，采用促性腺激素进行超数排卵处理时如果卵巢上有大卵泡，则会降低绵羊的超数排卵反应，如果其处理时没有大卵泡，则超数排卵反应明显较好。

（四）年龄

MOET 中供体羊的年龄对超排有一定的影响，例如成年的德克塞尔绵羊和周岁绵羊超数排卵后的排卵率可能相似，但年轻母羊的胚胎质量和生存率比成年羊的低。

6~9 周龄的羔羊可以用 eCG 或 hCG 诱导超排，但初情期前的羔羊产生的胚胎的发育能力不如成年羊的好。

如果将初情期前羔羊产生的胚胎进行体外培养或直接进行移植，发现 1 岁以前的羔羊对超数排卵的反应及受精率都比较低，而且胚胎发育能力也低，可能是初情期前羔羊产生的胚胎发育能力低所致。

(五) 激素处理

如果采用孕激素/Ovagen/PG 超数排卵及子宫内输精，则 8 月龄羔羊的超排可以达到成年绵羊的水平，胚胎的质量也较高。如果在羔羊接近初情期时的发情周期的早期或后期进行超排，不影响其对同期发情和超数排卵的反应，卵泡发育正常，LH 峰值及排卵数也正常。

GnRH 处理可以作为一种提高绵羊胚胎回收率的方法，可以提高受精率和胚胎数量。对用 eCG 处理的绵羊，GnRH 可以在孕激素处理之后 24h 使用；用 FSH 处理的绵羊可在 36h 用 GnRH 处理。对 8~9 周龄的绵羊可在撤出孕激素后 24h 用 GnRH 处理。

用重组牛生长技术（BST）处理牛可以影响卵泡的发育和增加双卵率。但在绵羊从周期的第 5d 开始用 BST 处理 13d，再注射一次 eCG 进行超排，再每天 2 次注射 FSH，连用 4d，排卵率及小卵泡的数量都没有明显增加。

第二节　胚胎移植技术

一、供体羊的配种

(一) 手术人工输精技术

无论采用何种方法配种，超数排卵之后的受精率低是绵羊 ET 中的主要问题之一。一般来说超数排卵的期望结果是每个供体产生 10 个以上的受精卵。如果绵羊在超数排卵之后直接将精液输入到子宫角可以获得较高的受精率。虽然供体羊子宫内输精后的受精率可以超过 90%，但胚胎回收率会显著降低。如果采用手术法在母羊发情时尽快进行子宫内输精，对子宫及输卵管不要进行过多的干预，则可明显提高胚胎回收率，而且回收的胚胎活力较高，移植后能正常发育。

（二）腹腔镜子宫内 AI 技术

对孕激素处理的同期发情母羊，超数排卵之后可在撤出海绵后 40～60h 通过腹腔镜进行子宫内输精，这样可明显提高受精率。

采用子宫内输精的主要优点是对超数排卵处理后的母羊可以在不表现发情的情况下输精，因为在超排处理后总是有 10%～15%的母羊不表现发情，但进行子宫内输精后可以产生正常胚胎。

（三）AI 时间

撤出孕酮之后 60h 输精，超数排卵母羊的受精率和胚胎回收率可能会有所提高。但如果在其后 48h 输精，胚胎的质量会得到明显改善；在 40h 以后进行子宫内输精，受精率和胚胎回收率均最高。输卵管内输精后受精率明显比子宫内输精高。

二、胚胎回收与处理

多年来，人们一直通过冲洗生殖道的方法收集绵羊的胚胎。将绵羊全身麻醉，通过腹中线切口暴露卵巢、输卵管和子宫，然后在靠近输卵管伞端插入导管，轻轻按压子宫角收集所有的冲洗液。绵羊的胚胎在 8～16 细胞阶段时进入子宫，此时大约为发情结束后的第 3～4d，通过输卵管回收的冲洗液可以获得较高的胚胎回收率。

（一）回收胚胎

对超数排卵处理的绵羊可在第 5～6d 用腹腔镜技术冲卵，回收率为 25%；在发情期回收胚胎，回收率可达到 75%。

虽然绵羊的子宫颈构造复杂，但仍可通过子宫以非手术法回收胚胎。南非的研究表明，采用 PGE_2 和雌激素处理的方法可以促进子宫颈“成熟”，便于在青年母羊和成年母羊通过子宫颈回收胚胎，80%～90%的母羊可以用这种方法进行胚胎回收，因此是绵羊 ET 中一种具有重要实用价值的快速无创伤胚胎回收技术。

实时超声技术的应用为绵羊经子宫颈回收胚胎提供了良好的方法，采用该技术时，先将绵羊全身麻醉，伏卧保定，然后通过直肠内超声探头指导经子宫颈插入导管，导管通过子宫颈后再灌注 100ml PBS 进入子宫角，回收冲洗液。

在回收胚胎之前对超数排卵效果进行判断具有重要的生产实际意义。有研究表明，超数排卵羊在发情后第 4d 血浆孕酮浓度明显升高，因此可以通过测定外周血浆孕酮浓度，在回收胚胎之前判断超数排卵效果。

超数排卵羊的黄体会出现提早退化，这对胚胎的回收率有很大影响。黄体的这种提早退化与季节有一定关系，秋季时较高。

(二) 胚胎处理

回收及处理绵羊胚胎时使用的培养液很多，有些很复杂，例如组织培养液TCM199、Ham′sF-10等，有些则加入绵羊血清、绵羊或牛血清白蛋白的简单平衡盐溶液。在早期研究中多用加有适量抗生素的绵羊血清。随着绵羊胚胎培育技术的进展，人们逐渐用碳酸盐或磷酸盐缓冲液代替绵羊血清，并在缓冲液中加入2%~3%的绵羊或牛血清白蛋白，或者加入10%~20%的绵羊血清。回收及移植胚胎时，由于培养液接触空气，因此PBS（Dul-becco′s PBS）的效果较好。

一般来说，绵羊胚胎应该在采集之后尽快移植，在移植之前，胚胎可以保存数小时，但必须防止储存过程中的污染。

三、胚胎质量评价

绵羊受精后的第一次卵裂发生于精子穿过卵子后15~18h，第二次卵裂发生在12h之后，即受精之后48h（发情开始后3d），产生4细胞胚胎。之后卵裂球通常每12~24h分裂一次，第4d时形成4~6细胞胚胎，第5d为24~32细胞的桑葚胚；第6d时大多数胚胎已经发育成致密晚期桑葚胚或囊胚；第7d时大多数为囊胚，有些为扩张囊胚。一般在第8~9d囊胚从透明带孵化，此时囊胚很难与其他从子宫中冲洗出的细胞团块区分。

胚胎移植时通常采用第3~7d的胚胎，此时应该剔除相对发育不良的胚胎。虽然对绵羊胚胎的形态异常进行了研究，但其对胚胎存活的影响尚不清楚。绵羊胚胎中如果含有一个或几个无核的细胞，其仍然能正常发育，这些胚胎可看作非典型胚胎而并非异常胚胎。延缓发育的胚胎一般在培育中不能再度发育，说明其活力不强。

四、胚胎的短期保存

20世纪50年代，剑桥的研究人员用绵羊血清加少量抗生素进行绵羊胚胎的采集、保存和移植，以增加胚胎供体与受体的同期化程度。

虽然以前的研究证明，将兔子的胚胎置于10℃左右的血清培养液中可以跨大陆进行运输，并获得成功，但农畜的胚胎大都很难用这种方法处理。剑桥早期的研究表明，处于早期发育阶段的绵羊胚胎可以在兔子的输卵管中保存数天，给受体移植之后仍然能够发育产羔，随后有人用这种方法将绵羊的胚胎从英国到南非、从澳大利亚到新西兰之间进行运输移植。后来的研究进一步证明，保存早期绵羊胚胎时，兔子输卵管是一种较为适宜的环境，可以保存胚胎长达5d左右。

人们一直试验采用各种培养液以保存绵羊胚胎，根据输卵管液化学成分制备的合成输卵管液（SOF）是目前采用的培养液中效果较好的，培育是在低氧条件下进行。有研究表明，保存在适宜培养液（如M199）的绵羊输卵管细胞能够支持绵羊早期胚胎的发育。

低温可以抑制胚胎的进一步卵裂，也能根据胚胎在保存时的发育阶段更方便地进行供体和受体之间的同期化。绵羊和牛的胚胎一样，早期卵裂阶段的胚胎（2~16细胞阶段）对温度降低到0℃比桑葚胚阶段的胚胎更为敏感，但早期发育阶段的绵羊胚胎可以在0~3℃的温度条件下保存数天。

五、胚胎移植技术

（一）供体与受体的同期化

进行绵羊的胚胎移植时供体与受体之间的生殖状态必须同期化。如果供体和受体同期化程度相差12h之内，则可获得较高的妊娠率。有研究表明，如果受体与供体的发情时间精确同步，则妊娠率可达到75%，如果受体比供体早2d，仍然具有较高的受胎率，但早3d时妊娠率只有8%。如果受体比供体早发情，可能由于不能再阻止黄体的退化，因此妊娠率降低。由此表明，在绵羊的ET中，受体与供体的精确同步化对胚胎移植之后的妊娠率是极为重要的。

（二）根据孕酮水平选择受体

绵羊胚胎移植中受体的选择极为重要，这决定了ET之后的成功率。与牛不同的是，绵羊不能用直肠检查的方法判断黄体的发育状态，但可以通过测定发情后第4d外周血浆孕酮浓度选择受体，孕酮浓度高于3ng/ml的受体绵羊，ET之后的怀孕率较高。

（三）受体的发情控制

在绵羊的ET中，如果以每天注射孕酮的方法控制受体的发情，则对妊娠率和胚胎存活率没有明显影响，如果采用阴道内海绵法以FGA和MAP等控制发情，其结果与注射孕酮相似。如果所有母羊可用PGs（间隔12d，两次用125μg氯前列烯醇处理）进行处理，第二次处理后24~48h大多数母羊可以发情，这种方法是ET中控制受体发情的有效方法。

（四）手术胚胎移植技术

移植胚胎时，先将母羊进行全身麻醉，适当保定，常采用腹中线切口的方法进行移植。移植的胚胎可以处于不同的发育阶段，例如可以移植卵母细胞（给已经配种的受体移植），也可在周期的第12d移植从合子到扩张囊胚等不同发育阶段的胚胎。通常从发情之后第 4d 从供体回收胚胎，然后移植到受体的子宫。胚胎的发育阶段、移植的胚胎数量和移植位点对移植的成功率有一定的影响。每个受体移植两枚胚胎（每个子宫角一枚），但移植一枚胚胎也可获得较高的怀孕率。

（五）腹腔镜胚胎移植技术

腹腔镜移植技术是绵羊胚胎移植中的一种快速有效的方法，是移植早期胚胎（第 2~7d 的胚胎）最好的非手术移植方法，可用于移植冷冻和新鲜胚胎。

（六）子宫颈胚胎移植技术

经子宫颈移植绵羊胚胎可以在生产中应用，速度较快（平均 3. 17min），但从产羔的结果来看，还需要对此方法进一步改进。

六、动物健康注意事项

采用胚胎移植技术可以有效地避免疾病的传播，但在进行胚胎进出口时必须对其进行检查和洗涤，以避免传播任何性质的病原。对流产布鲁氏菌能否黏附到透明带以及洗涤能否除去病原的研究表明，除了洗涤之外，最好能加入抗生素，这样才能比较可靠地消除病原。

第三节　胚胎冷冻保存技术

从生产实践的角度看，绵羊的胚胎冷冻保存技术不像在牛上应用那样明显，但从研究的角度而言，绵羊胚胎价格相对比较低廉，卵母细胞易于获得，因此可以用于研究胚胎的冷冻、解冻过程中发生的变化及损伤机制。第一个冷冻、解冻的绵羊胚胎产羔是 1974 年在剑桥完成的，之后相继在澳大利亚、波兰等地获得成功，随后羊的胚胎冷冻保存技术获得快速发展。

一、冷冻保护剂

1976 年，Willadsen 等在剑桥用 1. 5mol/L DMSO 成功地冷冻保存了绵羊胚胎；澳大利亚也采用 1. 0~2. 0mol/L DMSO 保存绵羊胚胎并获得产羔，如果以 1. 4mol/L 的甘油作为冷冻保护剂，效果比 DMSO 好。1994 年，Smith 等对 3 种以甘油作为冷冻保护剂通过逐步冷冻方法进行比较发现，1 步和 3 步冷冻方法无明显差别，但采用 5 步冷冻则对胚胎的生存产生不良影响。此外还有人在绵羊的胚胎冷冻中以 3. 0mol/L 的甲醇作为冷冻保护剂。

在绵羊的胚胎冷冻保护液中采用1.5mol/L的乙二醇作为冷冻保护剂，同时加入20%的胎牛血清，冷冻后85%~90%的胚胎可以存活，解冻移植后65%绵羊可以产羔。以乙二醇为冷冻保护剂时，可用一步法或两步法，一步法是将胚胎直接置于1.5mol/L乙二醇，而两步法在中间步骤还要在0.75mol/L乙二醇中过渡10min。采用一步法时，胚胎解冻之后直接置于1.0mol/L蔗糖中，两步法则是胚胎在最后放入1.0mol/L蔗糖之前先在0.25mol/L蔗糖中过渡10min。两种处理方法胚胎的存活率在培育96h时没有明显差别，进行移植之后，冷冻解冻后胚胎的受胎率为73%，鲜胚为74%。1995年，加拿大学者对乙二醇、丙二醇和DMSO 3种冷冻保护剂的冷冻结果进行的比较研究表明，胚胎解冻后培育至孵化囊胚阶段比率分别为76.9%、62.5%和55.6%。

二、玻璃化冷冻保存技术

冷冻保存哺乳动物胚胎的玻璃化冷冻方法，采用不同的溶剂（如二甲亚砜、乙酰胺、乙二醇和丙二醇）组合，通过控制降温速度达到玻璃化状态。玻璃化是一种固化过程，在该过程中冰晶不分离，因此最后溶剂不浓缩，而黏滞性显著增加，产生一种玻璃状态的固体。研究表明单独以DMSO作为冷冻保护剂时，胚胎内部可产生玻璃化，而现在采用的新方法则是胚胎外的细胞也发生玻璃化。

（一）玻璃化冷冻的主要优点

随着玻璃化进程的进展，冷冻速度变得越来越不重要，但与玻璃化溶液的接触过程必须短暂，这样才能避免其毒性；解冻也必须迅速，以避免随着升温而出现的结晶过程。绵羊胚胎用甘油和丙二醇组成的玻璃化溶液进行冷冻获得成功并产羔。现有的研究表明，玻璃化冷冻是冷冻保存绵羊胚胎的一种快速有效的方法。

（二）冷冻保护机理

在胚胎的玻璃化冷冻中，高浓度的冷冻保护剂在超快速降温冷冻时黏滞性增加，当黏滞性达到临界值时发生固化而变成一种结构不规则的玻璃样变，细胞内不形成冰晶。玻璃化过程中先形成冰核，任何冰核与未结冰的水分子之间产生界面能，由于界面能的作用，使冰晶在冰核表面逐渐形成，最后形成同型晶核而失去流动性，称为玻璃态。

玻璃化溶液的结构性质属液体，而机械性质属固体。这种固态物质能保持液态时的正常分子与离子分布，使细胞内发生玻璃化而起保护作用。细胞在这种液体中脱水到一定程度，可引起内源性细胞大分子如蛋白质及已渗入细胞内的保护剂浓缩，从而使细胞在急性降温过程中得到保护。

三、冷冻保存研究进展

1976 年，Bilton 和 Moore 首次成功地冷冻了山羊胚胎，并进行胚胎移植后产生后代；Yuswiati 和 Holtz 于 1990 年首次采用玻璃化冷冻方法成功冷冻山羊胚胎。羊胚胎冷冻技术的发展经历了一个从慢速冷冻到玻璃化冷冻的发展过程，而玻璃化冷冻大大缩短了冷冻时间，简化了操作步骤，而且不需要昂贵的冷冻设备，便于在生产上推广应用。

1. 慢速冷冻/玻璃化冷冻

目前，羊胚胎冷冻保存常采用慢速冷冻或玻璃化冷冻方法，但由于受到胚胎的来源和发育阶段等影响，其冷冻保存效果也不尽相同。2001 年，El-Gayar 和 Holtz 比较了慢速冷冻和开放式拉长细管（open pulled straw，OPS）玻璃化冷冻对山羊囊胚冷冻保存效果的影响，其冷冻后囊胚存活率分别为 42% 和 64%；并且 OPS 法冷冻囊胚移植后妊娠率和产羔率分别达到 100%和 93%，而慢速冷冻法仅有 58%和 50%。2010 年，Yacoub 等也分别用慢速冷冻法和 OPS 玻璃化冷冻法冷冻保存羊不同时期胚胎，用冷冻囊胚进行胚胎移植后，OPS 玻璃化法的妊娠率和产羔率显著高于慢速冷冻法（82%与 50%，82%与 40%）；而冷冻孵化囊胚并移植后，这两种方法的妊娠率和产羔率无显著性差异。此外，2014 年，Varago 等研究发现，绵羊胚胎经慢速冷冻和 OPS 玻璃化冷冻（EG 为渗透性保护剂）后的恢复率和孵化率相似，但以 DMSO 为渗透性保护剂进行玻璃化冷冻却导致胚胎的孵化率明显降低，这表明渗透性保护剂 EG 比 DMSO 更适合于玻璃化冷冻绵羊囊胚。

2. 玻璃化冷冻方案的选择

不同冷冻方案的选择影响胚胎的冷冻保存效果。2001 年，Zhu 等以 EFS40（40%EG，18%聚蔗糖和 0.5mol/L 蔗糖）作为冷冻液，采用细管法玻璃化冷冻保存羊早期囊胚，结果发现两步平衡（10%EG 中平衡 5min 后暴露于 EFS40 30s）的效果好于一步法（直接暴露于 EFS40 1min），胚胎的存活率（93.3% 与 78.0%）和孵化率（49.3%与 28.0%）均显著提高。2007 年，Hong 等研究不同冷冻液（EFS30、EFS40、EDFS30、EDFS40）、平衡时间（0.5 ~ 2.5min）和冷冻方法（一步细管法、两步细管法、OPS 法）对波尔羊胚胎玻璃化冷冻保存效果的影响，结果发现，胚胎在 10%EG 中平衡 5min 后暴露于 EFS40 2min 的两步细管法或在 10% EG + 10% DMSO 中平衡 30s 后暴露于 EDFS30 25s 的 OPS 法冷冻保存效果最好，冷冻胚胎经移植后产羔率达到与未冷冻胚胎相同水平。可见，采用多步平衡的方法，并使用降温速率较快的载体

（如 OPS）更适合胚胎的冷冻保存。

3. 羔羊/成年羊体外胚胎的冷冻保存

2000 年，Dattena 等将来源于羔羊和成年羊的卵母细胞经体外受精后所产的胚胎进行玻璃化冷冻保存，发现通过成年羊获得的胚胎冷冻后的存活率显著高于羔羊（67.6%与 27.9%），但经胚胎移植后的妊娠率和产羔率在两者之间无显著性差异。2006 年，Leoni 等也对来源于羔羊和成年羊的卵母细胞所获得的体外胚胎进行玻璃化冷冻研究，发现成年羊胚胎的发育速度与冷冻后存活率密切相关，胚胎在第 6～8d 形成囊胚，此时冷冻后存活率分别为 80.15%、49.35%和 19.59%；而羔羊胚胎在第 7～9d 形成囊胚，冷冻后存活率分别为 46.15%、18.52%和 11.54%。从整体上看，通过成年羊所获得的胚胎冷冻后平均存活率也显著高于羔羊（53.54%与 29.65%）。可见，相对于成年羊，羔羊卵母细胞所得胚胎对低温更为敏感，冷冻解冻后存活率也较低。

4. 体外/体内胚胎的冷冻保存

胚胎的冷冻耐受性与其来源有关，研究表明，体外产生胚胎对温度极为敏感，其冷冻耐受性明显低于体内产生胚胎。2000 年，Dattena 等采用细管法玻璃化冷冻羊囊胚，发现解冻后体外产生胚胎的囊胚存活率明显低于体内产生胚胎（67.6%与 83.8%），进行胚胎移植后其妊娠率（50%与 70.3%）和产羔率（21.7%与 75%）也均低于体内产生胚胎。同样，Zhu 等于 2001 年采用细管法玻璃化冷冻体内、体外生产羊早期囊胚并移植，其妊娠率（58.3%与 35.7%）和产羔率（46.7%与 28.6%）也是体内生产胚胎显著高于体外生产胚。研究结果表明，羊体内生产的胚胎冷冻耐受性要高于体外生产胚。

5. 不同发育阶段胚胎的冷冻保存

不同发育阶段胚胎其低温敏感性不同，冷冻保存效果也不尽相同，一般认为桑葚胚早期囊胚和囊胚的冷冻耐受性要好于孵化囊胚。2010 年，Yacoub 等采用 OPS 法玻璃化冷冻羊桑葚胚、囊胚和孵化囊胚并进行移植。其中桑葚胚移植后 9 只受体无一妊娠，而囊胚移植妊娠率和产羔率显著高于孵化囊胚（82%与 33%，82%与 22%）。又有研究表明：羊 4 细胞、8 细胞、16 细胞、桑葚胚和囊胚经冷冻保存后，存活率、囊胚发育率逐步提高，说明较高发育阶段的胚胎具有较强的冷冻耐受性。较高发育阶段的胚胎具有较多的细胞数且细胞体积也较小，相对表面积增加，使抗冻保护剂充分渗透，防止冰晶生成，从而提高冷冻耐受性。另外，胚胎内的脂肪含量也影响其冷冻保存效果，而随着胚胎的发育，其内部脂肪含量逐渐降低，这也是较高发育阶段胚胎具有较强冷冻耐受性的原因之一。

6. 胚胎培养体系对冷冻效果的影响

体外培养体系影响冷冻胚胎移植后的产羔率和出生重。抗氧化剂对胚胎冷冻保存效果的改善作用已逐渐被证实。在绵羊囊胚冷冻后体外恢复过程中添加10^{-9}mol/L 褪黑素，可以显著提高冷冻囊胚的存活率和孵化率，且降低囊胚的氧化指数和细胞凋亡指数。此外，降低羊胚胎内脂肪含量仍是提高其冷冻保存效果的重要手段。将绵羊囊胚进行离心和细胞松弛素 D 处理后再进行玻璃化冷冻保存，胚胎冻融后再扩张能力明显提高；trans-10，cis-12-共轭亚油酸作为降脂剂添加在绵羊胚胎体外培养液中，也可以提高所产生囊胚冻融后的再扩展能力。

四、实验操作程序

本部分重点介绍慢速冷冻法、开放式拉长细管法和细管法玻璃化冷冻法胚胎冷冻保存技术。

（一）慢速冷冻法

1. 材料

（1）胚胎。雌性供体家畜超数排卵或者体外受精获得的 7~8d 胚胎，发育阶段为致密桑葚胚、早期囊胚、囊胚及扩张囊胚，胚胎质量为 1 级和 2 级。

（2）主要仪器设备。体视显微镜（SMZ645，NIKON），冷冻仪（CL-8000，Cryogene），超净工作台（NUVE，LN-90），CO_2 培养箱（Thermo Electron Corp.，Marietta，OH，USA），低速自动平衡微型离心机（Eppendorf，LDZ4-0.8），渗透压仪（P5520 VIESCOR2，Nikon，Japan），pH 计（INOLAB PHI），超纯水仪（Biocell，USA），天平，水浴锅，定时器，液氮罐、温度计等。

（3）主要耗材。0.25ml 塑料细管（IMV，L'Aigle，France），细管塞（记录胚胎品种、来源、级别、日期等），直径 0.22μm 滤器（Syringe filters，Corning corporation，PN-4612，USA），6 孔培养板（Falcon），35mm×10mm 培养皿（Falcon，BD，France）。

（4）试剂与溶液。基础液：含有 0.4%牛血清白蛋白的 PBS 液，作为配制冷冻液和解冻液等溶液的溶剂。

胚胎保存液：Holding，用于鲜胚或解冻后胚胎清洗等操作。

冷冻液：1.5mol/L 乙二醇，或含 0.1mol/L 蔗糖的 1.5mol/L 乙二醇；10%油。

解冻液：1mol/L 蔗糖；0.5mol/L 蔗糖。

为保证冷冻或解冻效果，所用试剂均需从 Sigma 公司购置，下同。

2. 羊胚胎冷冻操作程序

(1) 冷冻前，将胚胎在基础液或保存液滴中洗涤3次。冷冻液采用甘油或EG。

(2) 平衡及装管。

①乙二醇冷冻：胚胎依次在0.5mol/L、1.0mol/L乙二醇的溶液中各平衡5min，然后在1.5mol/L EG（或含0.1mol/L蔗糖），平衡10~15min，同时装管。

②甘油冷冻：胚胎依次在3%、6%、10%甘油溶液中各平衡5min，然后添加10%甘油，平衡10~15min，同时装管。

(3) 胚胎冷冻。平衡并装管后的胚胎放入低温冷冻仪（-7℃），植冰(7~10s)，然后继续平衡10min，以0.3℃/min的速度降至-30℃，再以0.1℃/min降至-35℃，最后投入液氮保存。

(4) 胚胎解冻。

①EG冷冻。

解冻液Ⅰ：0.5mol/LEG+0.33mol/L蔗糖+基础液。

解冻液Ⅱ：0.33mol/L蔗糖+基础液。

步骤：胚胎在空气浴（18~25℃）5s，然后置入32℃水浴10s，拭干细管，再用75%酒精棉球擦拭细管，晾干，剪去细管塞，将含胚胎的内容物推入解冻液Ⅰ平衡5min，再置入解冻液Ⅱ，平衡5min，然后置入Holding液，洗3遍，最后移植或者继续培养。

②用10%甘油冷冻。

解冻液Ⅰ：6%甘油+0.33mol/L蔗糖+基础液。

解冻液Ⅱ：3%甘油+0.33mol/L蔗糖+基础液。

解冻液Ⅲ：0.33mol/L蔗糖+基础液。

步骤：胚胎在空气浴（18~25℃）5s，然后置入32℃水浴10s，拭干细管，再用75%酒精棉球擦拭细管，晾干，剪去细管塞，将含胚胎的内容物推入解冻液Ⅰ平衡5min，再置入解冻液Ⅱ，平衡5min，解冻液Ⅲ平衡5min，然后置入Holding液，洗3遍，最后移植或者继续培养。

以上胚胎冷冻采用6段法装管，先装入两段冷冻液，然后第三段装入胚胎，后面3段再装入冷冻液，最后塞入贴有标签的细管塞。

（二）玻璃化冷冻法

与慢速冷冻法相比，玻璃化冷冻法虽然发展迅速，但目前尚未提出统一的操作步骤，本部分重点介绍国际上比较通用的玻璃化冷冻方法，包括开放式拉长细管法和细管法两种。

1. 材料

超数排卵雌性供体家畜或体外受精获得的7~8d，1、2级胚胎。

2. 主要仪器设备

体视显微镜（SMZ645，NIKON），超净工作台（NUVE，LN-90），CO_2 培养箱，低速自动平衡微型离心机（LDZ4-0.8型，北京医用离心机厂），恒温水浴锅，渗透压仪，pH计，电子天平，超纯水仪，液氮罐、温度计、计时器等。

3. 主要耗材

直径0.25ml塑料细管，细管塞（记录胚胎来源、级别），0.22μm滤器，6孔培养板，35mm×10mm培养皿。

OPS制备：将0.25ml塑料细管的棉栓捅出，在细管中部加热，变软后拉成OPS；待冷却后用细砂轮在其细端切开，细端长度约为2.5cm，内径一般为0.20mm，管壁厚度约为0.02mm。

4. 试剂与溶液

EG、DMSO、聚蔗糖、蔗糖、牛磺酸（taurine）、葡萄糖、磷酸盐缓冲液。

预处理液的配制：10%EG和10%EG+10%DMSO；基础液为PBS，充分混匀后按3mg/ml添加BSA。

玻璃化液的配制：见表5-2。

表5-2 玻璃化冷冻液成分配比

玻璃化溶液	EG体积百分比/%	DMSO体积百分比/%	FS*液体积百分比/%
EDFS30	15	15	70
EDFS40	20	20	40
EFS30	30		70

注：*FS液：30%（*W/V*）聚蔗糖（Ficoll 70000）添加0.5mol/L蔗糖（sucrose），经M_2培养液溶解后制成FS溶液。

解冻液：0.125mol/L、0.25mol/L、0.50mol/L的蔗糖。

5. 操作程序

在操作前将室温调至25℃，恒温台温度调至38.5℃，充分平衡试验用具及各溶液。胚胎在冷冻之前用基础液洗涤3~5次，待用。

（1）开放式拉长细管（OPS）法

羊胚胎冷冻：

①将胚胎在预处理液10%EG中平衡5min。

②在冷冻液EFS40中平衡30s，直接投入液氮。

③解冻时，在体视显微镜下，将含有胚胎的 OPS 移入解冻液 0.5mol/L 蔗糖中，平衡 5min。

④最后在修正磷酸缓冲液（mPBS 液）中洗涤 2 次，待用。

注意事项：

①配制冷冻液时 EG 和 DMSO 要缓缓加入到 FS 中，并在等温条件下混合。

②保证 OPS 内径大小适宜，管壁厚度尽可能薄。

③为防止折断，将保存有胚胎的 OPS 收集到离心管并拧好盖，轻轻放入液氮中。

（2）细管法玻璃化冷冻

一步法冷冻：

装管方法：在 0.25ml 的塑料细管中依次吸入蔗糖溶液（5cm）—空气（1cm）—EFS30（0.5cm）—空气（0.5cm）—EFS30（1.5cm），然后细管水平放置于操作台上，待胚胎吸入冷冻液节段后再依次吸入空气（0.5cm）—EFS30（0.5cm）—空气（1cm）—蔗糖溶液（约 1cm），直至棉栓被管内溶液浸湿而封堵，最后将细管开口端用聚乙烯醇封口。然后直接投入液氮冷冻保存。自胚胎移入细管内 EFS30 冷冻液全投入液氮时间为 1~2min。

两步法冷冻：

①将胚胎于 10%EG 中预处理 5min，然后同一步法，但胚胎自移入细管内 EFS30 冷冻液至投入液氮时间为 30s。

②解冻时，细管由液氮中取出，在空气中停留 10~15s 后，浸入水浴（20~25℃）中解冻。待细管内蔗糖段由白色变为透明时，剪去细管两端栓塞，用 0.5mol/L 蔗糖液将细管中的内容物冲出，回收胚胎。

③回收的胚胎于新鲜的 0.5mol/L 蔗糖液平衡 5min，脱出细胞内部的抗冻保护剂，然后移入基础液中洗净备用。

注意事项：

冷冻胚胎在解冻时，细管在空气中停留约 10s 后必须水平置于恒温水浴箱中并轻轻晃动，否则细管会因受热不均而导致爆裂。

第四节　胚胎体外生产技术

人工输精、同期发情、胚胎移植等辅助繁殖技术的应用极大地提高了绵羊的繁殖效率，对其遗传改良发挥了巨大的作用。体外胚胎生产技术（IVEP）由于能提供大量廉价的胚胎，可用于发育生物学、胚胎工程学的相关研究和生产实际中采用克隆及转基因技术，因此受到人们的广泛关注，而且近年来发展速度非常迅猛。

早在 20 世纪 60 年代开始，学者们就开始从排卵后的绵羊采卵并进行体外受精（IVF）的研究，1971 年，Crosby 等采用卵母细胞体外成熟（IVM）进行 IVF，制备的胚胎移植给已经发情但未输精的母羊。1977 年，Moor 和 Trounson 试图通过卵泡组织培养增加激活的卵母细胞的数量，结果由此制备的胚胎 1/3 以上可以发育到卵裂胚。到 1980 年，Dahlhausen 等采用 IVM 卵母细胞和体外获能（IVC）的精子进行绵羊 IVEP 研究，此后人们采用从排卵前卵泡/已排卵卵泡采集的成熟卵母细胞进行 IVF，这种情况下卵母细胞已经在体内完成了成熟；也有学者从未成熟卵泡采集卵母细胞，这种情况下卵母细胞必须经过 IVM 才能进行 IVEP。

绵羊的 IVEP 产羔最早成功于 1987 年，其基本技术包括 3 个主要环节，即卵母细胞的体外成熟、体外受精和胚胎体外发育。

一、体外受精技术的建立与发展

虽然早在 19 世纪初期，人们就对哺乳动物受精和胚胎发育做了大量的研究工作，但一直到 19 世纪 70 年代获得的资料仍然十分有限，主要原因是哺乳动物的受精是在体内完成的，因此很难对受精过程和胚胎发育进行细致的观察研究。由此，人们建立了通过受精卵或早期胚胎的技术获得胚胎，再对其进行体外研究的技术，随后这种技术被广泛应用，但仍然缺少在体情况下的受精及胚胎发育的资料，而且也极难预测在体情况下排卵及受精的确切时间，因此极大地限制了对一些受精过程中的快速事件，如精子穿透卵子时发生的变化等进行深入研究。

（一）哺乳动物体外受精的早期试验

1878—1953 年，人们进行了大量的试验，试图在体外环境下使哺乳动物的卵子受精，虽然有许多报道宣称已获得成功，但就现代意义上的受精机理来看，许多研究结果可能并不确切。

1944 年，Rock 等对卵母细胞体外培养及受精进行了研究。在早期 IVF 研究中使用最多的实验动物是家兔，其卵母细胞在体外培养时即使没有精子穿入，也可用许多方法使其激活。研究表明，体外培养时兔子卵母细胞的孤雌激活可因精子的存在而增加，但在培养中如果添加有来自输卵管的黏液，则未受精卵子的卵裂要少得多。

由于哺乳动物的卵子在体外培养时能发生孤雌生殖激活，因此体外培养时出现卵子激活及卵裂并不一定说明发生了受精。在体外如果观察到精子进入，形成原核及第二极体排出则是已经发生受精的最可靠的指标。

（二）精子获能现象的发现

1951年，随着Austin和Chang对精子获能现象的发现，早期IVF研究发生了革命性的变化。他们的研究表明，如果将精子输入排卵后不久的兔子的输卵管中，则受精的卵子很少，而兔子的卵子在排卵后保持受精能力的时间为8h。但如果在排卵前数小时将精子输入输卵管，则受精的卵子明显增多。对大鼠的研究也表明，如果在排卵后将精子直接输入卵巢囊，则在4h之前获得的卵子均没有精子穿入，此后则受精的卵子比例迅速增加。因此他们认为，有些哺乳动物的精子需要在雌性生殖道停留一段时间才能获得穿透卵子的能力，Austin（1951）将其称为“精子获能（sperm capacitation）”。

发现精子获能现象后，人们首先在兔子上进行了研究，用从子宫回收的精子进行的体外受精获得成功，但一直到29年后才通过体外获能的精子获得IVF仔兔，随后人们对多种动物的IVF技术及胚胎发育进行了研究，特别是对仓鼠的精子穿卵和第二极体的排出等进行了极为细致的研究，在研究中发现，受精卵极难发育超过2细胞阻滞阶段，因此这一“阻滞”使得仓鼠的IVF直到25年之后才获得成功，1992年第一只IVF仓鼠后代才诞生。对小鼠体外获能的精子进行的IVF的研究很多，1968年，Whittingham将2细胞阶段的IVF小鼠胚胎进行移植，怀孕17d后获得正常的胎儿。1970年，Cross和Brinster通过小鼠卵母细胞的体外成熟和体外受精证实了上述研究。

对绵羊和猪的体外受精技术进行的研究较早，但直到1980年以后才开始在这两种动物有获得后代的报道。

二、卵母细胞的采集

从卵巢采集高质量的卵母细胞是IVEP中最为重要的技术之一。目前在绵羊的IVF中采集卵母细胞的方法主要包括：①从输卵管采集排卵后的卵母细胞；②从排卵前的卵泡采集成熟卵母细胞；③从屠宰场采集的卵巢收集未成熟卵母细胞。

一般来说，研究者多采用屠宰场采集的卵巢收集卵母细胞进行IVF，主要原因是费用比较低，容易获得，数量丰富，可以采集大量的初级卵母细胞进行大规模IVEP。在绵羊的IVEP中，从屠宰场采集卵巢后一般可以用生理盐水或Dulbeccos磷酸盐缓冲液进行保存，送实验室采集卵母细胞，在此阶段，30~35℃、20℃或室温保存均对卵母细胞的成熟没有明显影响。从采集卵巢到收集卵母细胞的时间间隔在1~4h内对卵母细胞的体外成熟没有明显影响。母羊的年龄对采集的卵母细胞体外成熟率、受精率及卵裂等也没有明显影响，但由成年绵羊卵巢获得的卵母细胞进行 IVEP 后发育到囊胚阶段的比例明显比从羔羊卵巢收集的卵母细胞高，不过移植之后的怀孕率没有明显差别。

在进行绵羊卵母细胞收集时，操作液和培养液中最好添加 1%～5%的血清，以防止透明带硬化，从而阻碍精子穿卵。

在绵羊也可通过手术或腹腔镜技术收集体内成熟的卵母细胞，但这些方法比较昂贵，每个卵巢获得的卵母细胞数量较少。以前也有人采用切割卵巢的方法收集卵母细胞，但目前大多数人采用抽吸法，如果用 18 号针头穿刺卵泡收集卵母细胞，其效率及效果均比切割法好，可避免由于切割形成更多杂质，干扰鉴别卵母细胞。穿刺法更适合于较小的卵巢及从初情期前绵羊卵巢卵母细胞的获收；而抽吸法可用于较大的卵巢，采用这种方法获得高质量卵母细胞的比例比穿刺法和切割法高 10%左右。

选择高质量的卵母细胞进行 IVM 和 IVF，在 IVEP 中极为重要。一般来说，如果卵泡的直径较大，则由其获得的卵母细胞 IVF 后发育到桑葚胚及囊胚的比例较高；直径 5mm 以上卵泡获得的卵母细胞体外达到成熟的比例也比小卵泡（直径 2～5mm）高。目前在绵羊的 IVEP 中多根据卵丘细胞层数和卵母细胞胞质的特点，将卵母细胞评定为良好、好和差 3 个等级，而在牛上采用的等级标准有 3～5 个。

一般来说，采用抽吸法，每只羊从屠宰场回收的卵巢可以获得 1.5～2 个质量较高的卵丘—卵母细胞复合体，如果应用活体剖腹或腹腔镜采卵技术（LOPU），在促性腺激素处理后 24h 施行手术，每只羊平均可获得 6 枚卵母细胞，其中 1.1 枚可形成囊胚，但供体之间差别很大。如果供体不进行超数排卵处理，则重复 LOPU 后卵母细胞的质量差别很大，但每次仍可获得 4～6 个卵母细胞。

近年来对 5～9 周龄羔羊采卵技术的研究取得很大进展。研究表明，如果在 FSH+eCG 处理后 36h 进行 LOPU，可获得大量的卵母细胞，但经过 IVM/IVF/IVC 后只有 19%的卵母细胞可发育到囊胚阶段，而成年羊的卵母细胞则为 65%，说明从初情期前羔羊获得的卵母细胞发育能力比成年羊的差，而且多精子入卵率也明显较高，囊胚的发育速度较慢，但如果在促性腺激素处理前用雌激素和孕酮处理，可改进囊胚的发育。从羔羊获得的卵母细胞数量随着供体年龄的增加而减少，但其质量却明显提高。

三、卵母细胞的体外成熟

从 IVM 卵母细胞制备胚胎，其效率仍明显低于体内成熟的卵母细胞，主要原因与 IVM 开始时卵母细胞的质量有关。卵母细胞在卵泡生成过程中逐渐获得发育能力，这种能力受卵泡大小及卵泡闭锁的影响。

绵羊卵母细胞 IVM 培养液中常添加 FSH、LH、E_2 和 10% FCS，如果在 TCM-199 中添加直径 4mm 以上卵泡的卵泡液（FF）和 100ng FSH，则能明显提高卵母细胞的成熟率，一般来说采用上述培养条件，第一极体一般在开始成熟后 16～24h 排出。绵羊卵母细胞 IVM 培养液中如果添加 100ng/ml FSH 或 10ng/ml EGF 而不添加血清，其效果与添加血清基本相当，但 IGF-I（100ng/ml）没有明显效果。

谷胱甘肽对牛卵母细胞的发育能力具有明显的影响，绵羊卵母细胞 IVM 培养液中如果添加巯乙胺（cysteamine）作为谷胱甘肽的前体，也能促进卵母细胞的体外成熟。

（一）促性腺激素的作用

在体情况下卵母细胞的成熟受下丘脑—垂体—卵巢轴系产生的各种激素及卵巢局部各种自分泌及旁分泌激素的调控，这些因素在卵巢水平发挥作用，精细地调节卵母细胞的成熟。因此在最初的 IVEP 中，人们多添加各种促性腺激素及甾体激素，以模拟在体情况下的内分泌及局部调节因子的作用环境。

培养液中加入外源性促性腺激素可以增加达到 MII 阶段卵母细胞的数量，也能增加 IVP 胚胎的产量。在绵羊，如果添加雌激素及 FSH（2μg/ml）和 LH（1μg/ml）则能明显促进卵母细胞的成熟，但对发育至囊胚阶段的胚胎数量则没有明显影响。如果加入高浓度的 LH（10μg/ml），则可使囊胚形成率增加 4%～30%。但也有研究表明，如果在 IVM 中不添加血清，则发育至 MII 阶段的卵母细胞其活力更强。有研究表明，如果从羔羊获取卵母细胞，则在进行 IVM 时必须添加促性腺激素。

细胞 IVM 中采用的激素主要有 FSH 和 LH、hMG、eCG、hCG 及 E_2 等。但关于加入激素后的效果，目前的研究结果仍不一致，有研究表明，加入激素并不能明显增加发育至 M-Ⅱ阶段的卵母细胞的数量，加入或不加入激素，囊胚的形成率也没有明显差别。

TCM199 中添加 FSH 及 17β-E_2（100ng/ml）可明显提高囊胚形成率，这主要是 17β-E_2 参与排卵前卵母细胞胞质的成熟，因此绵羊卵母细胞如果没有 E_2 的作用，则可使卵裂率及囊胚形成率明显降低。所以，截至目前绵羊卵母细胞体外成熟培养液的培养体系一般为：TCM199 + 20% FSH + 10% LH + 1.5μg/ml E_2+10%FBS+100IU PS（双抗：青霉素和链霉素）。

（二）卵泡细胞及其作用

卵母细胞的成熟受许多因素的影响，其中有些因素来自卵泡。卵泡细胞可产生指令性信号和营养信号，这些信号可进入卵母细胞对其发育进行调节。卵母细胞周围的卵丘细胞形成的突起可进入透明带，因此在卵母细胞和卵丘细胞之间形成直接的细胞—细胞交流。卵泡细胞可为卵母细胞的成熟提供营养，例如其所需要的某些氨基酸、核苷酸及磷脂必须要通过与周围卵丘细胞的联系而获得。卵泡细胞产生的某些指令信号也能调节卵母细胞某些结构蛋白和成熟所必需的某些特异性蛋白的合成。一般来说，卵母细胞在开始其成熟过程后的6~8h即需要这些指令信号，如果这些信号的提供出现异常，则可导致早期胚胎发育异常。

卵丘细胞对绵羊卵母细胞的成熟及发育是极为重要的，粒细胞对卵母细胞的成熟主要发挥调节作用，这种作用可一直延续到以后的卵裂过程中。山羊的卵母细胞周围有完整的卵丘细胞，则培养时的成熟率较高。但有研究表明，绵羊的卵母细胞在体外可在完全没有卵泡细胞的情况下培养达到成熟。因此在绵羊的IVP中一定要选择卵丘完整的卵母细胞进行IVM。

（三）各种血清的作用及其应用

在绵羊卵母细胞IVM培养液中常加入各种血清成分，这些血清常在56℃加热30min灭活，以破坏补体等成分。血清的主要作用是为卵母细胞周围的细胞提供营养，以防止卵母细胞从卵泡中取出后透明带硬化。

常用的血清包括绵羊血清、胎牛血清和人血清。有研究表明，如果培养液中添加去势公牛的血清，则卵裂率比添加胎牛血清时高；如果添加发情周期第16d绵羊的血清，则发育至M-Ⅱ阶段的卵母细胞明显比添加周期其他时间或怀孕期的血清时高；而人血清比绵羊血清更适合培养单细胞阶段的胚胎。

（四）卵泡液的作用

卵泡液含有能抑制卵母细胞IVM的因子。猪的卵泡液能抑制猪、大鼠和小鼠卵母细胞的成熟，牛卵泡液能抑制仓鼠卵母细胞的成熟，人卵泡液能抑制大鼠卵母细胞的减数分裂，说明卵泡液可能对卵母细胞的成熟具有普遍的抑制作用。在绵羊的研究表明，同源性和异源性卵泡液均对卵母细胞的IVM具有刺激作用。

四、精子获能

哺乳动物的精子在受精之前发生的一系列生化和生物物理变化称为精子获能，只有获能之后精子才可穿过透明带。精子的获能可能是一个除去脱能因子的过程。在体情况下除去脱能因子的部位与精子在雌性生殖道内输入的部位有关，阴道受精型动物（兔子、牛、绵羊和人）获能启动的部位可能是子宫颈或者子宫颈黏膜；子宫受精型动物（小鼠、大鼠、仓鼠和猪）输卵管狭部的下段可能是启动精子获能的主要部位。

早期人们对哺乳动物精子获能的研究主要是基于对体内外精子穿卵的观察，发现这种现象存在于许多哺乳动物，但对其精确的机理则不甚了解。

研究表明，兔子的精子必须要经过获能才能穿卵；有研究表明精子是在子宫中获能，但更多的研究表明兔子精子的获能是在输卵管内完成的。大鼠的研究表明其精子也需要获能才能受精，这些研究表明，精子获能是在雌性生殖道内发生的正常变化，这些变化在体外一定条件下也可发生，卵泡液可为这些变化提供条件。

早期的研究表明绵羊的精子也需要获能。将新鲜精液输入排卵后不久的母羊输卵管中，直到3~5h后才有精子穿卵，如果在结扎的子宫中孵育数小时，则精子可在1.5~2.0h内发生穿卵。1959年，Dauzier和Thibault曾用交配过的绵羊子宫中回收的精子进行IVF，发现也能穿卵，但新鲜精子则不能，其原因可能与培养条件不适宜有关。因为后来有许多研究证明，可以直接用采自雄性生殖道的精子进行绵羊的IVF。

综上所述，精子获能是哺乳动物繁殖所特有的一种生理现象，其对受精是必需的，目前研究过的哺乳动物还未发现其精子有不需要获能者，只是在有些动物（如小鼠）所需要的时间短，因此精子获能是哺乳动物广泛存在的一种普遍现象。

（一）精子的获能过程

体内获能受雌性生殖道各种因子的调节，因此从子宫进入输卵管的精子其获能要比子宫中的精子快。近年来的研究表明，雌性生殖道许多因子可能参与精子获能的启动和调节。例如，人的输卵管上皮可以使获能的精子数增加，主要反应在超激活的精子增加。体外进行的研究表明，人和马的精子与输卵管上皮细胞的结合可以提高精子活力，延长精子寿命，延迟获能。此外也有研究发现，输卵管液体及许多因子也与获能有关，例如输卵管液、纯化的发情相关糖蛋白（分子量85~95kDa，由发情时的输卵管上皮分泌）、脂类转移蛋白Ⅰ（存在于雌性生殖道）和孕酮等。这些研究结果进一步表明，在体内情况下，与体外不同的是，精子的获能可能不是完全同时完成的。

来自雌性生殖道的因子对获能并不是必不可少的（尽管它们可能对获能的调节是必需的），说明获能并不是种特异性的过程。例如，功能性精子获能（即受精能力）可在异种动物的雌性生殖道中获得。

一般来讲，精子可以在任何没有精清的培养液中培养而启动获能。由于精清含有去能因子，能够抑制获能，因此除去精清是必需的。许多动物射出的精子在体外获能时与附睾中的精子相比更加困难。有些动物去能因子与精子表面的结合很牢固，用普通的生理盐水反复冲洗很难将其除去。而在体情况下，雌性动物的生殖道可能具有足够的能力改变或者除去去能因子而使精子获能。

精清对精子获能的抑制作用十分明显。获能的精子如果再与精清接触，则可以失去诱导顶体反应和受精的能力，即出现脱能。这种去能或者脱能过程是可逆的，去能的精子在除去精清孵育一定时间之后又可以获能。但有研究表明，至少在体外情况下，对精子个体而言，获能是一个单向的过程：一个去能的精子通常不可能再获能。因此就精子群体而言，脱能之后的再获能可能只是某些没有获能的精子发生的获能。

近年来，人们提出了许多精清中的脱能因子，例如分子量为125～259kDa的顶体稳定因子（acrosome-stabilizing proteins）、40kDa的阴离子肽等，其中后一类因子还包括5～10kDa的Caltrin、6.4kDa具有蛋白酶抑制活性的蛋白质、15-，16-及23kDa的糖蛋白、spermine及Zn^{2+}等。但是也有研究表明，胆固醇可能是主要的或者唯一的脱能因子。

目前，在绵羊的IVP中精子的体外获能常采用pH值7.4～8.0的获能培养液，培养液中多添加20%绵羊血清或BSA（4mg/ml）。由于肝素在牛和绵羊的IVF系统中能促进配子结合，因此在获能培养液中也多添加肝素。但不添加肝素时卵裂率仍可达到70%以上。咖啡因能提供牛精子活力，延长精子寿命，但却能抑制绵羊和山羊鲜精的受精率。

（二）获能过程中精子表面的变化

获能过程中精子表面发生的变化对精子与卵子的结合过程都是必需的，例如精子库的形成及精子从库中的释放、精子的趋化及精子穿过卵丘与卵子黏附等。精子在获能过程中发生的主要变化可能是表达或者保留某些受体，使精子的质膜与顶体外膜在发生顶体反应时融合，因此也可能涉及精子质膜的结构和组成发生变化，这些变化可能主要是磷脂和胆固醇水平及分布的变化。

1. 磷脂组成及分布的变化

哺乳动物精子头部质膜中磷脂含量多少依次为卵磷脂、磷脂酰乙醇胺、鞘磷脂、心磷脂和少量的磷脂酰丝氨酸及磷脂酰肌醇。与哺乳动物的其他质膜一样，磷脂酰乙醇胺及磷脂酰丝氨酸基本位于膜的内面，而卵磷脂及鞘磷脂则大部分分布于膜的外面。膜磷脂分布的这种不对称性可能是由于ATP-依赖性氨基磷脂转移酶（aminophospholipid translo-case）完成的，至少在绵羊和牛的精子是这样。在获能过程中，这些磷脂大部分发生变化（常常是暂时性的），这种变化主要为水平及内外膜分布的变化。例如在获能时，质膜总卵磷脂水平过度性增加，部分从外膜转移到内膜。脂质结构的这种变化在获能时是如何发生的，目前尚不清楚，但 ATP-依赖性氨基磷脂转移酶的活性则由于细胞内 Ca^{2+} 的升高而受到抑制。结果使获能前本身就不对称分布的磷脂可能转变为新的平衡，这样使质膜的内层更加容易融合。

2. 胆固醇水平的变化

（1）胆固醇外流。获能时，一个必需的基本过程是由于胆固醇从质膜外流而形成的胆固醇/磷脂分子比例降低。因此，可将精子悬浮在含有蛋白或者β-环式糊精的液体中使其与胆固醇结合而促进精子获能。相反，如果在精子孵育中而阻止胆固醇外流则能抑制或者延迟获能。输卵管液、卵泡液及血清可以有效地从质膜除去胆固醇，这些物质中吸收胆固醇的主要成分可能是脂蛋白和白蛋白，因此也可以诱导获能。此外，β-环式糊精也能促进精子获能。

（2）胆固醇接受器作用。体外获能时，培养液一般用白蛋白而不用脂蛋白。在体外洗涤精子时，即使缺乏白蛋白，也可引起胆固醇外流，甚至只有少量的胆固醇从质膜释放也可获能。现已证明，在没有固醇接受器，例如白蛋白的情况下精子发生的获能并不等同于有固醇接受器时，它们不能诱导产生完全的顶体反应，只能发生部分顶体反应，而如果有白蛋白存在，则获能的精子可诱导产生完全的顶体反应。显然，即使限制胆固醇外流，例如在体外，精子也可发生部分获能，但如果要完全获能，精子要发生完全的顶体反应，则必须有固醇接受器，例如白蛋白等。

3. 胆固醇外流的结果

精子质膜上胆固醇的减少可引起许多重要变化，例如膜的流动性（fluidity）增加，质膜的不稳定性和融合能力增加，蛋白酪氨酸磷酸化增加，质膜表面的甘露糖受体暴露，细胞内 pH（pH_{in}）升高等。因此如果阻止胆固醇外流则会抑制 pH_{in}的升高，蛋白酪氨酸磷酸化减少，而这两个过程在精子获能时都正常出现。胆固醇影响 pH_{in}的机理以及 pH_{in}升高的生理作用还不清楚，但人工调节 pH_{in}并不能代替胆固醇外流；pH_{in}也可能没有任何作用，说明胆固醇可能在精子获能中还有更加重要的作用。例如，可能使与透明带黏附的受体外化或表达，因此诱导顶体反应。一般来说，膜中存在多胆固醇会使膜的脆性增加，这主要是因为膜中的分子包装增加，通过膜脂质双层的分子运动减少。此外在正常情况下，膜内层缺少卵磷脂，也使膜的稳定性增加，不易发生融合。胆固醇的外流引起磷脂在膜的双层之间流动，结果使脂质分布的不对称性发生改变，卵磷脂分布于膜的内层，膜的水化层被打破，膜的核心暴露而变得容易融合。由于胆固醇的外流使膜的流动性增加，引起膜甘露糖受体从膜的内层向外层转移。

（三）获能过程中 Ca^{2+} 水平的变化

精子在获能过程中，细胞内的 Ca^{2+}（Ca^{2+}_{in}）增加，但增加的速度比顶体反应时慢。Ca^{2+}_{in} 的增加可能是 Ca^{2+} 内流的结果，而许多机理可能与这种内流有关。

1. Ca^{2+}-ATPase

哺乳动物的精子头部存在有一种能促进 Ca^{2+} 流出细胞并受脱能因子刺激的 Ca^{2+}-ATPase。获能开始时，如果去除脱能因子，则 Ca^{2+}_{in} 的水平持续增高。体细胞 Ca^{2+}-ATPase 的抑制剂也能使 Ca^{2+}_{in} 水平增加，因此使获能精子数量增加，而且 Calmodulin 抑制剂也有这种作用。这些结果说明，Ca^{2+}-ATPase 参与精子获能，而且可能是调节获能时 Ca^{2+}_{in} 的主要因素。

2. Na^{+}-Ca^{2+} 交换

哺乳动物的精子存在有 Na^{+}（外流）-Ca^{2+}（内流）交换机理，但其对获能时 Ca^{2+}_{in} 起何作用目前还不清楚。有人认为，在牛精子，这种交换受 Caltrin（一种与射出精子有关的小分子蛋白）的调节，它可能抑制交换，而在获能时被释放，因此促进交换。

3. Ca^{2+} 通道

哺乳动物的精子存在有 Ca^{2+} 通道，因此 Ca^{2+} 可以内流。但该通道主要在顶体反应时发挥作用，此时引起大量的 Ca^{2+} 快速内流，而在获能时只是少量的缓慢内流。

4. Ca^{2+}-Pi 运输

哺乳动物的精子含有 Ca^{2+}-Pi 的同向转移机制（即向内转运 Ca^{2+} 和 Pi 的载体），由于获能时 Ca^{2+} 的内流需要外部的 Pi，因此如果将培养液中的磷除去，则精子不能获能，说明这种载体可能参与获能时 Ca^{2+} 的内流。

关于获能时 Ca^{2+}_{in} 内流的直接结果目前还不清楚，但这种增加出现在获能的早期。有人认为，升高的 Ca^{2+} 可能使得细胞内 cAMP 水平增加，也使蛋白质酪氨酸磷酸化增加。超激活时精子尾部 Ca^{2+}_{in} 的增加要比头部明显，顶体反应时 Ca^{2+} 在头部的增加比尾部明显，说明引起 Ca^{2+} 增加的模式可能是完全不同的两种。

（四）获能过程中蛋白酪氨酸磷酸化的调节

许多研究发现，精子获能过程中有蛋白磷酸化过程参与，其中主要是酪氨酸残基的磷酸化。

1. 获能过程中发生酪氨酸磷酸化的蛋白质

早在 1989 年，Leyton 和 Saling 就发现，精子在获能过程中发生蛋白的酪氨酸磷酸化，他们在小鼠的精子中发现了 3 种分子量分别为 52kDa、75kDa 和 95kDa 的磷蛋白，其中分子量较小的两种是在获能过程中由于磷酸化所产生。随后在人和小鼠精子的研究发现，在获能过程中许多蛋白质发生酪氨酸磷酸化，这些蛋白质分子量在 40～200kDa 不等。关于酪氨酸磷酸化蛋白分布，目前还没有发现任何规律，例如，分子量为 95kDa 的蛋白质（以前曾经认为是精子的 ZP3 受体，而 ZP3 是卵子透明带糖蛋白，主要参与引起顶体反应）位于小鼠和人的精子头部，而分子量为 81kDa 和 105kDa 的蛋白质则位于人精子的尾部；分子量为 94kDa 和 46kDa 的人精子蛋白则在头部和尾部都有分布，只是在获能过程中其分布逐渐发生变化。如果用各种处理方法抑制精子的获能，则可以抑制蛋白的酪氨酸磷酸化，说明这种磷酸化对精子的获能是十分重要的。此外还发现，一种来自胸腺的多肽激素——胸腺素 Tal（存在于卵泡液和精清中，但不育男性的精清中则没有）可以通过促进未获能精子几种蛋白质的酪氨酸磷酸化而促进获能，但在已获能的精子则没有这种变化。

2. 活性氧离子（ROS）对酪氨酸磷酸化的调节

以前的研究发现，高浓度 ROS 对精子有毒害作用，但近来的研究证明，低浓度的 ROS，主要为 O^{2-} 和 H_2O_2，参与对精子获能的调节。

（1）刺激 ROS 的生成。采用黄嘌呤、黄嘌呤氧化酶、过氧化氢酶等可以加速精子的获能或促进获能相关的变化，例如超激活及蛋白质酪氨酸磷酸化。

（2）抑制 ROS 的水平。通过采用超氧化物歧化酶等抗氧化剂清除 ROS 可以抑制精子的获能及获能相关变化。

此外，孕酮及其他体液，例如输卵管液和精清能够刺激 O^{2-} 的产生、蛋白质磷酸化和获能。关于 ROS 刺激精子获能的精确机理以及该系统发挥作用的部位目前还不清楚，有人认为 ROS 可能对蛋白质酪氨酸磷酸化发挥上调节作用，其作用可能是通过激活腺苷酸环化酶来发挥的，因此使 cAMP 增加。

3. cAMP 对酪氨酸磷酸化的调节

体外获能时，如果缺少白蛋白、HCO_3^- 或者 Ca^{2+}，则小鼠的精子就不能获能，但如果有 cAMP 或其类似物存在，则精子又可获能，因此 cAMP 可能是蛋白质磷酸化和精子获能的主要调节因子。增加细胞内 cAMP 水平的因子如腺苷酸环化酶激动剂 forskorlin、磷酸二酯酶抑制剂如咖啡因，都能刺激精子获能和获能相关的蛋白酪氨酸磷酸化。已知超氧化物歧化酶能抑制酪氨酸磷酸化和精子获能，但如果有能升高细胞内 cAMP 水平的磷酸二酯酶抑制剂存在，则不会出现这种作用。因此，ROS、Ca^{2+} 可能通过激活腺苷酸环化酶增加 cAMP 水平，刺激蛋白质磷酸化来促进获能。

4. Ca^{2+}对酪氨酸磷酸化的调节

关于Ca^{2+}对酪氨酸磷酸化的调节，目前取得的研究结果并不一致。有人发现，小鼠附睾精子酪氨酸磷酸化依赖于Ca^{2+}（可能通过腺苷酸环化酶），其随着Ca^{2+}的增加而增加；但也有人发现，Ca^{2+}对人精子的酪氨酸磷酸化有负调节作用，如果在获能培养液中去除Ca^{2+}，并不能抑制蛋白的磷酸化，如果用Ca^{2+}离子载体 A23187 促使Ca_{in}^{2+}增加则能抑制蛋白磷酸化。出现这种差别的原因尚不清楚，可能是参与酪氨酸磷酸化的蛋白不同，或者是动物之间的差异，也可能是附睾精子与射出精子之间的差异。

5. 蛋白激酶对酪氨酸磷酸化的调节

（1）PKA。cAMP 依赖性蛋白激酶 A（PKA）的抑制剂可以抑制蛋白的酪氨酸磷酸化，因此能阻止体外获能条件下精子的获能，说明获能时，cAMP 激活 PKA，使酪氨酸磷酸化增加。PKA 对酪氨酸磷酸化的作用不是直接的，可能是先促使蛋白的丝氨酸/苏氨酸残基磷酸化，然后使酪氨酸激酶磷酸化。

（2）PKC。PKC 存在于精子头部的中段和尾部的主段。由于在精子获能及发生顶体反应时出现Ca^{2+}的内流，而 PKC 参与对精子获能的调节。PKC 激活剂 12-O-tetradecanoyl-phorbol-13-acetate（TPA，也称为 PMA）能使小鼠、仓鼠和人精子获能的水平提高，也能使人精子的酪氨酸磷酸化水平提高。PKC 抑制剂 staurosporine 或 H7 能抑制 TPA 诱导的获能增加。PKC 对顶体反应的调节可能也是间接的，TPA 能诱导获能的人精子发生顶体反应。

（3）细胞外信号调节激酶（extracellular signalregulated kinase，ERKs）。1998 年，Luconi 研究发现，在人精子体外获能时，有两种分子量分别为 42kDa 和 44kDa 的蛋白以时间依赖性方式增加蛋白的酪氨酸磷酸化，他们将其称为细胞外信号调节激酶 ERK-2 和 ERK-1。获能过程中这些蛋白引发酪氨酸磷酸化增加，同时伴随有其激酶活性的增加，此外 MAPK（或 MEK）的抑制剂 PD098059 活性、磷酸化抑制剂以及 ERKs 的激活可能抑制精子获能。这些结果表明 ERKs 参与对精子获能的调节。

6. 蛋白磷酸酶对酪氨酸磷酸化的调节

获能过程中蛋白磷酸化的增加可能是由于激酶刺激或者磷酸酶抑制的结果。磷酸酶抑制剂（如 calyculin A 和 okadaic acid）能刺激精子获能和酪氨酸磷酸化。

上述研究结果表明，酪氨酸磷酸化参与精子获能，而其磷酸化水平受激酶和磷酸酶活性等的调节。

(五) 调节精子获能的其他因子

1. 孕酮

孕酮能够刺激精子超激活和获能。孕酮可以刺激 ERK_2、蛋白酪氨酸磷酸化及 Ca^{2+}内流，可以增加细胞内 cAMP 水平。孕酮的最初作用可能是刺激 Ca^{2+}内流，然后使 cAMP 水平、激酶活性及蛋白磷酸化水平增加。

2. HCO_3^-

HCO_3^-是精子获能培养液的重要成分，尤其是在小鼠，如果缺少 HCO_3^-，则获能是不可能的。1997 年，Harrison 研究认为，HCO_3^-是猪精子体外获能的主要因子，因为它能引起获能的必需过程——Ca^{2+}的内流、表面糖蛋白的变化以及质膜脂质结构的变化。HCO_3^-也可使 pH_{in}升高，也能直接刺激腺苷酸环化酶。由于 pH_{in}的升高和 Ca_{in}^{2+}的升高可以刺激腺苷酸环化酶，因此 HCO_3^-刺激腺苷酸环化酶的作用可能是直接和间接都有。cAMP 水平的升高可以刺激 PKA，因此直接或间接刺激与精子获能有关的膜蛋白发生酪氨酸磷酸化。

(六) 精子的超激活

体外获能后，精子出现鞭抽样的尾部活动。在获能培养液中培养 3~4h 后大多数活精子出现超激活活力，主要特征为鞭毛的振幅明显增加。在早期的 IVF 研究中发现，在非获能培养液中培养的精子从不出现这种激活。交配后仓鼠及小鼠输卵管壶腹部的精子也有这种超激活，在接近受精时输卵管壶腹部获得的精子也具有这种超激活。这些研究表明，精子尾部的这种超激活可能是获能后的一种正常现象，可能与精子的穿卵能力及精子到达受精部位有关。许多动物的精子在体外获能时也出现超激活活力，但目前对其确切的生理意义还不十分清楚，但这种变化是单个精子获能的重要标志。有时在非获能条件下也可出现精子的超激活活力，例如仓鼠精子在没有白蛋白等因素的培养液中培养 3~4h 后开始出现超激活活力，这种活力虽然与获能时出现的相同，但不能自发地发生顶体反应，因此不能受精。

(七) 精子获能及顶体反应的机理

虽然对精子获能现象发现较早，但对其机理的研究则一直十分缓慢，主要原因之一是没有一种合适的方法能够确定单个精子是否已经获能。体外培养的精子悬浮液中含有死精子、活精子、获能及未获能的精子的混合体，而且这些精子的相对比例也会在一定时间内发生变化，因此难以通过生化方法对其获能的机理进行深入研究。人们对精子在体内外获能时发生的变化进行的大量研究表明，精子获能过程中并未发生明显的形态变化，但在精子表面却发生一些明显的改变。兔子的精清中含有能够凝集射出或附睾中的精子的物质，而且也能使从子宫中获收的精子立即停止活动。此外，在发情子宫中经历一段时间后表面的负电荷减少。

虽然精子获能是哺乳动物的一种普遍现象，但现有的研究表明，各种动物的精子体外获能的条件差别很大，而且精子获能的机理及支持体外获能的条件在动物间应该极为相似。小鼠的精子可在添加有附睾内容物的简单培养液中培养 30min 就可获能；豚鼠精子在同样条件下培养 2～3h 也可获能。人和犬的精子也可在洗涤或梯度离心后用这种简单方法获能，兔子精子在体外也可通过洗涤及培养获能，但应在短时间的培养之后进行第二次洗涤，以便从培养液中除去可溶性精清因子。与人精子不同的是，其他灵长类动物的精子需要洗涤和用咖啡因或 cAMP 处理才能使精子获得体外受精的能力。仓鼠附睾精子在体外也需要特殊处理，如用牛磺酸处理后可维持其活力，用肾上腺素处理可刺激其发生顶体反应。虽然仓鼠、小鼠、犬和人的精子在培养时需要葡萄糖才能生存，但葡萄糖却能抑制或延迟豚鼠和牛精子的顶体反应。

早期在研究精子获能时所用的培养液常添加卵泡液，后来逐渐用白蛋白代替，现在基本都采用 BSA 或人血清白蛋白。对于白蛋白支持获能和顶体反应的机理目前还不清楚，但可能与白蛋白能从精子质膜除去脂滴或锌离子有关，因此使得精子质膜不稳定，易发生融合而发生顶体反应。早期的研究表明，在获能培养液中白蛋白可消耗精子的胆固醇，但能使精子的磷脂酰胆碱含量增加。白蛋白也可通过螯合作用结合精子质膜上的锌离子，使精子质膜的稳定性下降。仓鼠精子在体外可用化学螯合剂使其获能，但如果不再用白蛋白处理则不能发生顶体反应。肝素等也可使牛精子获能，因此可根据上述特点研制无白蛋白的精子获能液。

（八）精子受精能力的评价

1. 穿卵试验

早期研究中多用精子穿卵或受精试验判断精子的获能及顶体反应，使用最多的试验动物是兔子，缺点是兔子开始排卵及排卵持续的时间差异很大，但可以将新近排出的卵子加入精子培养液中。后来在小鼠等建立的体外受精系统可对精子的获能及顶体反应状况进行深入研究，可用以评价精子的顶体反应和获能。

2. 仓鼠体外受精试验

仓鼠 IVF 技术是研究精子获能和顶体反应最为适宜的模型。仓鼠精子的获能和精子穿卵容易在体外进行，而且其精子的顶体反应十分明显，因此便于观察已经发生反应的精子比例。

在仓鼠体外受精试验中，精子大多数是采自附睾头，采用这种方法容易获得活精子，而且来自附睾的精子在体外的获能和穿卵过程与在体内观察到的完全一致。虽然采用仓鼠的附睾精子及 IVF 方法更便于研究精子的获能，但附睾精子的获能可能与射出精子不完全相同，体外培养条件下发生的变化也与交配后发生的变化不同，而且仓鼠精子发生的获能变化也不能完全代表其他哺乳动物的情况。例如在 IVF 体系中总是有大量的精子存在，但只有少部分能够穿过透明带，而在体情况下，受精时只有少量精子存在于受精位点，而且大多数精子均具有与卵子结合的能力。通常在进行 IVF 时，精子的数量要比卵子多许多，但在用仓鼠精子在体外进行获能研究时，可用极少量的精子（<5）与卵子进行结合试验。

3. 其他试验

精子穿过透明带与卵子结合的能力是验证精子获能及发生顶体反应的可靠方法，但在大规模精子评价分析中 IVF 并非很实用，因为其产生的结果变异很大，出现这种现象的原因之一是精子与卵子接触之后很快发生多精子阻滞，因此只有一个或最多几个精子能在透明带发生变化之前与卵子结合，阻止了其他精子穿卵，但也可采用各种方法抑制多精子受精的阻滞作用，例如先将卵子在浓盐水中保存一定时间，这样可使许多精子穿过透明带，可提高这种精子获能系统的测定效率。这种方法也可采用相关动物的卵子用于评价濒危动物精子的受精能力。

早期的研究中曾有人试图用化学方法检测精子的获能，例如用四环素荧光标记精子，获能后荧光丢失，但荧光的丢失与获能并非总成比例，因此并不完全适合于研究精子获能。后来有人采用金霉素（CTC）荧光标记研究小鼠精子的获能，发现随着获能的进展，荧光也发生相应的变化。

随着 IVF 技术的进展，人们建立了两种方法评价精子的受精能力，一种采用无透明带的卵母细胞，另外一种则采用无卵母细胞的透明带。如果除去透明带，则仓鼠的卵子可被各种动物的精子受精。

五、体外受精及胚胎体外培养

卵母细胞成熟之后可用吸管轻轻抽吸，除去卵丘，用受精培养液洗涤卵母细胞，然后以 40~50 枚卵母细胞为一组进行 IVF。IVF 的精液浓度一般在精子含量为 1×10^6 个/ml，加入 5μl，培养 17h 以完成受精。

在 IVF 系统中，精子与卵母细胞共同培养 1h 后，卵母细胞大约有 10%已经发生受精，但如果再培养 3h，则输精后第 9d 时的囊胚形成率与培养 17h 相当。目前在绵羊和牛一般采用 9~10h 的培养方法。

IVM-IVF 能否成功主要取决于卵母细胞的成熟和精子获能。精卵结合的时间、培养液的成分、温度及精子浓度均对 IVF 的结果具有重要影响。一般来说，绵羊胚胎可采用含绵羊血清、BSA、人血清或胎牛血清的培养液进行培养。

培养液中添加葡萄糖有利于胚胎的体外发育，但绵羊胚胎能在添加乳酸盐和/或丙酮酸盐而不添加葡萄糖的培养液中发育。常用的培养液有 TCM-199、Hams-F10、Hams-F12、改良 Brackets 培养液、合成输卵管液（SOF）和 Tyrodes 培养液等。培养液中添加氨基酸有利于胚胎的发育，但随着培养时间的延长，这种作用降低，可能主要是培养过程中胚胎产生的胺增加，抑制了囊胚的发育所致。

绵羊胚胎成组培养时比单个培养时囊胚形成率更高，说明胚胎产生的一些因子可能促进体外卵裂。目前在培养绵羊胚胎时仍多采用石蜡油覆盖的微滴培养法，但也有研究表明，如果不用石蜡油覆盖，则胚胎碎裂的比例明显降低，这可能是由于石蜡油中的有毒成分所引起。针对这种情况，可采用盐水反复抽提的方法降低石蜡油中的有毒成分。

绵羊胚胎如果与输卵管细胞共培养，则能比较容易进入 8~16 细胞阶段及囊胚阶段，也能明显提高胚胎在体外的卵裂率及发育能力。

以前的研究表明，胚胎在体外发育至 8~16 细胞的阻滞阶段可以通过与输卵管细胞的共培养而克服，但这些细胞的作用是否为胚胎的发育提供促进生长的因子，或者是消除抑制性因子目前还不清楚。在绵羊和山羊胚胎体外培养采用的大多数培养条件为添加体细胞、氨基酸和 BSA 的 SOF 培养液，38.5℃，5%O_2，5%CO_2 及 90%N_2 全湿度培养，也有实验室在 SOF 中添加 5%~10% FCS，在输精后 2~3d 用于胚胎培养，发现制备的胚胎移植之后怀孕率较高。

近来有人根据胚胎不同发育阶段的要求，建立了“序列”培养液进行胚胎培养，多采用两步法或三步法进行胚胎培养，但这种方法主要用于人和牛的胚胎培养。

第五节　动物克隆技术

克隆（clone，cloning）在生物学上是指从单一的亲代细胞通过无性繁殖而产生的一组细胞，因此也称为无性繁殖系或无性系。动物的克隆则是指在遗传上完全一致的一组动物，克隆技术又称核移植技术或无性繁殖技术，它是用哺乳动物特定发育阶段的核供体（体细胞核）及相应的核受体（去核的原核胚或成熟的卵母细胞）不经过有性繁殖过程，进行体外重组，通过重组胚移植，达到扩繁同基因型种群的目的。克隆动物由于在选育上有利于测定其遗传性状，而且在研究上由于可以极大地减少实验动物的数量，因此在生物学上具有极为广泛的应用前景。

产生或生产遗传上完全一样的动物，可以通过切割早期胚胎，将其一分为二，但这种方法只能产生 2 个或最多 4 个克隆动物，因此受到一定程度的限制。另外一种方法是细胞核移植，这一概念最早是在 1938 年由 Speeman 提出的，他认为，早期胚胎的所有细胞核在遗传上是完全一致的，每一个细胞核均可被移植到去核的卵母细胞中，因此可以产生大量的完全一致的胚胎。目前已经证实，这种方法在大多数动物上是完全可行的。

在最近十多年，人们试图通过各种方法生产克隆哺乳动物，虽然也有数例采用各种技术而获得成功的报道，但只有胚胎切割技术应用较多，而且也生产出了数百例克隆双胎动物。另外一些方法，如核移植，是目前研究最为热门的哺乳动物克隆技术之一，但迄今为止生产出的克隆动物数仍然极少，影响克隆动物数量的主要原因之一可能是供体胚胎细胞的可用性及多能性。一般来说，可以采用两种方法来增加用来克隆的胚胎细胞的数量，其一是将供体胚胎的核进行系列移植，其二是采用胚胎干细胞作为核供体细胞。但克隆绵羊 Dolly 的产生又为人们提供了一种全新的细胞核来源——体细胞，因而使哺乳动物的无性繁殖真正成为可能。同时，体细胞克隆技术的成功不仅可用于扩繁独特基因型的动物和拯救濒危动物，还可用于转基因、基因敲除、基因插入等研究。

（一）动物克隆

早在 1952 年，Briggs 和 King 的试验证明，囊胚阶段的胚胎细胞核移植到去核的卵子时，可以再度发育到早期胚胎阶段而产生活动物，以后的研究证明，在肠腔阶段获取的细胞核也可以获得成功，而且从分化后的组织中获取的细胞核，虽然成功率很低，但仍然也可用于动物的克隆。

1981 年，Illmensee 和 Hoppe 通过将小鼠囊胚内细胞团或滋养胚的细胞通过显微注射的方法注入去核的处于原核阶段的小鼠合子，从内细胞团的细胞产生了 3 只小鼠，而分化的滋养胚细胞则未能产生囊胚或成活的小鼠。迄今为止，只有在啮齿类动物上，人们成功地将 4～8 细胞阶段的囊胚细胞成功地移植给去核的 2～4 细胞阶段的胚胎而产仔，1998 年，Wakayama 等采用直接注射法将卵丘细胞注射到去核卵母细胞，得到克隆和再克隆小鼠。在家畜上，人们将晚期囊胚细胞核移植给去核的卵母细胞，在绵羊、山羊、牛、猪和家兔均有产仔的报道。1988 年，Cibelli 等用胎儿成纤维细胞、Wells 等用卵丘细胞作为核供体，分别克隆牛获得成功；1999 年，Shiga 等利用公牛肌肉细胞克隆出 4

头小公牛。这些研究结果充分表明，分化的体细胞甚至是分化至终端的体细胞核仍然具有全能性，在卵母细胞胞质作用下可以重新发育成一个克隆个体。

同种动物体细胞克隆动物的成功极大地促进了异种动物间细胞核移植的研究。2002 年，美国科学家由濒危动物印度野牛体细胞与家牛卵母细胞重构克隆胚胎，并获得个体“Nora”；2001 年意大利科学家等由东方盘羊颗粒细胞与绵羊卵母细胞重构克隆胚胎，获得东方盘羊个体；2003 年 4 月，美国科学家用已经灭绝 20 多年的爪哇野牛冷冻组织分离培养细胞，与家牛卵母细胞重组胚胎，成功克隆出这种已经灭绝的动物；2003 年 5 月，美国科学家用骡子胎儿成纤维细胞与马的卵母细胞重组，成功地克隆出骡子 IdahoGem。至此，哺乳动物克隆成功的报道已经很多（表 5-3）。

表 5-3　哺乳动物克隆现状

动物	细胞类型	核移植数（重组胚胎/%）	出生/移植胚胎数/%	供体转基因状况
牛	成年动物粒细胞	552（69）	10/100（10）	否
	胎儿成纤维细胞	276（12）	4/28（14.3）	是
	成年动物卵丘细胞	47（38）	5/6（83）	否
	成年动物输卵管上皮细胞	94（21）	3/4（75）	否
	胎儿成纤维细胞	174（20）	2/7（29）	否
	成年动物生殖细胞	85（?）	1	否
	成年动物成纤维细胞	?（?）	1	否
	成年动物成纤维细胞	338（30）	6/54（11）	否
	成年动物肌细胞	346（21）	4/26（15）	否
山羊	胎儿成纤维细胞	71（68）	1/47（2.1）	是
	胎儿成纤维细胞	54（76）	2/38（5.3）	是
绵羊	成年动物乳腺细胞	227（12）	1/29（3.4）	否
	胎儿成纤维细胞	172（27）	3/40（7.5）	否
	胚胎上皮细胞	385（33）	4/87（4.6）	否
	胎儿成纤维细胞	507（13.6）	6/62（9.7）	是
	胚胎上皮细胞	128（24.2）	2/31（6.5）	否
	胚胎上皮细胞	258（17）	1/44（2.3）	否
	胚胎上皮细胞	176（14.8）	4/26（15.4）	否
	胚胎上皮细胞	68（11.7）	1/8（12.5）	否

（续表）

动物	细胞类型	核移植数（重组胚胎/%）	出生/移植胚胎数/%	供体转基因状况
小鼠	成年动物卵丘细胞	2 468（56）	16/1 385（1.2）	否
	成年动物成纤维细胞	250（39）	1/97（1.0）	否
	成年动物成纤维细胞	467（38）	2/177（1.1）	否

1. 供体细胞核的选择

以绵羊囊胚的内细胞团作为核供体，进行细胞核移植后56%可以发育到囊胚阶段。牛的胚胎如果以晚期桑葚胚阶段（48~64 细胞阶段）作为核供体，则35%可发育到桑葚胚或囊胚阶段，而且第6d的胚胎供体其发育能力比第5d的高。

研究表明，如果供体核超过了囊胚阶段，则会影响重组胚胎的发育，而且如果发育阶段超过了囊胚后期，则随着发育的进展，越来越多的细胞会发生不可逆的分化，因此，从分化了的细胞核进行核移植，其成功率低的原因可能是胚胎染色质不可逆性改变所致，也可能与供体细胞所处的细胞周期的阶段不相适应有关。

研究结果还表明，囊胚中期细胞周期长度的变化可能与供体核移植后发育不能正常进行有很大关系。除胚细胞外，供体细胞核可采用体细胞，其基本技术与胚胎细胞克隆相同，差别主要在于核的供体不是胚胎细胞，而是将胚胎发育过程中的胎儿细胞或成年动物已分化的细胞核作为核供体，进行细胞核移植。

采用体细胞克隆时，可先从动物的器官、组织或胎儿组织分离出需要的组织，分离制备细胞悬浮液，然后在含血清的培养基中培养，进行正常传代。传代到一定次数后，细胞形态稳定，能正常增殖，则说明已经建系成功。

取已经建系的细胞移到含低浓度血清的培养液中培养1~5d，即采用血清饥饿方法诱导细胞离开生长周期进入休眠的G0期。以G0期细胞作为核供体，其主要优点是：①可以获得细胞周期的协调，将这些细胞移入去核卵母细胞后活化，可比较容易地产生个体；②G0期间细胞的染色质发生凝集，转录和翻译水平下降，mRNA降解比较活跃，这些染色质结构和功能的变化均有利于核移植。

2. 受体胞质的选择

受体细胞的细胞周期阶段对核移植重组胚胎的正常发育也是至关重要的。当供体细胞核与去核的1细胞合子融合时，小鼠、大鼠及牛的重组胚不会发育，但在小鼠，如果受体细胞为去核的 2 细胞胚胎，而供体细胞为 4~8 细胞阶段的胚胎，则发育是可能的，而且也有产仔的报道。

哺乳动物胚胎克隆的成功主要是采用了在两栖类动物采用的方法，即将处于 M-Ⅱ阶段阻滞的卵母细胞作为受体细胞的移植阶段，期望卵母细胞能将引入的细胞核像正常受精的精子一样对待。1986 年，Willadsen 的研究证明，绵羊 8 细胞阶段的囊胚细胞核移植后能够正常发育产羔，以后的研究表明，桑葚胚及囊胚均可作为受体细胞，在牛、家兔和猪等相继获得成功。激活的次级卵母细胞的胞质具有促进核膜破裂、核肿大及一定程度的重组基因组的能力。

卵母细胞在去核时的成熟阶段对于核移植后的发育是非常重要的。在两栖类动物上，如果细胞核是在 M-Ⅱ之前引入，则染色质发生的异常较少，大多数重组胚胎能够继续发育。在绵羊和牛上，体内成熟的卵母细胞去核的最佳阶段是 hCG 处理或发情后 36h。体外成熟的卵母细胞需要 18~24h 才能达到 M-Ⅱ期，此时即可被激活，也可用精子进行体外受精，但其人工激活及进行核移植的最佳时间一直要到从卵泡中取后 30h 左右。

3. 卵母细胞的去核

除去中期卵母细胞的染色质及极体对重组胚胎的发育很重要。除去细胞核可以采取切割卵母细胞的方法，也可采用吸出极体及周围胞质的方法。可以采用以荧光染料如 DAPI 或 Hoechst 33258 进行染色质染色，提高两种方法的效率。卵母细胞的去核率越高，克隆胚发育成正常胚胎的可能性越大，而去核率的高低也与卵母细胞所处的成熟时期及采用的方法有关。

4. 细胞融合

用一定大小的针头刺入卵母细胞膜导入细胞核会对卵母细胞造成一定的损伤。也有人用仙台病毒诱导的膜融合技术在小鼠上进行过试验，但在牛这种方法以及疱疹病毒法均未能获得成功。后来人们建立了电融合技术，成功地将其用于牛、山羊、猪和家兔。试验表明，如果作为供体的囊胚细胞越小，发育阶段越晚，则成功率越低，但也有研究表明，供体细胞可以达到 40~64 细胞阶段。融合能否成功主要取决于细胞膜的健康程度和卵母细胞膜的理化状态等。

5. 卵母细胞的激活

为了完成减数分裂及以后的发育，卵母细胞必须被激活。一般来说，卵母细胞是在受精时由精子激活，在牛上，这一过程通常是在卵母细胞达到输卵管时完成的，但在体外，只有少量的卵母细胞在开始培养后 24h 可用电融合的方法激活，直到 30h 时才能达到最大激活。

正常情况下，核移植时采用电刺激的方法进行细胞融合即可完全激活卵母细胞，表明用来进行核移植的卵母细胞无论是从体内还是体外获得，在细胞融合时均已老化，以后进一步发育的能力降低，因此很有必要对卵母细胞活化的时间、核移植的时间以及核移植后的发育等问题进行进一步的研究。

6. 重组胚胎的培养及发育

核移植重组胚胎形成后，要使其发育至晚期胚胎（桑葚胚或囊胚）进而怀孕，则胚胎必须要在结扎的绵羊输卵管中培养一段时间。研究表明，核移植重组胚胎在体外发育至桑葚胚及囊胚的比例仅为在体内输卵管中培养的一半。如果将重组胚胎在体外与输卵管上皮细胞共培养，或者在培养液中加上输卵管上皮细胞，则发育至桑葚胚及囊胚的成功率与体内培养时相近。

7. 妊娠及妊娠维持

虽然核移植重组胚在多种动物均获得成功，但妊娠率及成活率均低得多。牛移植重组胚胎后 42d 时妊娠率为 22%，其中一级胚胎为 33%，二级、三级分别为 15%和 11%，而正常的胚胎移植后妊娠率为 50%~60%。

有人认为，由核移植产生的后代并非绝对相同的克隆动物。通过胚胎切割生产的牛的双胎，其色素的沉着并不完全一样，主要原因可能是胚胎在不同的子宫环境中发育时，成黑素细胞的迁移并不完全一样。每个卵母细胞的线粒体 DNA 及胞质环境是不完全一样的，因此可能对遗传性状有一定的影响。

胚胎移植后的妊娠率和产仔率是判断核移植效率的最终指标。因此应选择具有较好形态的胚胎进行移植。

8. 克隆后代的鉴定

如果克隆后代诞生，则除了鉴定供体细胞与克隆后代的亲缘关系外，还要从分子生物学水平进行鉴定。可取体细胞系细胞、克隆后代、卵母细胞受体及重组胚移植受体的 DNA 进行分子杂交试验，以确定后代是否真的来源于供体细胞系的细胞。

（二）克隆技术存在的主要问题

虽然体细胞克隆技术已经在多种动物获得成功，但总体水平仍然处于试验研究阶段，存在的问题主要有以下几个方面。

1. 结果不稳定，效率十分低下

通过体细胞克隆动物的费用一般较高，例如制作 Dolly 的费用估计超过 200 万英镑，同时效率很低［克隆效率（%）= 出生的活克隆后代/重组胚胎数×100］。从目前的研究结果来看，重组胚只有不到 1%能够发育产生克隆后代，绵羊克隆只有 3%左右的重组胚能发育为正常后代，牛的克隆重组胚的发育率为 49%，虽然移植的重组胚 80%可以发育为正常胎儿，但胎儿出生后的死亡率高达 50%。在小鼠克隆中，只有 2%~3%的重组胚能发育产仔，而出生后仔鼠死亡率高达 40%（表 5-4）。由于体细胞克隆是一个极为复杂的过程，包括供体细胞的培养、卵母细胞的体外成熟、卵母细胞去核、细胞核的注射与融合、卵母细胞的激活、重组胚的体外培养及胚胎移植等过程。如果上述过程任一项达不到最佳条件，均会影响克隆胚或克隆动物的生产。

表 5-4　体细胞克隆效率比较

动物种类	重组胚胎数/个	移植胚胎数/个	活克隆后代/受体	效率
绵羊	277	29	1/13	0.4
牛	68 932	3 435	148/935	0.2
山羊	138	47	1/15	0.7
猪	188	110	1/4	0.5
小鼠	463	274	3/25	0.6
猫	—	87	1/8	<1.1
兔	612	371	4/27	0.7

2. 克隆动物出生重增加，死亡率升高

由于细胞培养中采用血清，可能会导致早期胚胎基因表达发生改变，致使许多克隆动物出生重增加，很难自然分娩。重组胚移植之后的流产率明显较高，同时克隆后代常伴发各种异常，例如提前衰老、肥胖症等，许多克隆后代常出现不明原因的死亡。

3. 克隆动物发育异常，死亡率升高

体细胞核移植生产的重组胚在培养及移植之后的胚胎发育过程中会出现活力低下，只有少数重组胚移植之后可发育到足月，许多在出生后死亡。常见的疾病和异常主要有循环系统功能障碍、胎盘水肿、胎水过多、慢性肺充血等，即使克隆后代能够存活，也多出现胎盘过大、出生重过大等“大后代综合征”（large offspring syndrome，LOS）的症状，有些克隆后代虽然外表正常，但多出现免疫系统功能障碍，肾脏、脑形态异常，因此随后会发生死亡。虽然 LOS 是多种克隆动物常见的表现特征，但其发生的原因尚不十分清楚，可能与胚胎体外培养的条件有关。

4. 细胞质遗传问题

在小鼠和牛的克隆研究中，人们发现细胞质的遗传物质影响克隆后代的表型，例如花斑、毛色等，出现这种变化的原因是否为供体细胞线粒体 DNA，或者是由于卵子细胞质中的遗传物质所引起的，目前尚不清楚。细胞质的遗传物质对克隆后代的其他性状是否也会产生影响，还需要进一步探索。

5. 克隆胚胎的结构异常

IVEP 的胚胎其质量比体内生产的差，主要原因可能与 IVP 条件有关，因此胚胎移植之后胎儿的死亡率较高。目前采用的克隆系统重组胚移植之后流产率及胎儿死亡率均明显较高。流产率可能与重组胚的培养条件有关，由此导致供体细胞核程序出现异常。附植前胚胎的完整性对妊娠早期胚胎的正常发育是极为关键的，例如，如果囊胚出现异常，可导致胎盘形成异常，从而可导致克隆胎儿在怀孕早期发生死亡。囊胚形成是哺乳动物早期胚胎发育中第一次出现的分化过程，由此形成内细胞团（ICM）和滋养外胚层（trophectoderm，TE）细胞。ICM 细胞主要形成胚胎组织和部分胚外膜，而在稍后期，TE 细胞和来自 ICM 的胚外膜协同，形成胎儿胎盘。就目前采用的克隆系统而言，克隆胚胎在发育过程中出现的胎儿死亡可能与胎盘异常有关。其主要原因可能是由于体细胞核移植，导致重组胚 ICM 或 TE 细胞与总细胞数的比例出现异常，例如克隆胚胎的 ICM 细胞数偏高，由此导致胚胎结构异常，移植之后附植前后胚胎的死亡率升高。TE 细胞数量减少会使胚胎生成的能力降低，因此能影响胚胎附植后的活力。此外，克隆程序本身对滋养外胚层某些基因的表达具有明显的影响，克隆滋养胚 MHC-I 的表达异常可以引起免疫排斥，因此也可能是克隆胚死亡的原因之一。

（三）克隆技术的应用前景

体细胞克隆技术之所以引起人们的普遍关注，主要是因为它在许多领域具有极为深远的意义，而且可能对人类自身产生重大的影响。

1. 畜牧业生产

克隆技术可以有效增加优良品种的群体数目。具有优良性状的动物，即使是经过严格的育种选配，后代也不可能完全继承其优良性状。此外，后代的性别也很难控制，扩繁速度也有限，而采用克隆技术可以克服这些缺点，从理论上讲，一个个体可以产生无数个克隆后代。

2. 实验动物研究

对实验动物而言，遗传的均质性是最为重要的因素。采用体细胞克隆技术可以获得大量遗传上均质的同一个体的多个后代，从而为试验提供更合适的动物。

3. 动物遗传资源保护

采用克隆技术可以有目标地均衡扩繁群体或特异性地扩繁群体中的某些个体，以保证遗传多样性不会丢失。因此克隆技术在濒危动物的遗传保护上具有一定的意义。

4. 生物医药

应用克隆技术可以进行转基因动物的克隆，因此不仅可为动物品质改良提供强有力的分子手段，而且也能够直接用于人类的医疗保健。

5. 疾病治疗

利用克隆技术，可以用患者本人的组织培养出新组织，用来治疗神经损伤、糖尿病等多种疾病，用这种方法培养出的组织具有与患者完全相同的遗传结构，因此不会发生排斥反应，也可解决移植组织来源不足的问题。

第六章　绵羊妊娠诊断技术

妊娠诊断在绵羊生产管理中具有十分重要的意义。通过早期妊娠诊断，可加强对妊娠绵羊的饲养管理，及时对空怀羊进行补配，因此可大大提高生产效益，减少经济损失。

第一节　妊娠早期生理学及内分泌学特点

妊娠后，胚泡附植、胚胎发育、胎儿生长，胎盘和黄体形成并发生适应性变化，这一切都对母体产生巨大的影响。母体要适应妊娠，无疑会在生理学与内分泌学等方面发生一系列变化；母体适应妊娠的各种变化也正是进行怀孕诊断的基本依据。

一、怀孕早期的生理学特点

（一）体重和膘情的变化

妊娠后，母体新陈代谢旺盛，食欲增加，消化能力提高，营养状况得以改善，表现为体重增加、毛色光润；青年绵羊妊娠后还伴有自身正常的生长发育。在饲养水平较低的情况下，青年妊娠羊的生长会受严重影响；营养条件适当，则可促进生长。怀孕后，由于营养丰富，绵羊体重会显著增加。即使在饲养不足的情况下，妊娠早期的绵羊也比空怀绵羊增长明显。

（二）生殖器官的变化

1. 卵巢

绵羊配种后若未妊娠，黄体会发生退化，进入下一个发情周期；一旦妊娠则黄体会转变为妊娠黄体，发情周期也因此中断。妊娠后，卵巢的机能活动主要取决于孕酮和雌激素之间的比例。一般情况下，孕酮在整个妊娠期中占主导地位，黄体能维持至整个妊娠期，直至分娩。妊娠时卵巢的位置依妊娠的进展而变动。随着妊娠的发展，子宫重量逐渐增加，卵巢也会因子宫重量的牵引发生移动，甚至下沉到腹腔。妊娠 2 个月后黄体发育至最大，妊娠 2~4 个月时卵巢上可见有大小不等的卵泡发育。

2. 子宫

绵羊妊娠后，子宫体积和重量都明显增加。妊娠前半期，子宫体积的增长主要是由于子宫肌纤维增生肥大所引起。羊的尿膜绒毛膜囊有时仅占据一部分空角，所以空角扩大不明显。随着妊娠的进展，子宫体积和重量亦愈增大，子宫会向前向下悬垂。

3. 子宫动脉

妊娠时子宫血管变粗，分支增多，子宫动脉（特别是子宫中动脉）和阴道动脉子宫支（子宫后动脉）更为明显。随着脉管的变粗，动脉内膜的皱襞增加并变厚，而且和肌层的联系疏松，所以血液流动时就从原来清楚的搏动，变为间断而不明显的颤动，称为妊娠脉搏。

4. 子宫黏膜

受精后，子宫黏膜在雌激素和孕酮的作用下，血液供应增多、上皮增生、黏膜增厚，并形成大量皱襞，黏膜表面积增大。子宫腺扩张、伸长，细胞中的糖原增多，且分泌量增加，有利于囊胚的附植及提供胚胎发育所需的营养物质。其后，胎盘逐渐形成并发育，绵羊属子叶型胎盘，母体胎盘是由子宫黏膜上的子宫阜发育而来，孕角子叶发育要比空角快，因而更为发达。

绵羊的胎盘突的数量为 60~100 个，是由绒毛膜上突起的子叶微绒毛（cotyledonary villi，CV）与子宫内膜的相同结构（caruncular septa，CS）融合而形成。子宫内膜的胎盘突间区的上皮与尿囊绒膜接触，浸入子宫内膜腺中。在子宫内膜基质和胎盘突的相同区域中母体血管由绒毛细胞代替。

5. 血液供应

妊娠子宫的血液供应随胎儿发育所需的营养增多而逐渐增加，分布于子宫的血管分支逐渐增多，主要血管增粗，子宫中动脉的变化尤为明显。妊娠第 80d，通过母羊子宫的血流为 200ml/min，妊娠末期（150d 时），血液流量可达 1 000ml/min 以上，而未孕羊子宫血液流量仅为 25ml/min。

6. 阴道、子宫颈及乳房

妊娠早期，阴道长度增加，前端变细，近分娩时则变短粗，黏膜充血，柔软、轻微水肿。子宫颈紧闭，黏膜增厚，上皮单细胞腺在孕酮作用下分泌黏稠的黏液，填充于子宫颈，形成子宫颈塞。因此，子宫颈被严密封闭起来，阻止外物进入，使子宫处于一个密闭的环境，从而保护胎儿安全。黏液起初透明、淡白，以后变为灰黄色，更为黏稠，且分泌量逐渐增多，并进入阴道。妊娠后，乳房开始发育，在妊娠中后期发育增快，乳房增大、变实，邻近分娩时有的乳房可挤出少量清亮液体，而且头产母羊的变化出现较早。

（三）胚胎发育

1. 胚胎发育

绵羊受精卵在受孕后3~4d到达子宫，附植发生于15~18d，妊娠期约为147d。绵羊胚胎在第4d（直径0.14mm）和第10d（直径0.4mm）时，基本为球状，然后发育为带状，12d为1.0mm×33mm，14d为1.0mm×68mm。15d的胚泡长150~190mm，直径1.0mm，位于一侧子宫角内；16~17d时，日益生长的胚泡可扩展至对侧子宫角中。在妊娠13d以前，从子宫内移除胚胎对发情周期长短并无影响；但移除13~15d胚胎的母羊，有1/3发情间隔期大于25d。发情12d、13d和14d的受体母羊，其胚胎移植后的妊娠率分别为60%~67%、22%和0。表明要使绵羊妊娠得以维持，至少应在发情后12~13d内子宫中应存在有胚胎。绵羊妊娠55d后，摘除双侧卵巢并不导致流产，此后怀孕主要依赖于胎盘产生的孕酮，但正常情况下妊娠黄体直到分娩时才开始退化。

怀孕13d时绵羊囊胚的形态与黄体形成过程中（周期第2~6d）血浆孕酮浓度有关，但与黄体期（周期第7~13d）的浓度无关。绵羊的黄体存在于整个怀孕期，但对维持黄体功能存在的因素还不清楚。怀孕早期的绵羊黄体能够产生滋养胚生长因子，这些因子可能在黄体细胞的分化或者转换方面发挥重要作用，也可能与黄体功能的维持有关。绵羊与各种动物胚胎早期的发育速度见表6-1。

表6-1 各种动物早期胚胎发育速度的比较

动物	单细胞阶段/h	桑葚胚阶段/h	囊胚阶段/d	进入子宫的时间/d	怀孕期/d
小鼠	0~24	68~80	3~4	3	21
大鼠	0~24	72~80	3~4	3~4	22
兔	0~14	48~68	3~4	3~4	30
猫	0~24	72~96	5~6	4~8	60
猪	0~15	72~96	5~6	2~4	115
山羊	0~30	120~140	6	3~4	147
绵羊	0~38	96	6~7	3~4	150
人	0~24	96	5~8	3	270
牛	0~27	144	7	3~4	284
马	0~24	98	6	4~5	340

2. 生长因子与绵羊胚胎发育

绵羊孕体的发育由包括细胞分化、增生、迁移和侵入等一系列过程所组成。孕体可以产生一些分泌蛋白，因此为母胎之间的交流提供了物质基础。也有研究表明，多肽生长因子在绵羊的胚胎发育中发挥重要作用。绵羊囊胚及胚胎在附植时（怀孕第15d）产生TGF-2α，同时子宫内膜也可产生多种生长因子。绵羊的胚胎在附植启动以后就能产生具有免疫活性和生物活性的TGF-β，由于TGF-β能中和IFN的抗病毒活性，并能影响细胞黏附分子的表达，因此这种生长因子的产生可能决定了绵羊胚胎在附植前后的命运。

3. 胎盘

未孕绵羊的子宫含有60~150个子宫内膜增厚区域，称为“子宫肉阜（caruncles）”，其可能是尿膜—绒毛膜的附着区。附着大约发生在受精后30d，通常依怀孕胎儿数量等因素能占据70%~80%的子宫肉阜。附着点最后发育成胎盘突（placentomes），其由胎儿子叶和母体子宫肉阜共同组成。胎盘突是怀孕期间胎儿固定及发生气体和营养交换的主要部位。胚胎的存在阻止了怀孕羊黄体的退化，对5个月的怀孕期而言，至少60d需要功能性黄体的存在，之后胎盘产生的孕酮就足以维持怀孕。

二、怀孕早期的内分泌学特点

妊娠期间，母体内分泌系统发生明显的变化。各种激素的协调平衡是维持妊娠的基本条件，这种平衡一旦被破坏，就会出现内分泌失调，妊娠将因此而受到严重影响，甚至被终止。

绵羊的胎盘为有血管的尿膜绒毛膜胎盘，这种胎盘是在怀孕期逐渐建立的，将胎儿和母体血管互相吻合，然后出现胎盘的快速生长，之后胎儿快速生长，同时大量营养和代谢终产物通过胎盘传递。最后，怀孕后期胎盘出现自溶过程。

（一）促性腺激素

妊娠期绵羊的FSH分泌变化不明显，LH分泌是先逐渐升高，后又逐渐降低。

（二）孕酮

绵羊妊娠前2个月，其血浆孕酮浓度与发情周期中的黄体期相似，后来胎儿胎盘分泌大量孕酮，使血浆孕酮浓度逐渐增加，到分娩前约为发情周期中的2倍。总的趋势是血浆孕酮浓度在妊娠60~140d增加；妊娠140d后至分娩孕酮水平下降。

（三）雌激素

在发情周期和妊娠13d、15d及17d，母羊子宫—卵巢静脉中的17β-E_2含量并无明显不同，但孕羊的雌酮浓度总是较高。此外，发情后 11d、13d 和 15d 孕羊和未孕羊的子宫静脉和动脉血中的雌酮和 E_2 也没有差异。绵羊妊娠 70~80d 可以检出硫酸雌酮，外周血（或尿）中硫酸雌酮的升高可以作为胎儿存活的有力证据。

（四）前列腺素

与其他家畜一样，绵羊的子宫内膜控制着未孕母羊的黄体寿命。PGF2α 释放至子宫静脉中，其分泌频率的增加正好与黄体退化时间相一致，说明 PGF2α 具有溶黄体作用。配种后 12~17d，孕羊子宫—卵巢静脉中的 PGF2α 和外周血浆 PGFM（13,14-二羟-15-酮前列腺素 F2α）的基础浓度和分泌范式，与未孕羊相比发生了显著改变。未孕羊 PGF 出现明显的脉冲释放，而 PGF 基础浓度低，妊娠羊在相应时间表现为基础浓度增加，而分泌峰显著减少。

妊娠早期，绵羊 PG 的合成也有改变，由主要产生溶黄体的 PGF2α 转变为产生促黄体化作用的 PGE_1 和 PGE_2。由于孕体和子宫的促黄体产物的作用，使黄体期延长。

（五）促乳素

妊娠期绵羊的促乳素（PRL）浓度在 20~80ng/ml，临近分娩时开始增加，产羔当天可达 400~700ng/ml。怀孕 48d 后从母体血浆中检测到胎盘 PRL，140d 时达到峰值，之后持续下降。16~17d 的滋养胚中可以检测到胎盘 PRL，其生理作用尚不清楚，推测可能对胎儿生长和乳腺发育具有重要的作用。

三、胚胎附植

囊胚在子宫中的附植是胎生动物在进化过程中获得的一种重要的生理机制，其对怀孕期孕体的营养需要和保护孕体发挥着极为重要的作用。由于这种机制的进化比较晚，因此在不同动物间差异很大，但动物之间胚胎附植时在滋养层和母体子宫内膜腔上皮（maternaluterine endometrial lumnenal epithelium，LE）发生的变化则有很大的相似性。在囊胚阶段，滋养外胚层获得附着在子宫内膜上的能力而黏附在 LE 上，而且胚胎最先附植的部位是受激素调控的子宫接受位点。如果囊胚的发育与子宫的接受性同步化，则会在滋养外胚层的顶上皮和 LE 之间发生黏附并启动胚胎附植过程。

（一）胚胎附植的解剖和细胞学特点

反刍动物孕体的附植发生在囊胚阶段，此时由于桑葚胚致密并形成囊胚腔，而周围包围有一单层细胞或滋养外胚层。滋养外胚层参与和子宫内膜上皮的黏附反应，并由此导致胚胎附植。所有动物的子宫内膜均具有基本相同的特征，子宫黏膜是由单层假复层上皮形成，由基片（basallamina）与连接的基质分开，该基质高度血管化，含有卷曲和分支的腺体，这些腺体的管道开口于子宫腔，子宫内膜表面上皮由具有微绒毛的分泌细胞和具有纤毛的细胞组成，后者则主要集中在子宫内膜腺的开口处。

胚胎附植的时间在动物间差异较大，而且大多与怀孕期的长短无关。动物间的差别主要是由于胚胎附植阶段的长短差别（例如啮齿类动物为数小时，而人和家畜则为几天）、细胞与细胞联系的进化程度以及滋养层侵入子宫内膜的程度所决定的。绵羊在附植末期囊胚延长，这种情况也见于牛和猪，但在实验动物、马和灵长类动物则没有这种变化。囊胚延长前内细胞团上面的滋养外胚层被除去，在延长过程中由内细胞团生成胚外内胚层，随着囊胚的扩张，在滋养外胚层下迁移。然后从内细胞团生长出中胚层，其在内外胚层之间迁移。之后新形成的中胚层激活，外层与滋养外胚层绒毛膜形成，而内层则与内胚层形成卵黄囊。

总之，球形的胚泡随着其延长变成管状，最后成纤丝状，后形成孕体（胚胎/胎儿及相关胚外膜）。实验动物、灵长类动物和人的胚泡在扩张前就附植，胚外膜是在附植后形成的。此外，有极性的滋养外胚层也不消失，但会增生形成外周多倍体细胞。尽管如此，附植早期的变化在所有动物基本相同，附植过程主要包括以下几个阶段：①透明带脱落；②前接触期及胚泡朝向期；③并置（apposition）期；④黏附期；⑤子宫内膜侵入期。但反刍动物与啮齿类动物和灵长类动物不同，不出现真正的子宫内膜侵入。

1. 透明带脱落

绵羊胚胎在配种后的第4d时的桑葚胚阶段（16~32细胞）从输卵管进入子宫，第6d形成胚泡，第8~9d透明带脱落。透明带的脱落主要是因为胚泡生长而引起透明带破裂或者子宫和/或胚胎产生的酶的作用所致。一般来说，透明带能阻止滋养层与子宫内膜的接触和黏附在内膜的LE。第8d时胚泡为球形，大小为直径为100~200μm，含大约300个细胞。第10d的时候其大小为400~900μm，含有大约3 000个细胞。第10d以后胚泡延长，先成管状，然后成为纤丝状的孕体。

2. 接触前阶段和胚泡定向阶段

受精后第9~14d，滋养外胚层和子宫内膜上皮之间没有明显的细胞接触，胚泡开始定向，在透明带丢失后固定不动在子宫中。但此时如进行子宫冲洗，可以很容易地回收到胚胎而不会引起任何结构性损伤。胚泡在子宫内非随机定向（blastocyst orientation）在各种动物都具有一定的生物学特征，胚泡定位在子宫角主要见于胚泡能大幅度扩张的动物。

从第 11d 开始，球形或略呈管状的胚泡开始延长，第 17d 时达到 25cm 的长度，因此呈纤丝状，主要由胚外滋养层组成。第 12d 时，胚胎明显延长，长达 10~22mm。第 14d 时，纤丝状的孕体长度为 10cm，此时出现原条，之后很快出现体节。孕体先定位于黄体同侧的子宫角，第 13d 时延长到子宫角中部，第 17d 时如果只有一个卵泡排卵，则胚泡长度占据子宫角长度的一半。

体外条件下，孵化的胚泡及滋养胚如果不移植到子宫中，则不能发生延长。胚泡的延长对由发育调节的 IFN-τ 的表达是极为关键的，而 IFN-τ 则以旁分泌方式发挥作用，在母体的妊娠识别中，其作用于子宫内膜上皮，抑制黄体溶解，因此是母体怀孕识别的重要信号分子。目前对调节胚泡延长的细胞和分子机理还不完全清楚，但可能与胚泡的并置和胚胎过渡性附着在 LE 有一定关系。

3. 胚胎的并置

孕体的并置是指滋养外胚层在不稳定的黏附之后与子宫内膜 LE 紧密接触的阶段。第 14d 纤丝状的孕体在子宫腔中不再运动，延长的胚泡与子宫内膜 LE 紧密接触，此时可在两种细胞的顶上皮发生密切接触，但仍可从子宫中通过冲洗的方法得到完整的胚胎。在大多数动物，孕体在并置开始的同时有滋养外胚层上微绒毛减少的现象，这种现象在绵羊孕体发生在第 13~15d。对于啮齿类动物，子宫内膜上皮也发生同样的变化，因此能与滋养层发生更紧密的接触。但是绵羊子宫 LE 的表层微绒毛则不丢失，同时子宫毛细血管的通透性增加。在绵羊上，并置首先发生在紧邻内细胞团的部位，然后扩展到几乎完全的延长胚胎，在反刍动物上，子宫腺体也是胚胎发生并置的主要部位。

第 15~18d 时，在子宫肉阜之间，滋养胚发育出手指样的绒毛或乳头，其伸入子宫腺体的表皮管道开口中。滋养外胚层分化上的这些变化虽然持续的时间很短（在第 20d 后消失），但它们可能锚定附着前的孕体，吸收子宫腺体的分泌物中的组织营养成分，因此在胚胎附植中发挥重要作用。此外，滋养层的乳头可能促进滋养层与子宫内膜 LE 之间的黏附性相互作用。

从功能上，绵羊的子宫壁可分为子宫内膜和子宫肌层。正常成年绵羊的子宫内膜由 LE、腺上皮（GE）、几种基质（基质致密层和基质海绵层）、血管和免疫细胞组成。子宫内膜也有两个完全不同的区域，即无腺体的子宫肉阜区和有腺体的肉阜间区。子宫肉阜区具有 LE 和致密基质，是表层附植和胎盘形成的位点。绵羊的胎盘主要是由胎盘子叶与子宫内膜肉阜融合，形成胎盘突所组成，胎盘突在母胎之间的气体、营养物质和代谢产物的交换中发挥重要作用。子宫内膜 LE 的变化最早是在第 14d 开始于两个子宫角，子宫肉阜先发生水肿且发生折叠，表面积减小，这种变化为渐进性的，但并非所有子宫肉阜都同时发生。子宫肉阜的折叠可能是形成子宫凹陷（crypts）的第一步，这是将来胎盘突母体侧的重要组成部分。穹顶状的胞质突出会出现在子宫肉阜区上皮细胞，其具有突起的顶端，类似的突起也是内吞作用的位点，称为乳状突，小鼠、大鼠、人和兔子的胚胎附植时也有这种变化。

4. 黏附阶段

第16d，滋养层开始黏附到子宫内膜LE上，此时冲洗子宫获收胚胎能引起子宫表层结构损伤。滋养外胚层及子宫内膜LE的指状突出现在子宫内膜的肉阜区和肉阜间区。滋养外胚层沿着子宫角开始在子宫LE上黏附，大约在第22d完成该过程。在胚胎附植过程中出现的已经与子宫内膜LE建立紧密细胞联系的单核滋养外胚层停止表达IFN-τ。

第16d从单核的滋养层分化出滋养层巨型双核细胞（BNC），但一般来说只有单核滋养层细胞才能与子宫内膜LE黏附。BNC至少有两个方面的功能，其一是形成混合性的母胎合胞体，其对胚胎成功附植及以后胎盘生长都是必不可少的；其二是合成及分泌一些激素，例如胎盘促乳素和孕酮等，它们对母体生理发挥重要的调节作用。滋养层BNC可能来自单核滋养层干细胞，由于其连续的核分裂但胞质不分裂（cytokinesis），因此通过绒毛膜的顶端滋养层紧密连接迁移，迁移到子宫内膜LE的顶端表面时变平。然后BNC与子宫内膜LE在顶端融合，形成三核的合胞体，之后吸收并代替子宫内膜上皮。后来，由于BNC连续迁移和形成合胞斑（syncytial plaques），它们有紧密联系，在绵羊其核的数量一般为20~25个。合胞斑最后覆盖在子宫肉阜表面，在胎盘形成中发挥作用。成熟的绵羊胎盘为共绒毛膜型（synepitheliochorial），其既不是完全的韧带绒毛膜型（syndesmochorial）而不具有子宫内膜，也不是完全的上皮绒毛膜型，像在猪上那样，两类细胞之间只有解剖上的绒毛吻合。

5. 子宫内膜上皮及其分泌物的作用

所有哺乳动物的子宫都含有子宫内膜上皮，其能合成、分泌和转运一类复杂的称为组织营养（histotroph）的物质，这种物质含有各种酶类、生长因子、细胞因子等。大量的研究表明，子宫内膜分泌物对孕体的生存和发育、怀孕识别的信号传导、胚胎附植及胎盘形成等均发挥重要作用。

子宫腔具有微绒毛的上皮细胞在周期的黄体期和附植开始时具有很高的分泌活性。绵羊的滋养层可能是以广泛的胞饮作为位点，而且随着滋养层的发育其活动增加。因此，延长胚胎生长发育的代谢需要可能是通过子宫的组织营养而获得的，这也在子宫腺体敲除（urerine gland knockout，UGKO）绵羊的研究中得到了证实。

（二）黏附分子与胚胎移植

滋养层和子宫内膜 LE 细胞的外表面含有糖蛋白或者多糖蛋白复合物。绵羊胚泡附植过程中滋养层糖蛋白复合物的组成、分布等均会发生生化改变，多种黏附分子可能在孕酮的影响下调节胚胎的附植。

孕酮在怀孕的建立和维持中发挥着绝对重要的作用。许多哺乳动物，子宫内膜上皮和基质在怀孕的早中期均有孕酮受体（PR）表达，孕酮通过与其受体的结合，对多种基因的表达发挥调节作用。但子宫内膜长期持续受孕酮作用，会对 PR 的表达发生降调节。绵羊在怀孕的第 11d 和第 13d 子宫内膜 LE 和 GE 分别不再有 PR 蛋白的表达，在怀孕期的大部分时间只在子宫内膜基质和子宫肌层有 PR 的表达，多种哺乳动物在附植前子宫内膜上皮 PR 的表达消失，因此附植前后子宫内膜上皮功能的调节可能取决于上皮细胞 PR 和/或直接受 PR 阳性基质细胞产生的特异性因子的调节。

1. MUCI

在胚泡接近子宫内膜 LE 时，首先遇到的是糖蛋白，这种糖蛋白的重要成分之一是主要在生殖道各上皮均有表达的大分子跨膜黏液素糖蛋白 MUC1。

MUC1 在子宫内膜 LE 顶端细胞表面的微绒毛和绒毛上特别丰富，其胞外域含有大量的多糖。MUC1 的核心蛋白为分子量 120～220kDa，但由于糖基化，其分子量高达 400kDa。在人和啮齿类的研究表明，子宫内膜 LE 上 MUC1 和 MUC4 的表达控制着滋养层整合素受体与其配体的结合，因此通过空间排位阻止细胞—细胞及细胞—细胞外基质（ECM）的黏附，限制了孕体滋养层与 LE 的接触。绵羊附植的黏附调节通路是在 MUC1 的降调节之后启动的，这也与子宫内膜 PR 受体表达的丢失时间是一致的。绵羊在怀孕的第 9～17d LE 表达的免疫反应性 MUC1 降低，这种变化与兔和人不同，这两种动物由于孕体的影响，子宫在接受期 MUC1 的表达增加，附植位点局部 MUC1 减少，在附植位点由于胚泡或者胚泡产生的调节因子，调节细胞表面蛋白酶发挥作用。由于 MUC1 的降调节，使这种抗黏附分子的作用得到消除，因此暴露了其他糖蛋白分子，便于胚泡和 LE 之间发生黏附。

2. 糖基化细胞黏附分子 1

糖基化细胞黏附分子 1（glycosylated celladhesion molecule 1, GlyCAM-1）是一种由子宫内膜分泌的硫酸化的糖蛋白，其主要作用是调节白细胞—内皮细胞之间的黏附。GlyCAM-1 为糖蛋白黏液素家族成员之一，其分子中 70%由氧连接的碳水化合物组成，这种黏液素糖蛋白主要在外周和肠系膜淋巴结的血管内皮表面表达。GlyCAM-1 的主要作用是作为碳水化合物的配体，与淋巴系统白细胞表面选择素（L-选择素）的血凝素域结合。L-选择素与 GlyCAM-1 的结合激活 β,wβ2 整合素，促进与纤黏连蛋白的紧密结合。在人上，滋养层 L-选择素可能调节与子宫内膜的作用，这对怀孕的建立是极为重要的。怀孕绵羊子宫 GlyCAM-1 表达的时空特点说明 GlyCAM-1 可能是绵羊附植的重要调节因子。绵羊在发情周期的第 1d 和第 5d 子宫内膜 LE GlyCAM-1 的表达增加，第 11～15d 则下降。在怀孕绵羊，怀孕第 11d 和第 13d LE 及 GE 表层 GlyCAM-1 的表达减少，第 15d 开始增加，第 17d 和第 19d 则十分丰富。此外，第 13～19d 的孕体也可检测到免疫反应性 GlyCAM-1。这些研究结果表明，在附植前后，黏液素糖蛋白可能参与孕体—母体之间的相互作用。

3. galectin-15

galectins 为具有保守糖基识别域（CRD）的蛋白质，能与 β-半乳糖结合，因此能交联细胞表面的糖蛋白和糖脂受体，启动各种生物学反应。近来在绵羊的子宫内膜发现了一种新的 galectin 家族成员 galectin-15，其含有一个保守的碳水化合物识别域（CRD）与 β-半乳糖结合，但每种 galectin 的碳水化合物结合能力明显不同。除了保守的 CRD 外，galectin-15 也含有各种细胞附着序列（LDV 和 RGD），它们能调节与 ECM 蛋白整合素的结合。由于 β-半乳糖能修饰许多整合素，因此有些 galectins 也能结合纤黏连蛋白、层黏连蛋白和 MUC16/CA-125 等。对许多 galectins 进行的功能研究表明它们在细胞生长、分化、凋亡和细胞黏附、趋化和迁移中也发挥重要作用。

绵羊只在子宫内膜 LE 和表层管 GE 可以检测到 galectin-15 mRNA，而这些部位也是胚胎黏附的主要位点。发情周期时及怀孕绵羊在第 10d 之间监测不到 galectin-15 mRNA，但在第 10～14d 开始出现而且含量大幅度增高，14～16d 在周期绵羊则明显下降而在怀孕绵羊则不下降。免疫反应性 galectin-15 蛋白在子宫腔的表皮及表皮管上皮，孕体滋养层也有表达。子宫冲洗液中，从怀孕第 10～12d 可检测到 galectin-15，第 14～16d 时极为丰富。孕酮可以诱导、IFN-τ 可增加子宫内膜 galectin-15 mRNA。因此，galectin-15 和 Wnt7α 是目前已知在绵羊子宫内膜 LE 唯一由于 IFN-τ 增加表达的基因。

从对怀孕期绵羊子宫内膜 LE 和子宫腔 galectin-15 mRNA 及其蛋白的时空变化特点，以及 galectin-15 和其家族成员的功能特点的研究，可以认为 galectin-15 是一种极为重要的调节孕体与子宫内膜关系的调节因子，因此在附植中发挥极为重要的作用，其在子宫腔的作用可能主要是与一些糖蛋白，如黏液素、整合素、纤黏连蛋白、层黏连蛋白和其他糖蛋白和糖脂等中的 β-半乳糖结合或交联，因此作为一种重要的细胞黏附分子，使得胚泡与子宫内膜 LE 结合。胚泡对 galectin-15 的生物学反应包括迁移、增殖和分化，这对孕体的附植也是极为关键的。

4. 整合素

整合素是一跨膜糖蛋白受体超家族，主要介导细胞分化、活动和黏附，它们在子宫上皮细胞和孕体滋养层细胞之间发挥极为重要的信号传导作用，但其最为重要的作用是能与 ECM 配体结合，通过众多的信号传导通路引起胚胎的稳定黏附，因此如果改变整合素的表达则可引起不育。绵羊胚胎在附植前期，整合素亚单位 a（v，4，5）和 b（1，3 和 5）在孕体滋养层和子宫内膜 LE 均有极为广泛的表达，而且这些亚单位的表达不受怀孕或是否存在有孕体的影响。在绵羊上，子宫内膜对附植的接受性似乎不受整合素表达时空变化的影响。但可能与其他糖蛋白和 ECM 蛋白的表达，如 galectin-15、OPN、纤黏连蛋白等作为整合素配体的关系更为密切，整合素与 ECM 蛋白的结合可能形成了孕体附植的关键窗口时期。

5. 骨桥蛋白（osteopontin，OPN）

OPN 为整合素结合配体 N-连接糖蛋白（SIBLING）的家族成员，其发挥作用与 ECM 关系密切，而且调控许多极为重要且多样化的生理过程，如骨的钙化、肿瘤转移、细胞介导的免疫反应、炎症和细胞生存等。OPN 在许多方面也与怀孕有密切关系，其是重要的 ECM 黏附分子的升调节因子，孕体及子宫内膜 LE 就存在有大量的整合素 OPN 受体，有些在附植期有明显增加，破坏 OPN 的基因表达可引起繁殖失败。

上皮及许多组织如子宫等均可检测到 OPN。OPN 能与整合素异二聚体通过其 RGD 序列结合（avb1、avb3、avb5、avb6、avb8、a4b1、a5b1 和 a8b1），也能通过其他序列与 a4b1 和 a9b1 结合，促进细胞黏附、扩散和迁移。绵羊的 OPN 也是怀孕期子宫分泌的组织营养的重要成分。

绵羊在附植前后 OPN mRNA 只在子宫内膜腺表达，这种表达开始于第 13d，第 19d 时所有子宫内膜腺体均有表达。孕酮能诱导子宫内膜腺 OPN 的表达，这种诱导作用与 GE PR 的丢失密切相关。有研究表明，分泌的 OPN 能与孕体滋养层和子宫内膜 LE 表达的整合素受体结合，刺激孕体的黏附过程。

从以上研究可以看出，许多黏附分子参与对附植的调控，而附植过程本身也是一个由许多受体—配体介导的反应过程。

四、妊娠识别

妊娠的建立涉及母体的妊娠识别和孕体的附植。母体妊娠识别（maternal recognition of pregnancy）是指孕体给母体系统发出其存在的信号，延长黄体寿命的生理过程。黄体寿命延长是哺乳动物怀孕的一个典型特征，孕酮作用于子宫，刺激和维持子宫机能，使其更适合早期胚胎发育、附植、胎盘形成及胎儿发育。

怀孕的维持需要孕体和母体子宫内膜之间的双向信号交流。现有的研究结果表明，胎盘产生的激素直接作用于子宫内膜，调节其细胞分化和功能。在家畜上，子宫内膜腺先是增生，随后出现肥大，而这种程序性变化反映了胎盘激素的作用的时空变化。子宫内膜腺体的形态变化使子宫分泌的蛋白增加，这些蛋白通过胎盘转运到胎儿。子宫内膜的组织营养易于被发育着的孕体获得，因此对孕体的生存和生长发育是必不可少的。

（一）妊娠识别的机理

1. 黄体溶解的机理

绵羊为自发性排卵的动物，其发情周期依赖于子宫，在建立怀孕之前这种周期可反复循环。发情周期依赖于子宫，主要是因为子宫是溶黄体的 PGF2α 的主要来源。在发情周期中，子宫内膜在催产素诱导下波动性释放 PGF2α，引起卵巢上黄体出现结构性和功能性溶解。绵羊溶黄体的 PGF2α 主要来自子宫内膜腔上皮（LE）和有管腺表上皮（superficial ductal glandular epithelium，sGE），这些部位均表达有催产素受体（OTR），也是子宫唯一表达环加氧酶 2（COX-2）的细胞，而该酶是 PGs 合成的限速酶。子宫内膜 LE 和 sGE 溶解黄体的作用需要孕酮、雌激素和催产素通过其相应的受体发挥作用。在周期第 0d 时，来自卵泡的雌激素浓度增加，刺激子宫 ERα、PR 和 OTR 的表达增加。在间情期早期，来自新形成黄体的孕酮刺激 LE 和 sGE 积聚磷脂，由其释放花生四烯酸用于 PGF 合成。间情期时孕酮水平增加，经 PR 发挥作用，阻止子宫内膜 LE 和 sGE、ERα 和 OTR 的表达，因此在发情周期的第 5～11d 检测不到 ERα 和 OTR 的表达。目前对孕酮抑制 ERα 表达的确切分子机理尚不清楚，但其对 OTR 表达的抑制作用可能是通过对 ERα 的抑制发挥的。子宫连续接触孕酮 8～10d 可以降调节周期第 11～12d LE 和 sGE、PR 的表达，因此在周期第 13d ERα 的表达增加，第 14d OTR 的表达增加。从周期或怀孕第 9d 开始，垂体后叶或 CL 释放催产素，从周期第 14～16d 起子宫内膜释放 PGF2α，引起黄体溶解。黄体退化后绵羊重新开始发情，完成其 17d 的发情周期。因此，在发情周期中，孕酮先是抑制，随后诱导黄体的溶解，而 PRd 降调节的时间决定了子宫内膜开始发挥溶黄体作用的时间。

2. IFN-τ 与怀孕识别

IFN-τ 以前曾称为滋养层素（trophoblastin）或者滋养层蛋白-1（trophobalst protein-1），是怀孕 16～24d 孕体产生的主要多肽。对牛编码滋养层多肽的 cDNA 进行分离和分析发现，Ⅰ型干扰素（α、β、ω）之间有 45%～75%的氨基酸相同，由于 cDNA 序列的差别、基因数量的差别、滋养层特异性表达以及不同种动物间都存在有这种基因，因此将滋养层产生的 IFN 重新命名为 IFN-τ。

反刍动物的母体妊娠识别需要孕体从圆形延长到管状再到纤丝状，且产生 IFN-τ，IFN-τ 是妊娠识别的关键信号分子，其能阻止子宫内膜溶黄体作用的发挥。

IFN-τ 由孕体滋养外胚层的单核细胞在怀孕后第 10d 和第 21～25d 合成和分泌，其产量在 14～16d 时达到最高。IFN-τ 也是孕体产生的唯一能够阻止子宫溶黄体作用的因子，其不能稳定怀孕期子宫内膜 PR 的表达，但可作为旁分泌因子作用于内膜 LE 和 sGE，抑制 ERα 和 OTR 基因的表达，因此阻止内膜溶黄体作用的发挥，IFN-τ 不影响怀孕早期绵羊子宫内膜 COX-2 的表达，因此 IFN-τ 的抗溶黄体作用可能是通过阻止上皮 ERα、PR 或 OTR 的基因增加而发挥的，这些受体的表达均对雌激素敏感。

一般认为，母体在妊娠识别时，催产素受体不与其信号传导途径偶联，从而阻止了 PGF2α 的释放而使黄体能够维持其功能，继续释放孕酮，从而使子宫可以支持胚胎的发育。催产素受体与其信号传导途径之间发挥阻断作用的，在反刍动物就是孕体产生的 IFN-τ。

催产素受体为一种 G 蛋白偶联的 7 跨膜受体，能引起 IP3、Ca^{2+}和 PKC 发生变化，这些变化在子宫引起 COX-2 的激活，诱导 PG 合成酶的产生，形成的 PGF2α 引起黄体溶解，使血液循环中孕酮浓度下降，下丘脑和垂体释放促性腺激素释放激素和促性腺激素，启动新的发情周期和排卵。

（1）IFN-τ 的结构及其受体与信号转导。反刍动物滋养层表达的 IFN-τ 基因与 IFN-ω 基因有 70%的同源性，该基因 595bp 的开放阅读框架编码由 195 个氨基酸组成的前蛋白，该蛋白含 1 个由 23 个氨基酸组成的信号序列，经过裂解而产生成熟蛋白。反刍动物 IFN-τ 的 cDNA 核苷酸具有很高的同源性，例如牛、羊和鹿的 IFN-τ 序列的同源性高于牛 IFN-τ 与牛 IFN-ω 的同源性。

绵羊和牛分别有 18 种和 11 种 IFN-τ 的 cDNA，这些基因可能在滋养外胚层具有不同的表达特征，而且在怀孕的不同时间可能受不同因素的调节。

IFN-τ 能与子宫内膜上的 I 型 IFN 受体结合。IFN-α 受体的亚单位 IFNAR1 和 IFNAR2 的共表达对 IFN 的结合和信号传导是必需的，IFNAR1 的细胞外域由 200 个氨基酸组成。

Janus 激酶 1（JAK-1）和酪氨酸激酶-2（Tyk-2）均与 IFN 受体有密切关系，Tyk-2 主要与 IFNAR1 和 IFNAR2 的胞质域发生关联，而 Jak-1 则只与 IFNAR2 发生关联。这些酪氨酸激酶可能直接磷酸化 STAT 蛋白（signal transducers and activatiors of transcription），形成多聚复合体，其中 IFN 刺激基因因

子 3（IFN-stimulated gene factor，ISGF3）可转移到细胞核。ISGF3 为 48kDa 的 DNA 结合蛋白，也称为 p48 或 STAT-la（p91）、STAT-1b（p84）及 STAT-2（pl13）等。转移到细胞核后，ISGF3 能特异性地识别 IFN-刺激反应元件（IFN-stimulated response element，ISER）DNA 序列。

IFN-τ 表达的开始可能受遗传控制而与母体子宫环境无关，但孕体 IFN-τ 的产生明显受子宫环境的影响，绵羊孕体在体外情况下产生的 IFN-τ，如果加入子宫内膜组织时会明显升高。血浆孕酮浓度控制子宫腺体的分泌，其浓度与孕体 IFN-τ 的产生密切相关。IFN-τ 表达的终止取决于附植，在附植过程中已经与子宫内膜建立细胞联系的滋养胚，其 IFN-τ 的表达停止。IFN-τ 基因表达的迅速开始和停止是该基因家族十分重要的特点，与其他 I 型 IFN 基因家族不同的是，IFN-τ 基因家族不受病毒诱导。转录因子 Ets 家族在 IFN-τ 表达的调节中发挥重要作用，Ets-2 通过位于转录起始位点上游 1 个 78bp 和 1 个 70bp 的特异性启动子序列 CAGGAAGTG 激活基因的转录。怀孕 15d 的滋养外胚层存在有 Ets-2，也表明 Ets-2 参与 IFN-τ 基因表达的调控。转录因子诱导和终止 IFN-τ 基因的表达，基因上游的 DNA 序列中不同位点含有激活和抑制调节序列，激活序列受转录因子 Ets-2 和 c-fos-c-jun 的调节。由于 IFN-τ 基因的表达的开始和停止与囊胚延长和附植的时间一致，因此控制 IFN-τ 基因表达的因子也可能参与对滋养胚在上述过程中的代谢的调节。

激活 IFN-τ 基因表达的其他因素还包括 GM-CSF，其作用于 c-jun 和 1 个 654~555bp 的 AP-1 位点发挥作用。由于 Ets-2 和 AP-1 均为控制细胞分化基因表达的重要因子，很有意义的是它们均在囊胚生长最快的时间参与对 IFN-τ 基因表达的调节。但许多组织均能表达这两种因子，而 IFN-τ 仅在滋养胚表达，说明其表达并不仅仅受这两个因子的调控。

（2）IFN-τ 与催产素受体。对催产素受体进行调节是 IFN-τ 发挥作用的关键。在怀孕动物，IFN-τ 通过抑制催产素受体的形成阻止 PGF2α 的释放，而孕酮、雌激素、催产素和它们的受体均参与该过程。孕酮能阻止溶黄体之前雌激素诱导的催产素受体的形成。IFN-τ 则通过在怀孕早期继续对雌激素受体和催产素受体的抑制，阻断 PGF2α 的释放。在绵羊，IFN-τ 能抑制子宫内膜雌激素受体基因的表达，反过来再抑制催产素受体形成和催产素诱导的信号传导。对催产素受体的作用以及抑制 PG 合成酶的作用均能阻止 PGF2α 释放。除了抑制 PGF2α 释放外，IFN-τ 在牛还能刺激 PGE_2 释放，而 PGE_2 具有促黄体化作用。

（3）IFN-τ 的作用机理。胚胎植入的关键是能阻止 PGF2α 的释放发挥作用，在此过程中，雌激素受体基因转录的抑制是 IFN-τ 调节 PGF2α 释放的关键，但对 IFN-τ 调节雌激素受体基因的表达的分子机理目前还不十分清楚，可能与 STATs 和 IRFs 与负反应元件（negative response elements）的直接作用有关，也可能通过与 bUCRP 的结合或通过与蛋白体的作用，消除正反式转录因子（positive trans-acting transcription factors）或使其降解有关。而参与 PGF2α 合成的酶也可通过与 bUCRP 的结合而降解，从而参与对 PGE2 合成酶的激活。

子宫中的 a-趋化因子可能对子宫内膜为附植进行的准备或改变其免疫环境进行调节，因此使其更能适合胚胎的生存。

IFN 与细胞膜上的 IFN-R 结合，受体的胞质域与 JAKs 结合，激活这些激酶，随后磷酸化 STATs。STATs 形成二聚体，并与两种其他蛋白结合，形成三聚体的干扰素刺激基因因子 ISGF 复合体，转移到细胞核，与干扰素刺激调节元件 ISRE 结合，引起 IRF-1 基因的表达，该基因的产物又激活 IRF-2 的表达，其与其他元件作用，控制干扰素反应基因，如催产素受体 OTR 和雌激素受体 ER 的表达。IRFs 的其他作用还包括抗病毒、抗增生和免疫调节等。

综上所述，胚胎在母体妊娠识别中的最重要的作用是抑制子宫内膜催产素受体的发育，因此阻止溶解黄体的 PGF2α 释放。

在牛和绵羊上，黄体期后期子宫内膜催产素受体水平的下降和最后的消失可以阻止孕酮对催产素受体发育的抑制作用，而胚胎对子宫内膜催产素受体的抑制作用可能是通过维持孕酮受体发挥的。现有的研究结果表明，牛和绵羊怀孕期孕酮受体能够得到维持，在大鼠的研究也表明孕酮对催产素受体的活性具有直接的抑制作用，但在牛和绵羊上是否为胚胎诱导孕酮发挥同样的作用，目前还不清楚。

3. 怀孕的建立

孕酮在动物怀孕的建立和维持上发挥着不可替代的作用。所有哺乳动物的子宫在黄体期早期其子宫内膜上皮和基质中均表达有 PR，因此孕酮通过激活其受体直接调节许多基因的表达。但孕酮长时间作用于子宫内膜可以降调节内膜上皮 PR 的表达。附植之前大多数动物子宫内膜上皮 PR 缺失，因此附植前后子宫内膜上皮功能的调节可能是由于受孕酮刺激的 PR 阳性基质细胞产生的特异性因子作用的结果。在绵羊上，子宫连续受到孕酮的作用，因此内膜腺体一些蛋白表达，分泌进入子宫腔。其中 GE 产生绵羊子宫乳蛋白（ovine uterine milkproteins，UTMP，也称为 ovine uterine serpins，OvUS）及 OPN 两种最主要的蛋白。UTMP 是绵羊孕体附植时子宫接受性的最好指标，在怀孕绵羊 UTMP mRNA 的表达只限于 GE 而不出现在 LE 或 sGE。UTMP mRNA 的表达严格受到调节，在怀孕的 15d 和 17d 出现 GE，在随后的怀孕期其丰度增加，而且其增加与胎儿的生长发育平行。

OPN 为一种酸性磷酸化糖蛋白，是上皮 ECM 和包括子宫在内的许多组织分泌物的重要组成部分。OPN 能通过与整合素的结合促进细胞黏附，能使附植前后子宫分泌物增多。OPN 与滋养外胚层和子宫表达的整合素结合后可以：①刺激孕体胚胎外膜形态发生改变；②诱导 LE 和滋养外胚层的黏连，这对附植和胎盘形成是必需的。与 UTMP 相似的是，OPN 基因在整个怀孕期在 GE 均有表达，而 OPN 丰度变化与胎儿的生长发育平行。

4. 黄体保护因子

怀孕 13~14d 子宫—卵巢血液中 PGE_2 水平增加，其可能具有保护黄体的作用。PGF2α 可能在子宫内膜催产素受体含量达到最大之前启动或/和加速黄体催产素的耗竭，因此怀孕羊催产素呈低幅度波动。此外，绵羊的早期胚胎还可以产生一种黄体保护蛋白，其具有拮抗 PGF2α 的溶黄体作用。

胎儿之所以不被母体作为异物排斥，可能与母体的免疫作用受到抑制有关，为此人们提出了各种理论假说（表 6-2），虽然其中大多数研究是在小鼠上进行的，但得出的结论可能在哺乳动物具有普遍意义。

表 6-2　解释胎儿不被母体排斥的理论假说

理论	母体免疫系统的改变及后果
免疫抑制假说（immunosuppression）	胎盘及母体自主产生一些分子，阻止母体抗孕体淋巴细胞的产生
抗体阻滞假说（blocking antibody）	母体产生抗胎儿抗体，但不结合补体，而能包被胎儿抗原
抗原性降低假说（reduced antigenicity）	MHC 抗原不在与母体接触的滋养胚区域表达，阻止了母体抗胎儿 MHC 淋巴细胞的激活
Fas 配体假说（fas ligand）	滋养层和母体子宫内膜表达 Fas 配体，诱导激活的母体 T 细胞发生程序性死亡
暂时耐受性假说（temporary tolerance）	怀孕期母体抗胎儿 MHC 抗原的 T 细胞减少，引起对胎儿 MHC 抗原的暂时性耐受。这种作用可能与 Fas 有关
TH1-TH2 转变假说	怀孕期抗体反应有利于细胞介导的免疫反应，主要是因为 TH2 辅助 T 细胞的活动比 TH1 辅助 T 细胞明显
免疫营养假说（immunotrophosism）	母体淋巴细胞刺激滋养层生长和激素分泌，产生滋养层生长需要的生长因子

第二节　妊娠临床诊断技术

诊断绵羊妊娠的方法很多，各种方法在应用时优劣各异，可相互补充不断改进，主要目的是提高诊断的准确率，并尽量早作诊断。理想的妊娠诊断法应具备早、准、简、快的特点，“早”是要在妊娠早期进行；“准”是诊断准确，妊娠诊断率应在85%以上；“简”是操作简便；“快”是获得结果的速度要快。另外，所用的妊娠诊断方法要对母体和胎儿无伤害。

妊娠诊断的一般程序，包括了常用的临床诊断法“问、视、触、听”，结合采用一种或数种特殊诊断法或实验室诊断法，即可做出准确的诊断。

一、临床检查

绵羊妊娠后，其体态、行为等会发生相应的变化。通过临床检查了解这些变化情况，有助于对妊娠与否做出初步判断。

（一）问诊

向饲养管理人员了解绵羊的生活、生理状况，繁殖情况（如年龄、胎次、上次分娩时间及情况等），发情周期情况及发情表现、配种方式和已配次数、配种时间等情况。还应询问绵羊的饮水、食欲、行为变化和病史等。

（二）视诊

视诊是在问诊基础上，认真观察诊断对象的体态、行为及某些器官系统的变化。

1. 体态观察

动物妊娠后，因孕期合成代谢增强，营养状况得到改善，体型变得丰满，毛色光滑。至妊娠后半期，腹部不对称，孕侧突出；怀孕绵羊行动时会小心谨慎。

2. 胎动观察

妊娠后期，特别是接近分娩时，由于胎儿在母体内活动，有时可在母羊腹部突出部位观察到无规律的腹壁颤动。

（三）听诊

听诊时可听取胎儿心音，听诊部位可选在绵羊右侧膝皱襞的内侧部位。胎儿心音与母体心音的分辨方法是心率的不同。一般胎儿心率快，在100次/min以上，而母体心音在下腹部是听不到的。听到胎儿心音者，可判断为妊娠，且胎儿存活；但听不到胎儿心音时，并不能否定妊娠。

（四）触诊

母羊腹壁触诊有两种操作方法：一种方法是检查者双腿夹住绵羊的颈部（或前躯）保定，两手掌紧贴于下腹壁左右两侧，然后两手同时适度内压，或一侧用力稍大，前后滑动触摸，检查子宫内有无硬块样物存在，若有即为胎儿。另一方法是检查者半跪在绵羊一侧，一手抓持绵羊背部，另一手拇指与其他四指分开呈“V”形，托住腹下部，适度用力并前后滑动触摸，检查子宫内有无胎儿的存在。触及胎儿者均确诊妊娠，但未触及者不能否定妊娠，可用其他诊断方法作进一步检查。

怀孕后期可以用徒手检查法判断怀孕和未孕。怀孕后期通过腹壁触诊进行怀孕诊断时准确率为80%~95%；这种方法如果在检查前禁食和水12~24h效率更高。采用这种方法时，绵羊一般保定成坐位，术者一手置于羊左侧腹壁，另一手用指尖触诊。虽然这种方法简便易行（每小时可检查200只羊），但不能很准确地判断胎儿数量。

绵羊也可用直肠—腹壁诊法进行怀孕诊断，这种方法主要是通过插入直肠的探针判断怀孕子宫的大小，一般如有诊断经验，则在怀孕后期诊断的准确率较高。虽然直肠探针容易制作，但如没有经验则容易造成损伤。

二、直肠探诊法

所用器械为长45~50cm、直径1~1.5cm、表面光滑的塑料棒或木棒。受检绵羊要提前禁食一夜。检查前先用肥皂水灌肠，排出直肠内宿粪。检查时绵羊取仰卧保定，并使其后腿向上，以便腹部肌肉松弛。在探诊棒上涂以润滑剂（石蜡油等），轻轻插入直肠，并前后左右活动，直至伸入30~35cm为止。探诊棒插到需要的深度后，将棒的外端轻轻下压，使直肠内一端稍微挑起，以托起胎儿。

当接触到妊娠子宫时，可感觉到探诊棒在转动方向，如感到状似子宫的实体，即可判为妊娠。未孕情况下，探诊棒在腹腔后部从左至右均感觉不到胎儿，同时在腹壁外可清楚地摸到塑料棒。应特别注意防止探诊棒在子宫与腹壁之间滑动，以免造成误诊。此法一般在配种60d后使用，准确率可达95%；85d后准确率达100%。但使用时要小心操作，以防损伤直肠或触及胎儿过重，引起流产。

三、阴道检查法

妊娠期间，子宫颈口处阴道黏膜处于类似于黄体期的状态，分泌物黏稠度增加，黏膜苍白、干燥。阴道检查法就是根据这些变化判定动物妊娠与否，但该法所查各项指标，有较大的个体差异。当子宫颈与阴道有病理变化时，孕畜又往往表现不出妊娠征象误判为未孕。阴道检查不能确定妊娠时间，特别是对于早期妊娠诊断，难以做出肯定的结论，所以阴道检查法一般不用作主要的诊断方法。

阴道检查一般于配种后经过一个发情周期才可进行，此时如果未孕，周期黄体已在退化，阴道不出现妊娠时的征象；若已怀孕，由于妊娠黄体持续分泌孕酮，会致阴道出现妊娠变化。阴道检查所要求的术前准备和消毒工作与发情鉴定时所用的阴道检查法相同。消毒不严，会引起阴道感染；操作粗鲁，会引起孕畜流产，故务必谨慎。

绵羊妊娠 3 周后，用开膣器打开阴道时，阴道黏膜为白色，几秒钟后变为粉红色，即为妊娠征象。阴道收缩变紧，开膣器感有阻力；阴道黏液量少而透明，开始稀薄，20d 后变黏稠，能拉成线，则判为妊娠。未孕母羊的黏膜为粉红或苍白，由白变红的速度较慢；如果阴道黏液量多且稀薄，流动性强，色灰白而呈脓样者多为未孕。

四、腹腔镜检查法

腹腔镜的主体是观察镜（望远镜和内窥镜）镜筒、光导纤维和光源系统，另外配有组合套管和针及送气、排气、照相、电视监测及录像系统等附件。由于内窥镜可以插入腹腔内，直接观察腹腔内脏器，因此在兽医临床上常用以检查卵巢、子宫的状态，并配合其他技术，进行活体采卵、输精和胚胎移植等。

（一）腹腔镜的操作方法

绵羊行局部麻醉，仰卧保定，为了减少腹部压力可使绵羊头侧低于尾侧，使后躯抬高，以方便暴露生殖器官。为便于操作，绵羊在检查前应预先停饲 8~12h。腹腔镜检查术部按外科手术方法剪毛消毒，在靠近脐孔的腹中线皮肤上做一小切口，将消毒导管针穿过切口刺入腹腔；接上送气胶管后向腹腔内轻轻打气，压迫胃肠前移；拔出导管针后，从导管内插入内窥镜，接上光源后即可对目标器官进行搜索观察。操作结束后，慢慢取出各种器械，从排气孔缓缓放出腹腔内气体，最后拔出套管针。整个过程要注意严格消毒、预防感染，必要时可缝合伤口。

（二）腹腔镜检查方法

将腹腔镜用于直接观察妊娠子宫和黄体，可进行妊娠诊断。绵羊在妊娠 17d 后，即可进行腹腔镜检查，此时黄体发育良好。妊娠 30d 左右，两侧子宫角不称，孕角明显变粗，弯曲减少，空角仍呈弯曲状且较细，子宫浆膜下的血管清晰可见；妊娠 45d 后，胚泡部子宫壁变薄，血管变粗，呈树枝状，可见明显的胚泡。孕角变直，直径可达 3~5cm，同时空角也增粗，弯曲减少，卵巢位置下降；75d 后，子宫呈袋状，两角界线不明显，子宫壁很薄，壁上血管很粗，分枝清晰可见。

（三）操作注意事项

腹腔镜检查是一项比较细致的诊疗技术，检查结果在一定程度上取决于操作人员的技术熟练程度和操作经验。腹腔镜技术在绵羊妊娠诊断上可以提供高准确率的诊断，具有许多优点，但也应注意以下问题：①麻醉程度要适当；②饱食情况下影响观察，易造成器官损伤；③插入导管针时要掌握好适宜的方向和深度；④镜头送入后如发现插入肠系膜脂肪中，应退出脂肪后再送气，否则会影响观察，并不利于重新调整；⑤操作环境应尽可能无菌、无尘、保持安静；⑥操作完毕放气时速度不可太快，防止腹压突降发生休克。

五、直肠检查

绵羊直肠检查一般在早晨喂料、饮水前进行。由助手抓住绵羊头部，站立保定。检查者站在绵羊右侧，左手食指涂上润滑油，插进直肠，清除肠内粪便，并通过直肠和腹壁轻轻向膀胱施加压力，促进排尿。右手掌与地面垂直，指尖压迫后腹壁并向后上方推，使腹腔脏器前移。通过前后、上下的移动，使骨盆腔内的生殖道在右手手掌内。然后，在右手手掌的帮助下，左手手指可以对生殖道进行检查。通过对阴道、子宫颈、子宫角、卵巢及其附属结构的大小、形状、质地和表面特征的检查，对母羊进行怀孕诊断。关于怀孕与否及妊娠阶段的判定可参考表 6-3。

表 6-3　绵羊不同妊娠阶段生殖道的变化情况

妊娠阶段	阴道	子宫颈	子宫
未孕或怀孕 25d	阴道壁无紧张感	在骨盆腔内，坚硬不肥大	位于骨盆腔内，子宫角无明显不对称现象、较硬
30d	阴道壁无紧张感	在骨盆腔内，不肥大	位于骨盆腔前缘，子宫角明显不对称，质地柔软有波动感
45d	阴道壁轻微拉伸	位于骨盆腔前缘，质地稍硬但不肥大	位于骨盆前缘前，完全退回到骨盆腔，子宫明显拉伸，质地柔软，某些母畜子宫角明显
60d	向前拉伸	位于骨盆腔前缘，轻微肥大而柔软	位于骨盆前缘前，20%母畜完全退回，子宫明显拉伸，有波动感，子宫角不明显
90d	向前拉伸	位于骨盆腔前缘前，肥大而柔软	子宫位于腹腔，仅摸到子宫后部，85%母畜可以应用内部触诊子宫检胎法，30%孕畜可以摸到胎盘及附属物的硬块
120d	阴道壁轻微松弛	位于骨盆前缘前，肥大而柔软，20%孕畜较难摸出	仅子宫后部可以摸到，所有孕畜都可应用内部触诊子宫检胎法，都可摸到胎盘及其附属物的硬块，90%的孕畜可以摸到胎儿和大的胎盘
145d	阴道松弛	大而软，70%孕畜触诊较难摸出	胎儿位于骨盆腔内，85%孕畜可触摸到胎盘

进行直肠检查时，应注意以下问题：①必须在喂料和饮水前进行检查；②对肥胖动物，在检查前可禁食一夜；③直肠内的粪便必须清除；④检查前应排空膀胱内的积尿。

第三节 影像学诊断技术

采用超声波、X 射线等影像学诊断技术，可以提供更为客观的诊断资料。影像学诊断的内容和方法很多，本节主要介绍一些在绵羊上常用的影像妊娠诊断方法。

一、超声波诊断技术

20 世纪 60 年代中期，超声波诊断技术在兽医领域得到应用，开始用 A 型和 D 型诊断仪，70 年代中期发展到 M 型和 B 型。从目前情况来看，超声波诊断技术应用范围很广，在美国、日本、澳大利亚等发达国家，B 型超声诊断仪已进入普及阶段，我国在大型牛场、猪场、羊场等也已经开始普及。随着超声波技术不断改进而发展起来的超声断层影像技术，实现了超声探测的图像化，成为活体组织器官大体形态学检查的有效方法。

超声波妊娠诊断法是利用超声波的物理特性，把超声波的物理特性和动物组织结构的声学特点密切结合的一种物理学诊断法。其原理是利用孕体对超声波的反射来探知孕囊或胚胎的存在、胎动、胎儿心音和胎儿脉搏等情况来进行妊娠诊断。

（一）A 型超声波诊断

A 型超声波诊断仪为调幅式显示，接收到的回声波以不同幅度和密度显示在示波屏上，以波幅的高低来反映回波的强弱，无回声信号则出现平段。平段又可分为液性平段和实性平段。均匀液体介质不产生反射呈现液体平段；实质性脏器和肌肉也是均匀的介质，对超声波也不产生反射，但仪器加大增益后，组织结构会产生小的反射波，这种平段称为实性平段。以波幅构成的图像称回声图。妊娠子宫典型的回声图为，进子宫波一胎水平段一出子宫波。如果扫查到胎体，则在胎水平段中出现矮丛状胎体反射波；如同时扫查到胎心搏动，则在胎体反射波中出现有规律闪烁的小波。未孕子宫没有胎水平段，据此可以诊断妊娠、未孕和子宫积液等。回声还可以转化为光和声响，据此产生出不同的报警仪，如妊娠诊断仪等。由于仪器体积小，可使用交流电源。

A 型超声波诊断仪可对妊娠 40d 后的绵羊进行检测，60d 后妊娠检测的准确率可达100%。

（二）D型超声诊断仪

即多普勒超声波诊断仪，其原理是当探头和反射界面之间有相对运动时，反射信号的频率发生变化，即出现多普勒频移，用检波器将此频移检出并加以处理，则可获得多普勒信号音。这种仪器主要用于检测体内运动脏器的活动，如心血管活动，胎心和脐带搏动、胎动及胃肠蠕动等，适用于诊断妊娠和监测胎儿死活。临床上使用的是监听式小型多普勒诊断仪，使用直流电源，配有体内、外探头，通过监听子宫动脉血流音、胎儿心搏音、脐带血流音、胎盘血流音、胎儿活动音等判定动物是否妊娠。

绵羊配种40d后，用多普勒超声仪进行妊娠诊断，具有很高的准确率。多普勒超声仪可通过测定胎儿和母体血流量、胎动等做较早期的诊断。将A型超声波诊断仪和多普勒超声仪联合使用，更可得到既早又准的诊断结果。

1. 胎心测定

这种方法是利用多普勒技术测定胎儿心脏和脐带血管中的血流的声音变化进行妊娠诊断。检查羊只可采取站立位或坐位，探头表面涂抹耦合剂，紧贴乳房部位进行探察。怀孕80~95d时，多普勒与实时超声诊断的准确率没有显著差别，而且多普勒诊断多胎怀孕时更为实用。

2. 直肠多普勒诊断技术

直肠多普勒诊断技术的准确率及诊断怀孕的时间都比外部诊断高，准确率可在90%以上，配种后31~40d、41~60d、61~80d、81~100d和100~120d进行妊娠诊断，阳性的准确率分别为58%、80%、88%、96%和97%。

（三）超声诊断的安全性

目前对于超声波检查的安全性并没有统一认识，在畜牧业生产中还未见有副作用或对机体产生伤害的报道。但是超声波的使用是有时间限制的。如果使用不当，超声波的热效应、机械效应和化学效应会对机体产生损伤。超声波安全剂量的强度与超声波探查时间成反比，长时间的探查需要较低的安全剂量强度。组织暴露在超声波下数小时，对组织产生副效应的最低超声波强度是100mW/cm^2。因此，应用超声波进行妊娠诊断不会对机体造成显著的损伤。一般规定，连续对一个断面的探查时间不得超过1min。

（四）B型超声波诊断

1. 工作原理

B型超声波诊断仪是通过脉冲电流引起超声探头压电晶体的振动，而同时发射多束超声波，在一个断面上进行探测，并利用声波的反射，经探头转换为脉冲电流信号，在显示屏上形成明暗亮度不同的光点来显示被探查部位的一个切面断层图像。由于机体各种组织的声阻值不同，从而表现出声波反射的强度差异，当探测到无反射（液体）和强反射（致密组织）的部位时，则分别显示无回声波的暗区和强回声波的白色（可因扫描显示方式不同而改变）。因此，B 型超声波诊断仪又称超声断层显像诊断法。这种方法的成像速度有快有慢，快的能立即显示被查器官的活动状态，称为实时超声诊断法。

B 型超声诊断胚斑时，在子宫的无回声暗区（胎水）内出现光点或光团，为妊娠早期的胎体反射。一般在胎体反射中可见到脉动样闪烁的光点，为胎心搏动，突出子宫壁上的光点或光团为早期的胎盘或胎盘突，均为弱回声。回声强的光点或光团为胎儿肢体或骨骼的断面。暗区中出现细线状弱回声光环为胎膜的反射，可随胎水出现波状浮动。胎儿的颅腔和眼眶随骨骼的形成和骨化，可呈现由弱到强的回声光环。

B 型超声诊断探查方式有纵切、横切和斜切，探查方法有滑行探查和扇形探查两种。滑行探查是探头与体壁紧密接触后，贴着体壁作直线滑行移动扫查；扇形探查是将探头固定于一点，作各种方向的扇形摆动。具体操作时可两者结合，灵活应用。

2. B 型超声波诊断的探查方法

应用 B 型超声波诊断仪进行妊娠检查的方法主要有体外腹部探查法、阴道检查法和直肠探查法。探查中可根据动物的体格大小和所探查组织器官的部位不同而选择适合的探测方法，以达到理想的探查效果。适合于绵羊探查的有体外腹部探查法和直肠探查法。

（1）体外腹部探查法。用于妊娠早期（40d 前）。探查部位可根据子宫及胎儿在腹中的位置选择腹下和腹侧部。探测部位可选择乳房两侧与膝皱襞之间的无毛区域。为保证良好的探查效果，探查部位应先剃毛，然后涂以耦合剂。将探头与皮肤垂直、压紧，以均匀的速度移动或作 15°~45°角的摆动或贴随皮肤移动点再做摆动，一旦从荧光屏上观察到清楚的妊娠阳性图像指标即固定图形，通过自动测量系统，移动光标，可测定和记录妊娠指标。探查中应缓慢调整探头角度，使探查范围成为扇形。探头以 3.5MHz 或 5.0MHz 扇形扫描探头为宜。

（2）直肠探查法。主要用于大动物，在绵羊上也有使用。探查时可用手将短小的探头带入直肠内，隔着直肠壁将探头晶片面紧贴在子宫或卵巢上方进行探查，可获得卵巢及其上的黄体、卵泡及妊娠子宫、胎体及胎儿心跳等精细的扫描影像。绵羊可采用长柄直肠探头进行检测。探查时，只需将直肠探头缓慢插入直肠达一定深度后，左右调整探头方向和角度，即可探查到妊娠子宫或胎体。由于直肠探查法可隔着直肠壁在腹腔内移动探头，准确地固定在被探查的组织器官上，所以利用高频率探头（5.0MHz 或 7.5MHz）可获得清晰理想的图像，采用这种技术诊断时，扫描时越接近乳房，怀孕诊断的准确率越高，在怀孕中期之后检查时准确率可以达到 100%，区别单胎和双胎的准确率可以达到 84%。

（3）监测胎儿死亡。采用超声诊断怀孕时，有时由于胎儿死亡而使诊断的准确率下降。绵羊在怀孕中后期之后（60~90d）胎儿的死亡率较低，多胎美利奴绵羊在怀孕期如果限制营养，则在怀孕的 30~95d 限制饲喂之后，10% 的双胎一个或者两个胎儿都发生死亡，因此在进行超声诊断时也应该判定胎儿的活力。

（4）估测受胎时间。实时超声诊断可以用于判断怀孕日期，主要依据的是胎儿头部和身体的大小。对美利奴绵羊进行的研究表明，配种后 92d 进行检查时，71%的羊只可以比较准确判断出怀孕的周龄，准确率可以达到 90% 左右。

二、X 射线诊断法

（一）X 射线妊娠检查的种类

1. 透视

透视是利用 X 射线的穿透和荧光作用，将被检查的组织器官投影到荧光屏上，直接进行诊断的一种常规检查方法。透视时可转动体位，改变方向进行观察，了解瞬间的变化。透视的设备简单，操作方便，费用较低，可立即得出结论。主要缺点是屏幕亮度较低，影像对比度及清晰度较差。

2. X 射线摄影

X 射线摄影所得的照片常称平片。平片成像清晰，对比度及清晰度均较好，能显影密度、厚度较大或密度、厚度差异较小部位；并可做客观记录，便于复查时对照和会诊。但每一张平片仅是一个方位和一瞬间的 X 射线影像，为建立立体概念，尚需做正位和侧位两个互相垂直的方位摄影。

（二）X 射线诊断法

将 X 射线通过绵羊腹壁透视胎儿对绵羊进行妊娠诊断。X 射线诊断一般要到怀孕中后期才能进行。因为胎儿较小时，骨骼发育尚不完全，不能与周围组织形成明显的对比，不易确诊。该方法是以观察胎儿骨骼为诊断依据，其在绵羊的有效妊娠诊断时间为怀孕 65d 以上。用 X 射线透视，可观察到妊娠子宫的形态。

X 射线诊断技术除用于怀孕诊断外也可检查胎儿的数量。早期的研究结果表明，在妊娠早期不能准确的进行 X 射线妊娠诊断，准确诊断可以在怀孕 55d 之后进行。

第四节 实验室诊断技术

妊娠诊断的方法很多，有的方法准确率也很高，但妊娠诊断不仅要求准确，而且要求能进行早期诊断，这在生产实践中十分重要。由于绵羊在妊娠早期的外观变化不甚明显，使早期妊娠变得更难以诊断。通过外部观察进行早期妊娠诊断准确性不够高，在大动物上尚可应用直肠检查法，但这类技术并不适用于绵羊的妊娠诊断。

怀孕的实验室诊断就是利用母羊怀孕后，体内的生理变化或胎儿新陈代谢产物进入母体，造成的母畜尿、乳、血液中成分的变化，通过分析这些变化达到怀孕诊断的目的。

一、免疫学诊断法

近年来，用免疫学方法进行早期妊娠诊断受到极大的重视，免疫学诊断法包括红细胞凝集试验、红细胞凝集抑制试验、沉淀反应和乳胶凝集试验等。其诊断的基本原理是，利用怀孕动物胚胎、胎盘、卵巢或母体组织直接或间接产生的一些化学物质（如激素或酶类），检测这些物质在妊娠过程中呈现的规律性变化，并以此进行妊娠诊断。

（一）红细胞凝集试验

妊娠早期绵羊体内存在有特异性抗原，这种抗原可能是胚胎分泌的一种蛋白激素。它在受精后第 2d 即可从一些妊娠母羊的血液中检测出来，受精后第 8d 可从所有妊娠母羊的胚胎、子宫及黄体中检测出来。该抗原可与红细胞结合，用其制备抗血清后，与妊娠 10～15d 的母羊红细胞混合时会发生红细胞凝集现象。若绵羊未孕，则无此凝集现象。该法对妊娠 28～60d 的母羊，阳性和阴性诊断准确率分别为 90%和 75%。

（二）红细胞凝集抑制试验

抗原或抗体都是用肉眼难以看到的，但如果用一个较大的颗粒（如聚苯乙烯乳胶或绵羊红细胞）作为载体，将抗原或抗体吸附其上，当发生抗原抗体反应时，会使载体颗粒发生肉眼可见的凝集，从而便于肉眼观察和判定结果。红细胞凝集抑制试验就是以红细胞作为载体来观察是否发生此类的抗原抗体反应。

（三）沉淀反应

用被检动物的血浆免疫家兔制备抗血清，能与妊娠和未孕的被检血浆在琼脂凝胶上形成沉淀带。但抗血清与未孕动物血浆中和后，被中和的抗血清只能与妊娠动物血浆间出现沉淀带。故出现沉淀带的为妊娠阳性，反之为阴性。

（四）乳胶凝集抑制试验

乳胶凝集抑制试验（latex agglutination inhibition test，LAIT）是一种免疫测定法，可用来快速测定乳样或尿样中是否存在类绒毛膜促性腺激素（hCG-like）或 P_4。此法系根据胚泡的绒毛膜滋养层细胞和胎盘子叶都能分泌类绒毛膜促性腺激素或孕酮来进行早期妊娠诊断。其操作原理是利用包被于聚苯乙烯乳胶珠上的标准抗原和样品中的抗原竞争结合单克隆抗体的有限结合位点，若出现均匀一致的凝集颗粒则判为空怀，反之为妊娠。

二、孕酮测定法

自 20 世纪 70 年代开始，用 RIA 法测定血、乳中 P_4 浓度来进行早期妊娠诊断已有大量报道，并建立了牛、绵羊早期妊娠诊断的 P_4 浓度指标。1960—1970 年就有许多在绵羊采用血浆孕酮浓度变化进行怀孕诊断的报告。和在牛上采用的方法一样，这种诊断方法依据的主要原理是羊血浆孕酮在发情时比怀孕羊低很多。法国在绵羊采用发情调控技术时，尤其是在乏情季节配种时多采用血浆孕酮浓度测定进行怀孕诊断，测定配种后 18d 孕酮浓度时，诊断为未孕的羊几乎都没有产羔，而只有 84%诊断为怀孕的羊产羔。学者将第 18d 测定孕酮浓度进行怀孕诊断的技术用于频密产羔母羊的怀孕诊断，发现假阳性率较高，其主要原因可能是早期胚胎死亡所致。因此孕酮测定进行怀孕诊断与在牛一样，诊断未孕的准确率比诊断为怀孕的准确率高。

Alacam 等（1988）在土耳其进行的工作表明，用 RIA 在怀孕第 15~17d 进行怀孕诊断，怀孕及未孕诊断的准确率分别为 85%和 86%。巴基斯坦的学者研究表明，配种后第 16d 孕酮浓度高于 3. 10ng/ml 是判断绵羊是否怀孕的标准，他们采用的是 ELISA 技术。

（一）放射免疫测定法

放射免疫测定法（radioimmunoassay，RIA）的设备条件要求高，价格昂贵，操作费时并有放射性危害，制约了它在实际中的应用。随着 RIA 诊断试剂盒的研制和应用，有望简化操作步骤，完善保护措施，RIA 法会在家畜早期妊娠诊断中得到更多的应用。

(二) 酶免疫测定法

酶免疫测定法（enzymeimmunoassay，EIA）是继 RIA 之后发展起来的另一项激素测定技术。它将酶促反应的高效率和免疫反应的高度专一性有机地结合起来，可对生物体内各种微量有机物进行定量或半定量测定，是目前灵敏度高、适应性强、最有希望在生产和临床中推广应用的免疫测定技术。

EIA 技术的发展十分迅速，迄今已诞生了许多 EIA 新方法。这些方法都有各自的特点。EIA 以酶作为标记物，将酶促反应的放大作用与抗原抗体反应的特异性相结合，具有易掌握、快速、成本低、无须昂贵设备、无放射性污染及所用试剂无毒等优点，所以被广泛应用于 P_4 等的测定。绵羊在配种后 18d，若血浆孕酮含量大于或等于 1.5ng/ml 为妊娠，小于 1.0ng/ml 为空怀。用该法诊断妊娠的确诊率为 95%，诊断空怀的确诊率为 100%。

1. ELISA 法

ELISA 技术既可用于 P_4 的定性分析，又可用于定量分析。在早期妊娠诊断中以定性分析为主。已经报道的标记酶有碱性磷酸酶、β-半乳糖酶和辣根过氧化物酶（HRP）等，这些标记酶在 P_4 与 P_4 抗体结合后，其催化活性不受影响。

ELISA 测定是利用乳样中游离态 P_4（P_4-E）对 P_4 抗体的竞争吸附原理，在抗原与酶标记抗原和抗体的饱和竞争反应中，乳汁中 P_4 浓度越高，P_4-E 结合到抗体有效位点上的分子数越少。首先将 P_4 抗体吸附在载体或支持物上（如微滴板）然后加入待测乳样，乳样中游离态 P_4 便连接到 P_4 抗体的结合位点上，再加上 P_4-E 短时间孵育（1~15min）。分离除去 P_4-E，最后加入底物和显色剂。这时酶标记抗原抗体复合物中的酶催化底物发生反应，反应产物使显色剂发生颜色反应，转化为有色产物。其颜色的深浅程度与 P_4 浓度成正比。

2. 均质酶免疫测定法（HEIA）

HEIA 的工作原理与 ELISA 基本相同，也是利用抗原与酶标记抗原和抗体的饱和竞争性结合反应原理，但属液相 EIA。区别在于标记酶与 ELISA 不同，此类 P_4-E 在与抗体结合后，酶便失去了催化底物的活性，而非结合态的 P_4-E 则不失去催化活性，使底物降解。所以在反应系统中，样品中的含量与底物的降解速率和降解物的生成量成正比。试验过程中不需要将非结合物清除掉，因此比 ELISA 少一个步骤。

3. 乳汁 P_4 LAIT 法（PLAIT）

PLATI 的原理是将 P_4 包被在特化的乳胶珠上，使样品中的游离 P_4 和乳胶

珠上的 P_4 单克隆抗体上的有限位点相结合，利用竞争性配体免疫测定原理进行 P_4 的含量测定。具体方法是将等量乳样、P_4 单克隆抗体和 P_4 包被乳胶珠混合在一起，涂于反应玻片上。当样品中的 P_4 含量高时，则游离的 P_4 与抗体发生非凝集性反应，最后在玻板上形成滑状乳胶；相反，若样品中 P_4 含量低时，乳胶珠上的 P_4 与抗体结合较多，造成乳胶珠凝集，在玻板上形成粒状乳膜。LAIT 的灵敏性比 ELISA 低，但未孕诊断率较 ELISA 高。

绵羊在怀孕 70~100d 时，胎盘体积达到最大，此时胎盘产生的孕激素显著增加。可以通过测定怀孕 91~105d 的孕酮水平判断胎儿数量，但准确率只有 65%，因此其实用价值不是很高。

三、早孕因子检测法

早孕因子（early pregnancy factor，EPF）最初是在小鼠上发现的，随后在绵羊等动物相继发现。EPF 是与早期妊娠直接有关的物质，是受精、妊娠和胚胎存活的重要标志，参与抑制母体的细胞免疫，对母体的妊娠识别和妊娠维持有重要作用，因而又称为免疫抑制性早孕因子（immunosup-pressive early pregnancy factor，IsEPF）。EPF 是一种糖蛋白，是在妊娠早期母体血清中最早出现的一种免疫抑制因子，通过抑制母体的细胞免疫使胎儿免受免疫排斥。妊娠绵羊在受精后 6h 即可在血中检出。

（一）EPF 检验原理

目前，普遍采用玫瑰花环抑制试验来测定 EPF，其含量以玫瑰花环抑制滴度值（rose inhibition title，RIT）来衡量。使花环形成数目减少 75% 所需 ALS 的最大稀释度就是 RIT 值。RIT 一般以 ALS 稀释倍数的对数值表示。正常情况下用不同供体的淋巴细胞进行玫瑰花环抑制试验，RIT 差异不超过 2。如果用妊娠动物的淋巴细胞或将淋巴细胞在妊娠动物的血清中孵育，RIT 升高，一般在 RIT 大于 14 时认为有 EPF 存在，即判定为妊娠。

EPF 与 ALS 具有相似的抑制花环形成的能力。目前的试验还表明，在花环抑制试验中 EPF 几乎没有种属特异性。当淋巴细胞、补体和异源红细胞的量一定时，随着 EPF 含量的升高，ALS 的稀释度增加，RIT 也随之升高。根据该原理，可以检测已孕动物和未孕动物血清或组织中的 EPF。

（二）玫瑰花环抑制试验检测绵羊 EPF 的方法

一般绵羊在受精后 6h，血清中即出现高滴度的 EPF。绵羊的空怀和妊娠时的 RIT 相应值为 8~10 和 12~26。依据其 RIT 的高低可在配种后数小时至数天内对绵羊作出超早期妊娠诊断或受精检查。

（三）硫酸铜检测法

硫酸铜检测法的原理是在乳样中加入3%的硫酸铜溶液，硫酸根可使EPF发生凝集，从而定性地分析出乳中是否含有EPF，以达到妊娠诊断的目的。

在胎儿死亡或流产后很短时间内EPF便消失，所以EPF还可作妊娠后胎儿存活的判断指标。由于对EPF的分子结构目前所知不多，并且所报道的分子量差异很大，其纯品至今尚未获得，致使EPF的准确测定方法在早期妊娠诊断中很难建立。如果能进一步确定EPF的化学结构，弄清其分子特性，并能人工合成，就有可能开发出EPF的放射免疫分析或放射受体分析法。研究简便、准确、灵敏、快速的EPF检测方法，是将EPF用于早期妊娠诊断的关键所在。

四、怀孕相关糖蛋白测定法

怀孕相关糖蛋白（pregnancy associated glycoprotein，PAG）属于天冬酸蛋白酶家族，主要是由滋养层双核细胞分泌的。当滋养层双核细胞开始移行和子宫内膜融合并形成胎儿胎盘多核体、胎儿胎盘最终附着时，可在母体血液或乳中检测到PAG。PAG在整个怀孕过程中浓度较高，产后一个月内，水平迅速下降到基础值。因此，PAG不仅是很好的妊娠标志物，也是胎儿胎盘形成良好的标志物。所以，检测PAG比检测P_4更有意义，其准确性更高。因为一些卵巢疾病，如黄体囊肿等可以引起体内P_4水平的变化，单纯检测P_4也常常会引起假阳性，而PAG则不会。

关于PAG在早期妊娠诊断中的研究，已在奶牛、山羊、绵羊等反刍动物中进行，但以奶牛上的研究最多，现已成功提取了奶牛的PAG，制成了兔的抗血清并建立了放射免疫分析方法，已成功用于生产。目前还没有可直接用于羊的放射免疫分析方法，但由于牛PAG与羊PAG的氨基酸序列基本相似，因而可以用牛PAG作抗原来进行异种双抗放射免疫分析法（heterologous double-antibody radioimmunoassay）来进行测定，并取得很满意的结果。

研究结果表明，绵羊在人工授精后36d，其妊娠诊断的准确率均达到100%。同时也可以用这种方法来检测胎儿的活动情况，因而此法现在越来越受到人们的重视。

五、雌激素测定法

母体血液中总雌激素的浓度随着怀孕而增加。通过测定雌激素浓度对怀孕100~110d的绵羊进行怀孕诊断，准确率为99%。出生时胎儿的总重量和母体血液中总雌激素的浓度之间有直接关系。如果要准确判定怀羔数，则必须要清楚各个品种或杂种羊母体雌激素的分泌范式。虽然母体总雌激素的浓度在季节之间差异不大，但母体的营养水平和胎儿的基因型则对母体雌激素水平有明显影响。

硫酸雌酮是怀孕母羊血液中主要的雌激素，其浓度在怀孕70d之后明显增加，未结合型雌激素，如雌酮一直到怀孕末期浓度才明显升高。因此虽然硫酸雌酮的浓度依子宫中活胎儿的多少而变化，但个体之间差异很大，因此难以用其判断胎儿的多少。

六、胎盘促乳素测定法

人们对绵羊胎盘促乳素（oPL）的生物活性及分离纯化进行了大量的研究，这种激素由于具有促进生长的作用，因此也称为羊绒毛膜生长激素（ovine chorionic somatomammotropin）。

对oPL浓度与怀胎数之间的关系进行的研究表明，怀1、2、3胎时该激素的浓度分别为（718±227）ng/ml、（1 378±160）ng/ml和（1 510±459）ng/ml，但oPL的最高浓度是出现在怀孕的第130~139d，此时进行诊断怀孕则已经很迟。

第五节　其他妊娠诊断技术

随着化学与生物化学分析技术的发展，人们发现胚胎可产生很多物质，如孕酮、睾酮、雌激素、前列腺素、PRL等激素类物质，同时还可产生多肽类物质，如胚胎滋养层蛋白-1（TP-1）、妊娠特异性蛋白B及干扰素等。分析胚胎产生的这些物质，是研究开发早期妊娠诊断技术的重要方向。此外，在兽医临床上还有一些特殊的妊娠诊断技术，一并列入该节内加以介绍。

一、生物传感器与基因芯片技术

随着分子生物学技术的发展，生物传感器与生物芯片技术在生命科学领域得到了广泛应用，该技术在早期妊娠诊断方面也有所探索。生物传感器（biosensors）与基因芯片（gene chip）技术为动物生产提供了一种新型的检测与测量手段，它具有特异、敏感、快速和简单等特点。生物传感器与基因芯片技术目前除了应用于家畜传染病、食物中污染与毒素、饲养管理中治疗性药物残留外，最近在动物繁殖领域也有所应用，如发情的识别与检测、胚胎附植及早期妊娠诊断等方面。

2001年，Stocco等采用大鼠cDNA芯片技术分析了PRL和PGF2α对黄体基因表达的相互作用，研究证实当 PGF2α 分泌减少时，PRL 可维持大鼠黄体产生孕酮，并发现有 12 个基因受到 PRL 和 PGF2α 的颉颃调节，揭示了啮齿类动物 PRL 和 PGF2α 在调节某些关键基因表达的拮抗作用，以及与黄体功能有关基因的新的调节作用。2000 年，Hines 用基因表达连续分析和互补 DNA 序列杂交技术对发育过程中滋养层和易受孕期的子宫内膜之间的相互作用进行了研究，研究结果有助于发现正常着床的关键介质和查明着床失败的原因。同年，Yoshioka 等运用基因芯片技术检测着床过程中的决定基因，在所检测的 6 500 个基因中，399 个基因的表达水平有所改变，其中 192 个基因表达增强，而其余 207 个基因表达下降，结果表明成功着床需要基因的激活或失活。

表面等离子共振免疫传感器（surface plasmon resonance immunosen－sor，SPRIS）作为一种生物传感器，可用于现场激素测定。它能识别溶液或混合物中特异化合物的存在，并产生一个关于溶液中化学物质浓度的信号，当其用于抗原抗体的特异反应时，可在瞬间以声、光、电或数字显示出待测激素的含量。所以，将 SPRIS 应用于 P_4 的测定将是一种非常理想的现场妊娠诊断技术。2001 年，Velasco-Garcia 等应用孕酮生物传感器技术开发了全自动的奶牛排卵预测系统，试验结果显示，用孕酮生物传感器不仅能预示奶牛排卵周期特性，同时也能检测妊娠情况。随着分子生物学技术的发展，用生物传感器与基因芯片法进行绵羊早期妊娠诊断，必将在生产中发挥重要的作用。

二、阴道活组织检查法

动物妊娠后，阴道前部上皮细胞受孕酮影响发生形态学变化，与未孕动物阴道上皮细胞有明显差异，从而可通过显微镜观察来进行妊娠与否的判定。检查方法是用活组织采样器（长度不小于 24cm）采取一小块阴道上皮。取样部位一定要是阴道的前部。将样品进行切片、染色后用显微镜观察。

怀孕绵羊阴道上皮呈立方形，有核，胞质淡染，细胞层数少。而未孕母羊的阴道为多层鳞状上皮。阴道活组织检查法诊断怀孕，由于需特殊设备，操作过程复杂而限制了它的应用。

三、血小板计数诊断法

早期的研究表明，小鼠在妊娠早期外周血小板明显减少，这是由于受精卵产生血小板活化因子（platelet activating factor，PAF）所致。胚源性 PAF 介导小鼠对胚胎的识别，引起母体妊娠的最初反应——血小板数减少，这种状况在小鼠一直持续到妊娠后第 6d，而假孕鼠则无这种现象。这为进行超早期妊娠诊断提供了新的途径。

根据外周血小板的变化来判定母畜的妊娠情况要注意影响血小板计数的因素，如注意在采血前要对采血部位进行彻底清洗消毒，不可存在灰尘；稀释血液时不可剧烈震荡，以免血小板破碎；采集血样应立即进行镜检、计数，以防血小板碎裂和凝集；吸取血液的量和稀释倍数要准确，以免影响血小板计数的准确性。

第七章　绵羊多羔技术

绵羊的繁殖性状为低遗传力的数量性状，主要包括受胎率、多胎性及羔羊存活率等，其中多胎性是决定绵羊生产效益的最主要的性状之一，也是绵羊多产高产的基础。

肥羔生产技术不仅要求母羊要有很高的受胎率，而且大多数绵羊至少应该产双羔。就养羊业的情况来看，要进行多羔生产，最好是选择具有优良性状的品种，提高其胎产羔数，采用引入高产品种、选择母羊或者人工控制胎产羔数（使用外源性促性腺激素或者免疫技术）等技术。

第一节　绵羊多羔遗传学基础与育种技术

绵羊具有900多个品种，其生殖生理特点，如排卵率和多胎性等差别很大，排卵率的差别可能与单个基因或连锁基因的作用有关。主要影响排卵率的突变基本包括两类，即TGF-β超家族和TGF-β受体，也即骨形态发生蛋白BMP15、生长分化因子9（GDF9）和BMP受体lB（ALK6），这些基因或其他基因的突变也可能存在于其他多胎品种中。

布鲁拉美利奴羊是第一个被发现排卵率和胎产羔数受隔离的主效基因调控的绵羊品种，随后对其他品种的多胎性能也进行了广泛的研究。目前认为，绵羊多胎基因主要包括3类：①已经鉴定出基因突变而且可以监测到DNA序列的基因；②已描述了基因的遗传特性，但尚未鉴定出突变的基因；③明显有基因分离特征，但目前尚未对其遗传特性进行研究的基因。

一、绵羊多胎基因研究进展

1980年，Piper和Bindon首次通过对布鲁拉美利奴羊胎产羔数进行了系统研究，发现该品种的多胎性可能受一单个的主基因的调控，该基因主要是影响排卵率，这是人们第一次认识到一个主基因可以影响绵羊的繁殖性能，而此前人们一直认为类似于繁殖性状这种复杂性状不可能受单个基因的控制。20多年后 3 个研究小组几乎同时发现，布鲁拉美利奴羊的多胎遗传是由于骨形态发生蛋白 lB 受体（BMPR-lB）突变的结果，同时也认识到控制多胎性的主基因并非是遗传上的异常。而且 Inverdale 绵羊骨形态发生蛋白 15 基因（BMP15，也称为 GDF9B）是其多胎性的主效基因。

（一）Booroola 基因

20 世纪 80 年代早期，对布鲁拉美利奴羊胎产羔数和排卵率的研究表明，该品种绵羊及其杂种常染色体主效基因（FecB）具有隔离现象，而且对排卵率有累加效果，特别是对胎产羔数具有优势效果。从其父母代遗传一个拷贝的布鲁拉基因，则每只母羊可额外多产生 1.5 个卵子和多产 1.0 只羔羊。携带该基因的纯合子绵羊可多产生 3 个卵子和 1.5 只羔羊。1993 年，人们进行了第一次布鲁拉基因的 DNA 标记试验，发现该基因位于 6 号染色体上，该试验的准确率为 90%，且取决于布鲁拉基因周围的 3 个标记基因，需要绵羊父母代的布鲁拉基因状态才能确定每种标记的位置。2001 年，关于布鲁拉基因的研究取得突破性进展，新西兰 AgResearch 的研究人员及法国 INRA、苏格兰爱丁堡大学的研究人员发现，携带布鲁拉基因的绵羊在卵巢上表达的 BMPR-lB 基因存在突变，并据此建立了商用的 DNA 监测法，采用这种方法鉴定该基因的准确率为 100%，而且不需要父母代的信息。

由于建立了新的诊断方法，因此又引起了人们对布鲁拉基因来源的研究，又发现了印度北部的 Garole 绵羊的多胎基因。Garole 绵羊（也称为 Bengal）是 1792 年引入印度的，而布鲁拉美利奴羊不可能是这些绵羊的后代。印尼多胎绵羊 Javanese 也含有布鲁拉基因。

就目前的研究情况来看，携带布鲁拉基因的绵羊主要是澳大利亚的布鲁拉美利奴，该品种已经扩散到十几个国家，此外尚有含 BMPR-lB 突变的印度和印尼当地品种。我国的滩羊、小尾寒羊、湖羊等的高繁殖率也与布鲁拉的 FecB 多胎基因有关，小尾寒羊在 BMPR-lB 基因的相应位点也发生了与布鲁拉绵羊相同的突变（A746G），该基因的 BB 基因型在小尾寒羊群体内为优势基因。

布鲁拉基因最明显的生理效应是增加卵巢中的卵泡数和排卵数，但纯合子母羊和杂合子母羊的成熟卵泡和排出卵泡的直径比非携带者卵泡的直径小。尽管布鲁拉基因可以增加排卵数，但作用机制尚不清楚。布鲁拉基因携带者和非携带者表型及发情周期长短一致，从发情到排卵的 LH 峰值间隔时间也无差别；但 FSH 浓度有显著差异，而且布鲁拉基因携带者睾酮水平相对较高。

不同基因型母羊初情期前的卵巢重、卵巢组成以及有腔卵泡数有差异，但不同基因型成年母羊的有腔卵泡和无腔卵泡总数相似。布鲁拉基因携带者母羊成熟并排出的卵泡直径较小，数目较多，因此有较多的排卵数；但在增加卵泡数目的同时每个卵泡中颗粒细胞数目减少。不过，总的粒细胞数目和粒细胞产生的雌激素总量在所有基因型羊之间并无显著差异。因此，由于排卵时卵细胞大小及发育程度的不同，使不同基因型母羊对胎儿产生不同的影响。在胎儿发育期，布鲁拉基因携带者胎儿心脏和中肾与非携带者相比有明显差异，体重和顶臀长也有明显差别。

（二）lnverdale 基因

1990 年人们在对罗姆尼羊的后代多胎基因的筛选中发现了多胎基因 FecX 的遗传特性，该品种在 11 次产羔中产下 33 只羔羊。20 世纪 90 年代中期，在另一罗姆尼羊群中发现了一种与 lnberdele 基因遗传特性相似的多胎基因。在 lnverdale 羊和 Hanna 羊上，携带该基因的公羊可将这种基因遗传给所有的女儿，但不遗传给儿子，说明这两个品种多胎基因是通过 X 染色体遗传的；相反，携带该基因的母羊则可将该基因传递给一半的后代而与性别无关。

一拷贝的 lnverdale（*FecXI*）等位基因或 Hanna（*FecXH*）等位基因平均每次产羔可增加 0.6 只羔羊，但从双亲遗传该等位基因的纯合子绵羊卵巢发育不良而表现不育。20 世纪 90 年代后期建立了测定 lnverdale 基因的 DNA 标记试验，其对该基因监测的准确率与监测布鲁拉标记试验相当，但该试验也取决于 3 个 DNA 标记，也需要父母代的 lnverdale 基因状态的信息。2000 年新西兰的科学家与多个国家合作，研究表明 lnverdale 绵羊在卵巢上的生长因子基因 BMP15 有突变现象，而且研究还表明 lnverdale 和 Hanna 绵羊均具有 BMP15 突变，但 Hanna 等位基因 *FecXH* 与 lnverdale 等位基因 *FecXI* 的突变不同。*FecXI* 绵羊个体在成熟的编码序列具有一个核苷酸替代，而 *FecXH* 个体则具有一单核苷酸替换，因此会产生一个未成熟的终止密码。

该基因突变位点的发现使人们建立了一种新的 DNA 监测技术，其诊断的准确率为 100%，无需父母代的遗传信息。近来对该技术的采血方法进行了简化，只需几滴血液就可进行检验，因此降低了费用。

从双亲均遗传该基因的母羊不育，因此在利用该基因时主要问题是保留携带该基因的公羊的女儿，然后让其与终端公羊交配。在新西兰采用这种技术进行的研究表明，Inverdale 母羊每 100 只可多产羔羊 35 只，经济效益十分明显。

（三）Cambridge 基因

剑桥羊是英国在对其绵羊品种筛选多胎品种的过程中培育而成，由于剑桥羊表型变异很大，但排卵率的重复性很高，因此有人认为该品种可能有一主效基因分离，该基因的一个拷贝就可使排卵率增加 0.7。剑桥羊除排卵率高外，生殖道异常也很常见，特别是卵巢无功能活动或发育不全的情况较为多见。这种情况可能与 X 连锁的纯合子有关。对空怀母羊的卵巢进行腹腔镜检查时发现其卵巢与纯合子 Inverdale 绵羊的类似，后来又发现在剑桥绵羊存在 *BMP*15 基因的突变，该突变称为 *FecXG*，与 Inverdale 绵羊的 *FecXI* 或 Hanna 绵羊的 *FecXH* 突变不同，但杂合子表型（排卵率增加）和纯合子表型（卵巢呈杆状，不育）则与 Inverdale 绵羊和 Hanna 绵羊的等位基因相似。此外，该品种在 5 号染色体常染色体基因 *GDF*9（FecGH）也有突变位点，其同样能引起杂合子排卵率增加和纯合子的不育。单拷贝的 *FecGH* 基因能增加排卵率 1.4 个。

（四）Woodlands 基因

1999 年人们在 Coopworth 绵羊发现了多胎基因 *FecX2W* 的遗传特征，这种绵羊最初是在 1960 年通过边区莱斯特与罗姆尼绵羊杂交而形成的新品种。单拷贝的 Woodlands 基因可使胎产羔数增加 0.25 只，其也与 Inverdale 基因和 Hanna 基因一样，位于 X 染色体，说明公绵羊只能从其母代遗传，而母绵羊则可从双亲遗传。但与 Inverdale 基因和 Hanna 基因不同，Woodlands 基因是母体印迹的（maternally imprinted）。当绵羊从其父代祖先遗传获得该基因时，基因表达的结果是增加胎产羔数，而从其母代获得该基因时，基因保持沉默而不能增加胎产羔数。此外，从表达该基因的母代遗传获得该基因的公羊，在其女儿该基因是沉默的，相反，从该基因沉默的母代遗传获得该基因的公羊，其女儿是能表达该基因的。

两拷贝的该基因对胎产羔数的影响还不确定，但有研究表明，两拷贝的 Woodlands 基因并不像在 lnverdale 基因和 Hanna 基因那样引起不育。该基因复杂的遗传特性表明，要将其用于绵羊生产，则必须建立鉴别携带该基因绵羊的准确的遗传标记试验。

（五）Thoka 基因

几乎所有的冰岛多胎绵羊都遗传有 Thoka 绵羊的血统，而且有至少产 3 羔的记录，说明这种现象是由一主效基因 *Feel* 作用的结果。其杂合子母羊的胎产羔数比不携带该基因的母羊高 0.64，但如果杂合子公羊与杂合子母羊交配，则会不育。英国对 Thoka 绵羊进行的研究表明，一种常染色体基因可使胎产羔数增加 0.70。对该基因的染色体定位还不清楚，但不存在有常染色体布鲁拉或 X 连锁的 lnverdale 突变。

（六）Lacaune 基因

法国对 Lacaune 羊的筛选中发现其胎产羔数具有很高的遗传性（h^2 = 0.4），有些个体的产羔数超过 4 只，说明该品种的多胎性状可能存在有分离的主效基因。根据其高繁殖性能筛选的绵羊平均排卵率为5.8，个体排卵可达到3~14，而且排卵率的重复性很高（0.87）。后裔测定及后来的分离分析表明该品种存在有常染色体基因，其单拷贝就可增加排卵率达1.03。进一步的研究表明，该基因对排卵率具有相加效果，其遗传方式与布鲁拉基因类似。

Lacaune基因位于11号染色体上，在Lacaune位点周围有10个标记。由于某些绵羊具有极高的排卵率，有可能存在有几个等位基因，或者是该品种存在有其他主效基因。近来在该品种发现了一种*BMP*15突变，这种突变与已经研究过的FecXI、FecXH、FecXG和FecXB完全不同，但对携带这种突变的绵羊的表型特性仍不十分清楚。

（七）Olkuska基因

波兰的Olkuska绵羊有一种类似于布鲁拉基因的多胎基因，杂合子绵羊至少有排卵率超过3的纪录，携带该基因的纯合子母羊至少有排卵超过5个的纪录，估计单拷贝的该基因在每个排卵母羊可增加一个额外的卵子。近来进行的DNA分析表明，在该品种不存在布鲁拉和Inverdale突变。Olkuska绵羊是一种濒危品种，对其多胎性的研究进展比较缓慢。

（八）Belle-Ile基因

法国的Belle-Ile绵羊具有较高的排卵率（2.54）和高的胎产羔数（2.23）。排卵率（1~8）和胎产羔数（1~7）差别均很大，但重复性很高，这是其主效基因作用的主要特点。排卵率的重复率为0.8，这与Javanese（0.6）、Booroola（0.6~0.7）、Cambridge（0.7）和Icelandic（0.6~0.8）等绵羊相似，这些观察结果表明在该品种也存在有多胎基因的常染色体主效基因。与Olkuska绵羊一样，Belle-Ile绵羊也是一濒危品种，因此对该基因遗传特性的研究进展十分缓慢。

（九）NZLongwool基因

新西兰的罗姆尼、Perendale和边区莱斯特X罗姆尼绵羊也发现有多胎基因存在，DNA监测表明，在这些种群存不在布鲁拉的BMPR-lB突变，其中一个种群（边区莱斯特X罗姆尼）也没有Inverdale BMP15突变。从系谱分析未能发现该群绵羊存在有Woodlands的*FecX*2多胎基因，有些个体公羊其女儿的排卵率达3.2，目前正在研究这类绵羊多胎的遗传学基础。

二、突变之间的互作

携带4种*BMP*15基因突变（FecXI，FecXH，FecXG和FecB）的纯合子绵羊其卵巢会发育不全而出现不育，而携带一个拷贝的FecXI和一个拷贝的

FecXH 母羊也不育，一个拷贝的 FecXG 和 FecXB 也会产生同样的效果。携带 BMPR-lB 的布鲁拉羊与携带 *BMP*15 突变的 Inverdale 绵羊杂交，所有后代女儿都具有正常的卵巢功能和较高的排卵率（平均为 4.4）。一个拷贝的 *BMP*15 和一拷贝的 BMPR-lB 对排卵率具有极大的增加效果。*BMP*15 的作用可使排卵率提高 44%，而 BMPR-lB 可使排卵率提高 90%，而且一个基因的作用并不受另外一个基因的存在与否的影响。

对 *BMP*15 突变与 *GDF*9 突变之间的关系尚不明了，但大多数研究表明，两个基因对排卵率的影响是相加性的。

携带一拷贝 FecXG 的 Belclare 绵羊与携带一拷贝的 FecXB 绵羊杂交后也表现为不育。

三、BMP15 及 GDF9 突变的作用机理

现有研究表明，BMP15 基因 5 个隔离的点突变和 GDF9 基因的一个点突变是影响排卵率的重要基因突变。这些突变的纯合子不能发生排卵，因此不育，而杂合子则平均排卵率比不携带该基因的动物高 0.8~2.4。5 个 BMP15 突变中的 2 个具有未成熟终止密码，而 Belclare 和 Cambridge 绵羊的 FecXG 是在 29 位的氨基酸有突变，因此不产生成熟蛋白，Hanna 的 FecXH 突变是在成熟蛋白的第 23 位氨基酸，因此翻译后无活性。另外两个突变分别是在 31 位（Inverdale；FecXI）和 99 位（Belclare；FecXB）出现两个无义的氨基酸替换。此外，在 Lacaune 绵羊也发现有其他突变，这种突变可能为一种共突变，对排卵率主要发挥常染色体基因突变的作用。就所有突变而言，纯合子携带者其卵巢表型没有明显不同，但有个别个体卵泡可发育到初级卵泡阶段。GDF9 突变（Belclare；FecGH）则相对于成熟蛋白区的第 77 位氨基酸的非保守性氨基酸替换，该突变的纯合子动物其卵巢表型与 BMP15 突变的纯合子不同，卵泡可发育到有腔阶段，但大多数卵泡其形态会出现异常。

BMP15 或 GDF9 突变纯合子绵羊不育的主要原因是不产生具有活性的 BMP15 或 GDF9，这与在小鼠发现的情况完全不同。GDF9 敲除小鼠绝育，卵泡的生长发育阻滞在初级卵泡阶段，而敲除 BMP15 的小鼠则对卵泡和胚胎的发育没有明显影响，有时仅在受精时可出现一些异常。杂合子小鼠的排卵率没有明显差别，因此出现这种现象的主要原因可能是 BMP15 的细胞内构成和分泌不同所引起。有研究表明，绵羊 BMP15 基因的突变可能会影响 GDF9 的分泌水平，而 GDF9 水平异常则是 Inverdale 绵羊表型的主要原因。但如果绵羊用特异性的 BMP15 或 GDF9 多肽进行免疫，则结果表明分泌型的 BMP15 和 GDF9 对卵泡的正常发育和排卵是必不可少的。

（一）BMP15 和 GDF9 的主要作用

针对 BMP15 和 GDF9 这两种因子进行特异性免疫后，绵羊卵巢体积明显缩小，卵泡发育受阻，极少能发育到有腔阶段，这些变化与 BMP15 和 GDF9 发生突变的绵羊相似。在发情周期的卵泡期用 BMP15 或 GDF9 特异性抗体进行主动免疫，发现这两种因子对卵泡排卵前的成熟发育是必需的。如果用 BMP15 或 GDF9 多肽进行强化免疫，可使平均排卵率增加 0.4~1.2。这些研究结果表明，部分中和 BMP15 或 GDF9 可增加排卵反应，其结果与 BMP15 或 GDF9 杂合子突变相似。虽然有研究表明 GDF9 和 BMP15 对卵泡生长和排卵是必需的，但不能排除 BMP15/GDF9 异聚体的作用存在。

（二）BMP15 和 GDF9 基因在卵巢内的表达及其作用机理

在绵羊卵巢，卵母细胞广泛表达 BMP15 和 GDF9。原始卵泡及生长卵泡均存在有 GDF9 mRNA 及其蛋白，但 BMP15 mRNA 及其蛋白则存在于初级卵泡阶段。在卵泡生长的所有阶段卵母细胞均存在有 TGF/BMP 受体的配体、BMPR-II、活化素受体样激酶 6（activinreceptor-likekinase6，ALK6）、ALK3 和 ALK5 的 mRNA。在卵泡发育的各阶段粒细胞均存在有 BMPR-II 和 ALK3，而 ALK6 则存在于初级卵泡的粒细胞，ALK5 则存在于有腔卵泡的粒细胞。BMPR-Ⅱ、ALK3、ALK5 存在于生长卵泡的壁内层壁细胞。在卵泡壁层还存在有低水平的 ALK6 蛋白，说明可能存在该受体。在大鼠上，BMP15 以很低的亲和力与 ALK3 结合，BMPR-II 则抑制 BMP15 诱导的细胞功能，说明表达 ALK6 和 BMPR-1 的细胞可能为 BMP15 配体的靶细胞。如果在绵羊上也是如此，则有可能粒细胞和卵母细胞受来自卵母细胞的 BMP15 的调节。在大鼠的粒细胞，GDF9 能与 BMPR-11 结合，通过 Smad2 信号通路刺激抑制素 A 和 B 的产生，说明 1 型受体可能是活化素或 TGF 受体而不是 ALK3 或 ALK6。还有研究表明，ALK5（TGFβRI）是 GDF9 的 1 型受体，说明 GDF9 可能对卵母细胞具有自分泌调节作用，对粒细胞和壁细胞具有旁分泌调节作用。值得注意的是，绵羊在卵泡形成前及非生长卵泡均存在有 GDF9 mRNA 及其蛋白，因此可能是无功能活动的蛋白形式，或者是邻近的粒细胞无合适的受体，或者是 GDF9 相对无活性，因此不表现其功能。在啮齿类动物上，BMP15 和 GDF9 能刺激培养的粒细胞分化，而在绵羊只有重组的羊 BMP15 能刺激粒细胞分化。体外研究表明，BMP15 可以通过降低 FSH 受体的表达而降低粒细胞对 FSH 的敏感性，而杂合子的 Inverdale 和 Hanna 绵羊 BMP15 的浓度降低，因此 FSH 诱导的粒细胞反应增加，这可能是这两类绵羊排卵率高的主要原因。在杂合子的 lnverdale 绵羊，可观察到较高的 FSH-诱导型 cAMP 反应，但其血浆 FSH、LH

或卵巢甾体激素则与野生型绵羊没有明显差别。因为 GDF9 在大鼠能抑制 FSH 诱导的 cAMP 合成，因此绵羊 GDF9 突变的结果可能是增加了卵泡对 FSH 的敏感性，与 BMP15 一样能增加排卵率。

（三）ALK6（BMPR-18）突变

ALK6 突变最早是在布鲁拉母羊（FecB）发现的位于第 830 位的核苷酸发生的点突变，该突变使细胞间激酶域的高度保守区精氨酸替换谷氨酸（即 Q249R）。显性基因型表现为早熟性的卵泡发育和多胎。此外，在布鲁拉绵羊由于 ALK6 mRNA 存在于多种组织，除卵巢外也存在于大脑、垂体、肾脏、骨骼肌、子宫、前列腺及睾丸，因此 ALK6 可能还有许多其他作用。胎儿发育过程中心脏和中肾也有 ALK6 mRNA 表达，因此在胎儿发育过程中也可能发挥作用。目前发现，布鲁拉 Q249R ALK6 突变存在于世界上许多绵羊品种（Davis，2005）。

敲除 *ALK6* 基因的小鼠其表型与布鲁拉绵羊完全不同，其具有正常的卵泡发育和排卵率，但由于不能发生正常的卵丘扩张，因此生育力会降低。但与布鲁拉绵羊不同的是，ALK6 敲除小鼠其软骨发生会出现异常，因此骨骼系统的发育也会出现异常。

（四）ALK6 在卵巢内的表达位点及其作用机理

绵羊卵母细胞中存在有 ALK6 和 BMPR-II mRNA，而且在整个卵泡生长发育阶段这两种 mRNA 的表达都很高。因此，在大的有腔卵泡，ALK6 的水平降低，但 BMPR-II mRNA 则没有明显变化。此外生长卵泡的粒细胞也存在有 ALK6 和 BMPR-IImRNA，但在壁内层细胞只有极少或不存在有 ALK6。由于在 ALK6 和 BMP15 突变的杂合子 BooroolaInverdale 杂种绵羊这两种因子对排卵率的作用是相加性的，因此 BMP15 和 ALK6 之间对排卵率的调节可能具有协同作用。此外，有研究表明，BMP 而不是 TGFβ1 或活化素 A 的信号传导途径在携带 Q249RALK6 突变的绵羊粒细胞已经发生了改变。由于在卵泡发育的早期 BMP6 和 BMP15 在卵母细胞有表达，因此这两种卵泡内配体可能与 BMPR-Ⅱ/mutant ALK6 形成复合体，影响早期生长卵泡中卵母细胞和粒细胞的发育。携带布鲁拉突变的纯合子和不携带该基因的绵羊，卵母细胞达到成熟大小的时间较早。

第二节 绵羊多羔生理学基础

绵羊的胎产羔数最高纪录可能是瑞典兰德瑞斯（Swedish Landrace）绵羊，

其出生及断奶的胎产羔数为 8 只；在新西兰和芬兰，也有报道胎产羔数达到 8 只。

绵羊在出生后卵巢上卵泡的数量逐渐减少，出生后分别在 15d 至 1 月龄之间，卵巢上有 2 层粒细胞的卵泡数量达到最多，在之后的 4 个月逐渐减少，数量只能达到 1 月龄时的 4/5（表 7-1）。

表 7-1 绵羊出生后卵巢卵泡数量的变化 单位：个月

年龄	出生	15d	1	2	3	4
生长卵泡	513	476	500	209	111	114
有腔卵泡	139	90	211	183	81	46

一、排多卵时的内分泌及卵巢变化特点

饲养管理及环境等因素对绵羊的排卵率有重要影响，但在发情周期的一定阶段注射促性腺激素也可诱导其排多卵，因此能获得多羔。

（一）卵巢卵泡的数量

绵羊卵巢上卵泡的总量由原始卵泡、腔前卵泡组成的卵泡库和少量生长期间的大卵泡组成，卵巢上生长卵泡的数量与排卵率有直接关系。绵羊卵巢上的卵泡基本可以分为 3 类，即：优势卵泡、过渡卵泡和生长卵泡。过渡卵泡向生长卵泡的补充受垂体促性腺激素的调节，过渡期的卵泡需要 FSH 受体，然后在促性腺激素的作用下选择性地进入生长期。

有人估计，美利奴绵羊每天卵巢上有 3~4 个卵泡补充进入生长卵泡群，而 6 个月之后最终排卵的卵泡数量则是由生长阶段发生的闭锁卵泡的数量决定的。卵泡在生长到出现腔体之前的过程极为缓慢（130d），之后进入快速生长期（45d）；卵泡的生长期比较长，说明繁殖季节排卵的卵泡可能在此前 6 个月的乏情季节就已经开始生长。乏情季节卵巢上发育的腔前卵泡的数量增加，但在繁殖季节则减少，说明乏情可能对动物卵巢来说是一个必须的恢复阶段。

（二）卵泡与排卵率

芬兰兰德瑞斯及罗曼诺夫绵羊的排卵率较高，对这两种绵羊的卵巢及乏情特征与其他绵羊进行的比较表明，发现该品系绵羊羔羊在出生时其卵巢上卵泡的数量就比其他品种的羊多，而且其杂种的发情期持续时间也比其他品种长。

不同绵羊，甚至同一绵羊品种，FSH 浓度的差异很大，而且目前对卵泡生长过程中对促性腺激素敏感的阶段了解得还不清楚，有研究认为至少在周期

的第 12~14d 有一个敏感时期，此时促性腺激素的水平对决定卵泡在下次发情时是否会发生排卵是极为重要的。对不同营养状态的绵羊进行的比较研究表明，周期第 13~14d 的 FSH 水平比第 1d 高。

绵羊在发情周期中出现两次 FSH 峰值，第一次与 LH 排卵峰同时出现，第 2 次则出现在 LH 峰值之后 20~30h，该峰值与下次情期中出现的有腔卵泡的数量有一定关系。LH 排卵峰也与排卵率有一定关系，这种关系主要表现在发情与 LH 峰值释放的时间间隔上。

二、影响绵羊排卵限额的因素

近年来的研究表明，控制绵羊发情周期排卵时卵子数量的主要因素为 BMP15 和 GDF9，这两种因子在调控卵子生成、排卵率和胎产羔数中均发挥极为关键的作用。在哺乳动物，排卵时排出的卵子数量是排卵前卵泡发育的反应，因此以动物种类为特异性的优势卵泡的产生是决定排卵数的关键因素。优势卵泡的生成是一个涉及卵泡生长、细胞分化和胞质分化的过程。在该过程的早期（即卵泡生长的腔前阶段，也即不依赖于促性腺激素阶段），卵泡的生长和发育受自分泌和旁分泌因素的调控。在后期的发育中，粒细胞上的 FSH 受体对腔前卵泡的成熟是必需的，由于这种作用，使卵泡继续生长发育到排卵前的优势卵泡。

动物的排卵限额主要是受遗传控制，因此确定控制动物排卵数的基因是研究动物排卵限额的主要任务。近年来发现的 BMP15 和 GDF9 在决定动物排卵限额中发挥举足轻重的作用。

（一）BMP15 和 GDF9 对排卵限额的控制作用

大多数绵羊在每个发情周期能排 1~2 个卵子，但在长期的选育中人们发现有些绵羊可产 2~3 只羔，对这些绵羊的遗传背景进行的研究表明其在 BMP15 和 GDF9 基因发生了突变，其中 BMP15 的点突变见于 lnverdale、Belclare、Hanna 和 Cambridge 绵羊，在 lnverdale 绵羊多胎基因为 *FecXI*，其在 *BMP*15 蛋白的成熟区发生了 V31D 氨基酸替换；在 Belclare 绵羊的多胎基因 *FecXB* 在 *BMP*15 成熟蛋白发生了 S99I 替换；Hanna 绵羊的多胎基因 *FecXH*，突变在成熟的 *BMP*15 蛋白的第 23 个氨基酸残基产生一个成熟前终止密码；在 Cambridge 绵羊的多胎基因 *FecXG*，在前蛋白的第 239 个氨基酸产生一个成熟前终止密码。携带上述任何 *BMP*15 突变基因的杂合子由于排卵限额增加而出现多胎，而纯合子大多由于卵子生成异常而引起不育。

GDF 基因（FecGH）的点突变可引起 GDF9 蛋白的成熟区发生 S77F 替换，这种情况出现于 Belclare 绵羊和 Cambridge 绵羊，携带该突变基因的绵羊其表

型与携带 *BMP*15 突变基因的绵羊相似，杂合子表型排多卵而纯合子多不育。

在小鼠，敲除 *GDF*9 基因的纯合子不育，其卵巢的基本特征与 *BMP*15 基因突变纯合子相似，卵泡生长发育受阻。但与绵羊不同的是，定向敲除 *GDF*9 基因的纯合子小鼠表型正常，与 *BMP*15 突变纯合子绵羊和敲除 *GDF*9 基因的小鼠不同，敲除 *BMP*15 的纯合子小鼠生育力只有轻微降低，而引起这种生育力降低的主要原因不是卵泡发育异常而是由于排卵异常和早期胚胎发育异常所引起。因此敲除 *BMP*15 的小鼠其繁殖表型与 *BMP*15 突变的绵羊完全不同（表 7-2）。

表 7-2　*BMP*15 或 *GDF*9 基因突变或删除后绵羊和小鼠表型差别的比较

基因	基因型	杂合子	纯合子
*BMP*15	绵羊（点突变：$FecX^{I}$、$FecX^{H}$、$FecX^{B}$、$FecX^{G}$） 小鼠（敲除 *BMP*15 基因的 2 个外显子）	卵泡提早发育引起排卵限额和胎产羔数增加 未见表型异常	卵巢呈杆状，卵泡发育停止，不育 排卵限额降低，胚胎发育异常，生育力降低
*GDF*9	绵羊（删除 *BMP*15 基因的第 2 个外显子） 小鼠（删除 *GDF*9 基因的 2 个外显子）	卵泡提早发育引起排卵限额和胎产羔数增加 未见表型异常	不育 卵巢异常，卵泡发育异常，不育

（二）*BMP*15 和 *GDF*9 控制排卵限额的细胞机理

采用重组 *BMP*15 和 *GDF*9 进行的研究表明，这两种因子在控制卵泡生成中发挥重要作用。*BMP*15 和 *GDF*9 均是粒细胞分裂的促进因子，因此敲除 *GDF*9 基因的纯合子小鼠会出现不育，*BMP*15 突变的纯合子也是如此。卵泡在发育的早期阶段不依赖于促性腺激素，因此粒细胞的分裂可能需要 *BMP*15 和 *GDF*9 的作用。*BMP*15 和 *GDF*9 突变杂合子绵羊由于优势卵泡和排卵的卵子增加，因此其生育力增加。对这些绵羊的卵巢进行的研究表明，其黄体明显较野生型绵羊小，主要可能是由于优势卵泡的发育加快，因此可能以较小的体积排卵所致。但野生型和杂合子绵羊血浆 FSH 浓度没有明显差别，说明卵泡库中卵泡的发育需要提早对 FSH 出现敏感性。研究表明，*BMP*15 能直接作用于粒细胞，抑制 FSH 受体 mRNA 的表达，因此抑制了 FSH 反应型基因，例如 LH 受体基因的表达。在 *BMP*15 突变杂合子绵羊，由于 *BMP*15 浓度降低，使得粒细胞对 FSH 的敏感性增加，可以使更多的卵泡得到选择，进一步发育到排卵。同样，*GDF*9 能降低粒细胞 FSH 刺激的 cAMP 生成和 LH 受体 mRNA 的表达，在 *GDF*9 突变杂合子绵羊可增加 FSH 的敏感性，使得排卵卵泡数增加。由此也说明在 *BMP*15 和 *GDF*9 突变绵羊，其排卵数增加的机理是相同的。

（三）其他因素对排卵限额的影响

近来的研究还表明，卵母细胞本身对卵泡细胞的组织、发育和功能发挥重要的调节作用，因此，卵母细胞或者卵母细胞产生的因子，例如 BMP15 和 GDF9 在促进卵泡发育中也发挥重要作用，对这种作用的研究将促进对排卵限额控制机理的研究。

综上所述可以认为，虽然对绵羊排卵数量的遗传基础进行了大量的研究，但仍有许多问题，例如 BMP15-GDF9 异二聚体的作用、BMP15 和 GDF9 受体系统的种间差异、BMP15 和 GDF9 翻译后加工过程的种间差别等的研究，将极大地促进对排卵数量调控的生理机制的研究。

第三节　多羔处理技术

选育、饲养管理以及选用多胎品种都是增加绵羊产羔数的实用技术，但在许多情况下可以考虑采用激素诱导多胎技术，尤其是双胎率比较低的羊群以及没有采用多胎选育的羊群，这种处理方法具有较高的实用价值。

目前研究和改良绵羊多胎性的方法主要是从遗传学、育种学和繁殖学 3 个方面进行。繁殖学技术主要包括采用各种激素刺激母羊超数排卵、胚胎移植、胚胎分割、胚胎冷冻、人工输精、性别控制等技术。遗传学技术和育种学技术除杂交和选择等常规方法外，还可利用遗传标记、基因工程、各种组学技术等作为进行多胎性能主效基因的研究和利用手段。目前进展很快的是进行多胎性状分子遗传基础研究，寻找多胎性基因位点和适合的分子遗传学标记，为绵羊多胎基因的利用和高繁殖率绵羊的选育提供依据，利用分子标记辅助选择（MAS）控制多胎性能的主效基因，提高单胎绵羊品种的产羔率。

一、eCG 处理技术

苏联对 eCG 诱导绵羊多胎进行了大量的研究，当时苏联就采用这种技术，处理卡拉库尔绵羊。此外，学者研究证实在绵羊发情周期的卵泡期（第 12~13d）一次注射 eCG 500~2 000IU 可以明显提高排卵率。此后许多人对采用 eCG 增加绵羊产羔率的方法进行了研究。

英国和爱尔兰以 250~1 000IU 剂量的 eCG 对绵羊进行处理的研究表明（表 7-3），采用 eCG 进行绵羊多羔生产时存在的主要问题是胚胎死亡率高，尤其是在 3~5 羔的情况下胚胎死亡十分明显。其中效果最好的是在通常情况下双胎率比较低的品种，如罗姆尼羊和南丘羊等，另外一些品种，例如萨福克羊等，自然情况下其双胎率就在50%以上，因此效果不十分明显。

采用eCG进行多胎处理在苏联主要是在20世纪50—60年代。澳大利亚则主要是对中、低产品种，如美利奴羊等进行研究，新西兰则对罗姆尼羊等进行了研究，这些研究表明，高产品种对eCG的反应比中低产的明显更好。

表7-3 发情周期卵泡期应用eCG增加绵羊胎产羔数的效果

eCG剂量/IU	处理羊只		对照	
	处理数/只	产羔数/只	羊只数/只	产羔数/只
500	15	1.67	15	1.47
500	131	1.38	132	1.17
1 000	94	1.76	103	1.07
500	20	1.80	20	1.15
750	20	2.05	20	1.20
250~500	452	1.71	435	1.52
750~1 000	595	1.89	562	1.49
500	614	1.78	475	1.16
5IU/453g体重	57	1.95	59	1.25

（一）eCG处理在正常发情周期时存在的问题

在生产实际中使用eCG处理时必须要有结扎输精管的公羊跟群以便能确定注射eCG的时间。由于要采用不育公羊，并且要经常检查是否发情，因此使得这种技术在正常的生产条件下使用十分困难。有时则由于第一次发情是由不育公羊监测到的，因此，很难在预定的时间内配种。

为此，人们试图建立一种先用孕激素进行同期发情，然后再在发情周期注射促性腺激素的处理方法。如果这种方法在提高生育力的同时又能引起同期发情，则在生产实际中既能实现频密产羔，也能实现多胎生产，因此在生产中具有广阔的应用前景。

（二）eCG与同期发情处理

20世纪50年代新西兰进行的研究是先注射8d孕酮，然后再注射eCG，大多数绵羊会在7d之内发情，eCG处理后的胎产羔数为1.5，而对照为1.1。英国和加拿大也采用相同的处理方法处理绵羊，多胎率有一定程度的增加。但上述处理方法中孕酮要多次连续注射数天，因此很难在生产实际中推广应用，随着阴道海绵栓和CIDR阴道栓技术的应用，才使这种处理方法在生产中被广泛应用。

绵羊采用FGA-海绵-eCG（750IU）处理是一种可以在生产中应用的提高

多胎的良好方法，eCG 与各种孕酮（FGA/MAP/norgestomet）合用均可以明显提高发情时产生的卵母细胞的数量。

（三）前列腺素与 eCG

PGF2α 及其类似物是绵羊同期发情所采用的方法之一，如果在第二次注射 PGF2α 时注射 eCG 也可促进排卵而使排卵率增加。

（四）黄体期早期用促性腺激素处理

除了在发情周期的卵泡期一次注射 eCG 外，也可在黄体期早期（周期第 2d）注射，这与周期第 12d 注射相比，主要优点是排卵反应的差别明显减小，因此不会出现过高的排卵率和胎产羔数。

二、GnRH 处理技术

GnRH 及其类似物可以在周期结束时引起促性腺激素释放，因此控制卵泡发育。在周期第 12d 注射 GnRH 时，可使排卵率提高 20%。但对 GnRH 用于提高绵羊的胎产羔数仍然需要进行大量的研究。

三、生长激素处理

重组牛生长激素（rBST）对卵泡发育有明显的影响，采用这种处理方法能够明显增加卵巢上小卵泡的数量，表明 rBST 在卵泡生成的早期阶段对卵泡的发育具有刺激作用。

四、Epostane 的应用

用 3-羟甾脱氢酶（3β-HSD）抑制剂处理能减少甾体激素的生成。例如用 Epostane 处理绵羊可使其排卵率和产羔数明显增加。

Epostane 处理可以改变下丘脑—垂体和卵巢之间的激素反馈平衡，这种处理方法在生产实际中的应用则取决于选择合适的抑制剂及其剂量，以增加排卵率，但对发情及排卵的时间没有不良影响，此外也必须要有合适的给药方法。口服 Epostane（周期第 10~15d，每天 2 次）对卵泡甾体激素生成有明显影响，但可使黄体数量明显增加。其对排卵率的影响可能不是通过增加 FSH 的分泌而发挥的，可能是通过卵泡内甾体激素减少或者改变 LH 的分泌范型而发挥作用。

五、褪黑素处理

埋植褪黑素可以提高绵羊的繁殖性能，但每个品种及地区在处理时必须注意埋植时间和引入公羊的时间，其对处理效果有极为重要的影响。就长期处理的效果来看，褪黑素开始处理后 114~162d 配种则怀孕率和多胎率都很低。

六、抗激素处理

动物正常的排卵过程取决于垂体促性腺激素对发育卵泡的刺激作用和雌激素、抑制素负反馈作用之间的平衡。卵巢产生的雌激素的量取决于卵泡的数量和成熟阶段，排卵率高的绵羊发育卵泡的数量更多，因此分泌的雌激素更多。多胎绵羊的排卵率高可能也与下丘脑—垂体轴系对卵巢雌激素的负反馈作用的敏感性降低有关，因此使促性腺激素维持较高的水平，在关键时刻能够支持大量卵泡的生长发育。根据上述作用原理，人们建立了多种调控绵羊多羔的技术。

降低雌激素负反馈作用的方法之一是采用抗雌激素或者弱雌激素类物质，降低卵巢产生的内源性雌激素的抑制作用。克罗米酚就是一种抗雌激素药物，最初用于人的诱导排卵，后来在绵羊上采用 1~90mg 克罗米酚进行处理，但效果并不十分理想。

七、激素免疫

绵羊的卵巢可以分泌 9 种甾体激素，包括睾酮、雄烯醇酮等雄激素，雌二醇、雌酮等雌激素和抑制素等。

外源性睾酮能够引起绵羊发情、释放 LH 及排卵，说明卵巢分泌的雄激素具有重要的生理作用，绵羊用睾酮免疫之后大多数可以不发生排卵，而针对雌激素（雌二醇或雌酮）免疫对垂体功能会产生一种类似去势的作用，LH 和 FSH 的基础水平以及 LH 的波动频率与摘除卵巢的母羊相似。

（一）雄烯二酮免疫

绵羊用雄烯二酮免疫之后排卵率增加，说明雄烯二酮也可能作用于下丘脑—垂体，通过其负反馈作用调节卵巢功能。早期的研究中发现，虽然免疫之后排卵率增加，但常常由于免疫母羊的空怀率升高而使产羔率降低。但可以通过改变佐剂及免疫原的剂量控制抗体水平，这样可以克服乏情及空怀等问题。

（二）商用疫苗多胎素的研制

1983 年澳大利亚在 CSIRO 和 Glaxo Australian Pty. Ltd 的共同支持下研制了商用的多胎素 Fecundin，第一年使用 Feucidin 时，母羊需要在配种之前间隔 4~8 周重复注射 2 次，第 2 年对技术进行了改进，只需要在配种前 4 周进行一次注射。

但有时用 Fecundin 处理美利奴绵羊之后受胎率反而下降，只是胎产羔数增加。用雄烯醇酮或者雌酮免疫之后也可使美利奴绵羊的排卵率增加。虽然配种时绵羊的体重对其繁殖性能没有明显影响，但营养却有重要作用，饲养良好的母羊配种之后的多胎率明显较高。

对雄烯醇酮免疫的绵羊来说，FSH 浓度并非是其提高排卵率的关键因素，而 LH 浓度的增加或者卵巢内的调节机理可能与排卵率有直接关系。

（三）抑制素免疫

虽然卵巢甾体激素的负反馈调节对垂体 FSH 的分泌发挥重要的调节作用，大量的研究表明，卵巢产生的抑制素能选择性地抑制 FSH 的分泌。

1. 抑制素的作用

正常发情周期中，黄体退化之后孕酮的分泌降低，因此垂体受孕酮的抑制作用减少，LH 和 FSH 浓度增加，促进了卵泡的生长成熟，雌激素浓度增加，最后导致排卵。LH 可作用于壁细胞，刺激其产生雄激素，雄激素也可刺激卵泡产生抑制素。

在卵泡期 LH 和雌激素浓度升高时，卵泡期中期由于雌激素和抑制素对垂体的抑制作用，FSH 的浓度降低。用抑制素主动免疫绵羊时，可以降低其在卵泡期中期对 FSH 分泌的抑制作用，因此可以使更多的卵泡达到成熟而排卵。

2. 商用抑制素疫苗的研制

对绵羊和牛采用抑制素免疫可提高其繁殖性。抑制素 α-亚单位的合成片段可以用作半抗原，免疫之后绵羊的排卵率明显提高；用抑制素（牛 α1~29 多肽片段）免疫之后免疫绵羊的 FSH 水平可增加，排卵率及产羔率均比对照高，而且血液中抗体的持续时间可以达到 3 年，胎产羔数增加，但血液中 FSH 浓度并不增加。

八、分子标记辅助选择技术

分子标记辅助选择为显著提高绵羊多胎性这样的低遗传力（0~0.2）的生产性状提供了新的途径。

MAS 以多种分子标记为前提，如限制性片段长度多态性（RFLP）、扩增片段长度多态性（AFLP）、随机扩增多态性（CRAPO）、小卫星（minisatellite）、微卫星（microsatellite）、单核苷酸多态性（singlenucleotidepoly-morphisms，SNAP）等，均为常规选择的辅助手段，实现了由表型选择到基因型选择的改变，提高了选择的准确性，加快了遗传改良速度。

目前借助分子生物学技术可直接研究影响表型数量性状的数量性状位点

(QTLs)，在 DNA 水平找到与数量性状相连锁的主效基因和与其紧密连锁的分子标记。寻找 QTLs 和识别与数量性状连锁的 DNA 标记常用的方法有基因组扫描法和候选基因法。基因组扫描法是逐个分析基因组中大量散在分布的多态性遗传标记与数量性状变异的连锁关系，借助这些标记可以跟踪对数量性状表现有影响的功能基因位点在染色体上的位置及其效应，从而寻找 QTLs。候选基因是指基于生理、生化角度考虑，把一些功能基因作为影响相应性状的候选基因，再在候选基因中寻找与性状表型变异相关的 DNA 信息作为标记。由于获得繁殖性状有关资料需要组建较大的资源群，难度大，需要的时间长，因此对繁殖性状而言，候选基因法有明显的优势。

第四节 多羔母羊及羔羊管理

绵羊的多胎比较多见，但主要问题是羔羊出生后的成活问题。围产期羔羊的死亡是绵羊生产中的一个主要问题，据文献资料报道死亡率为 10%~20%。大多数羔羊死于出生后数天，主要原因是营养、行为和生理原因，而传染病的发生则相对较少。

一般来说，在某一品种内，随着羔羊出生重的增加，死亡率下降，但出生重如果太大，则会由于难产而使死亡率升高。

一、多胎存在的主要问题

在正常羊群，平均胎产羔数为 1.5 只，如果每胎超过 2 只，则胎儿一般较小，如果胎产羔数为 2.5 只，则可能出现 40%以上的 3 胎和 15%以上的 4~5 胎，此时胎儿死亡率会增加。研究表明，随着胎产羔数的增加，胎儿的出生重下降。在 3 羔以上多胎，随着胎产羔数的增加，成活的胎儿逐渐减少，而且由于饲料、劳力等的增加而使投入增多、成本提高。

对多胎绵羊进行的大量研究表明，如果采用适宜的管理措施可以降低羔羊的死亡率。对绵羊胎儿发育的解剖学研究表明，来自胎产羔数多的羔羊较小，但其发育良好，只是出生重较轻，因此如果在出生之后尽快灌服初乳，则可有效降低羔羊死亡率。出生羔羊产后衰弱的另外一个原因是胎粪停滞，主要原因是由于摄入的初乳不足所引起。

二、多羔与母羊权益

胎产羔数多可能在怀孕后期对母羊是一种应激。对于频密产羔的绵羊，最好的胎产羔数应该是 2 只。

三、异性孪生不育

虽然一般认为异性孪生不育主要出现在牛，但这种情况也发生于绵羊，尤其是高产绵羊。在绵羊怀双胎时，可能是临近的绒毛膜而不是临近的尿膜融合，多胎时（3 胎以上）临近尿膜融合的趋势更大。

第八章　规模化羊场高频快繁技术

第一节　绵羊早繁技术

绵羊的繁殖机能是一个由发生、发展至衰老的过程。生殖活动从胎儿及初生时候已经开始，受环境、中枢神经系统、下丘脑、垂体和性腺之间相互作用的调节。在机体的不断发育过程中，卵子和精子也在不断发育成熟。绵羊逐渐进入初情期后开始获得生育能力。

一、初情期的生理学及内分泌学特点

（一）初情期的生理学特点

初情期是指母绵羊初次表现发情和排卵而公羊开始出现性反射，并第一次释放出能够使卵子受精的精子的时期。在小母羊上是指能够发生自发性排卵及配种能够受胎的生理过程，在该过程中发生的每种变化都是雌激素通过正反馈作用，激活促性腺激素出现分泌高峰作用的结果。绵羊在出生后数周就建立了对雌激素正反馈作用发生反应的能力，因此其对外源性雌激素发生反应引起的LH释放的幅度在27周龄时就与成年羊相同。

绵羊在初情期前其生殖器官的生长是比较缓慢的，随着年龄的增长，生殖器官也逐渐增长，性腺达到成熟，当发育到一定年龄和体重时，便进入初情期。

公绵羊的初情期是指公绵羊睾丸逐渐具有内分泌功能和生殖功能的时期。从实践上看，最为明显的指标是公绵羊不但表现完全的性行为，而且精液中开始出现具有受精能力的精子。进入初情期的公羊虽然已有生殖能力，但精液中精子的活力和正常精子百分率都不及性成熟的公畜，表现出“初情期不育”现象。

母羊生长发育到一定的年龄时开始出现发情和排卵，为母羊的初情期，是性成熟的初级阶段。初情期以前，母羊的生殖道和卵巢增长较慢，卵巢上虽有

卵泡发育，但后来闭锁退化，新的卵泡又生长发育又再退化，如此反复直到初情期开始，卵泡才能生长成熟并排卵。达到初情期时，母羊虽已开始具有繁殖能力，但生殖器官尚未充分发育，功能也不完全。第一次发情时，卵巢上虽有卵泡发育和排卵，但因为体内缺乏孕酮，一般不表现发情征兆（安静发情）；或者虽有发情表现且有卵泡发育，但不排卵；或者能够排卵，但不受孕，表现为“初情期不孕”。

母羊在初情期前，生殖器官的增长速度与其他器官非常相似，但进入初情期后，生殖器官的增长速度明显加快。实验证明，把初情期前动物的性腺（睾丸或卵巢）埋植到成年动物后，性腺机能就能迅速发挥作用，另外给初情期前的绵羊注射外源性促性腺激素后，卵巢就能够发生反应而排卵，睾丸就能产生精子。

一般说来，公羊的初情期比母羊晚，这主要受遗传（品种）因素的影响。另外，季节、温度、饲养管理条件、个体差异（特别是体重）等因素也可影响初情期出现的时间，但一般是在 5~8 月龄，在这个时候，公羊可以产生精子，母羊可以产生成熟的卵子，如果此时交配即能受胎。但绵羊达到初情期并不意味着可以配种，因为绵羊刚达到性成熟时，其身体并未达到充分发育的程度。如果这时进行配种，就可能影响它本身和胎儿的生长发育，因此，公、母羔在 4 月龄断奶时，一定要分群管理，以避免偷配。

（二）初情期的内分泌学特点

绵羊发育到初情期，性腺才真正具有了配子生成和内分泌的双重作用。初情期的开始和垂体释放促性腺激素具有密切关系。初情期以前，下丘脑及垂体对性腺类固醇激素的抑制作用（负反馈）极为敏感，性腺产生的少量性腺激素就能抑制 GnRH 和促性腺激素的释放。随着机体发育，下丘脑对这种反馈性抑制的敏感性逐渐减弱，GnRH 脉冲式分泌的频率增加。垂体对下丘脑 GnRH 的敏感性增强，促性腺激素分泌频率和分泌量也相应的增加，导致卵巢上出现成熟卵泡，并分泌雌激素，母羊出现发情。

在初情期之前抑制促性腺激素分泌的因素中，除性腺激素的负反馈作用之外，还可能存在有与类固醇激素无关的抑制 GnRH 分泌的因素。松果腺、大脑杏仁核和前脑到下丘脑的扩散抑制路径也相应发生变化。肾上腺类固醇分泌的增加有助于降低激素对垂体负反馈机制的敏感性。

随着初情期的开始，丘脑下部 GnRH 脉冲式分泌的频率增加，促性腺激素分泌的水平也相应的提高，性腺受到的刺激强度增大，并发挥其特有的功能。

1. LH 的释放

初情期前羔羊控制 LH 峰值的机理没有功能活动，但随着初情期的到来，这种活动逐渐开始。小母羊 LH 基础分泌的主要特点是其波动的频率逐渐增加，但 FSH 则没有这种变化，说明控制小母羊 LH 和 FSH 分泌的机理可能完全不同。母羊在出生后数周 LH 的基础分泌就增加，例如有些品种的绵羊在出生后 4 周 LH 就出现波动性分泌，所有羊只在 9~11 周龄时都可出现 LH 的波动性分泌，这种波动性分泌使得血液中 LH 的水平超过成年母羊 LH 的基础浓度。

LH 的波动性分泌引起其波动性释放，发育的小母羊 LH 波动的频率每小时不足一次。达到初情期时 LH 的波动频率可以达到每小时一次，这可能主要是由于卵巢雌激素的负反馈作用降低所致。

2. GnRH 神经内分泌系统的性别分化

绵羊在初情期前一个最为重要的内分泌变化是 GnRH 的分泌增加。绵羊在出生前的发育过程中，GnRH 神经分泌系统就有明显的性别差异。在母羔上，通常在出生后能够对光周期的变化发生反应而出现 GnRH 的分泌频率增加，而在公羔上，由于分化发育上的差别，其在出生后对光周期的变化不敏感，因此初情期开始时，GnRH 的高频释放通常是在生后的生长发育时出现。

3. 内源性类阿片活性肽的调节

内源性类阿片活性肽可能对绵羊初情期 LH 的波动性分泌发挥重要的调节作用。一般来说，内源性类阿片活性肽对生长母羊的 LH 的波动性分泌具有抑制作用，这种抑制作用可能调节母羊对甾体激素负反馈抑制作用的敏感性，因此对 LH 的波动性分泌发挥调节作用。

4. 初情期的内分泌变化

初情期开始时，由于 LH 分泌的波动频率增加到差不多每小时一次，因此在初情期开始时的几天内 LH 的基础浓度逐渐增加，导致卵泡发育至排卵前阶段，雌激素的产生逐渐增加，最后激活 LH 排卵峰释放的机理。

一般认为，由于下丘脑—垂体轴系对雌激素的负反馈调节作用的反应性明显降低，因此母羊开始进入初情期。研究表明，如果摘除母羊的卵巢则可将 LH 的波动频率增加到每小时一次；如果通过每小时注射 LH 的方法产生这种 LH 的波动频率，也可以产生 LH 的排卵峰和排卵。

5. 对雌激素的超敏感

如果能消除卵巢甾体激素的负反馈抑制作用，则小母羊的 LH 一般都能产生每小时一次的释放频率，说明卵巢能产生大量的雌激素，抑制 LH 的分泌。小母羊初情期的开始和成年母羊繁殖季节的开始十分类似，繁殖季节的开始也是因为下丘脑—垂体轴系对卵巢产生的雌激素负反馈作用的敏感性降低，因此 LH 的分泌增加。由此可见，对雌激素负反馈作用的超敏感及其围绕这一调节机理所发生的变化可能是启动绵羊初情期和繁殖季节开始的共同机理。

6. 初情期开始的 Gonadostat 理论

随着小母羊年龄的增长，其对雌激素负反馈作用的敏感性逐渐降低，LH 的波动频率逐渐增加，引起卵巢上卵泡发育，雌激素的产生逐渐增加，出现 LH 排卵峰，最后导致第一次排卵而启动初情期。

7. 第一次排卵前发生的主要变化

小母羊在发育成熟过程中第一次促性腺激素排卵峰值之前首先出现的是雌激素浓度的逐渐增加。初情期前后雌激素抑制下丘脑—垂体轴系调节 LH 分泌的能力降低，负反馈作用的这种重大变化使得促性腺激素的分泌增加，引起导致初情期第一次排卵的内分泌信号传导。

虽然雌激素抑制初情期前绵羊 LH 的分泌，但这种抑制作用并非绝对的，LH 仍然会出现波动性分泌，只是这种波动的频率变化基本为每周一次。初情期之前卵巢和神经内分泌系统之间存在有动态关系，LH 波动频率的变化可能是由于卵巢上卵泡发育和萎缩变化所引起。

8. 生长激素的作用

母羊在达到初情期时 LH 的分泌频率增加，在正常发育过程中一般在 LH 分泌之前生长激素的分泌降低。生长激素可能是一种代谢调节信号，其从大脑传递信号，影响 LH 的分泌，因此生长激素的下降，可能对初情期的发生具有一定作用。但目前的研究尚不能证实初情期的开始必须要有生长激素的降低。

9. 第一次排卵与黄体

虽然初情期最具特征的变化是第一次表现发情，但此阶段发生的内分泌变化极为复杂。而且有研究发现，母羊可能在表现第一次发情之前已经经过了 2 个卵巢周期，因此由于安静发情而形成的黄体也具有正常的黄体期而发挥作用，但有时也出现短周期。短周期的时间还不到正常发情周期的一半，是由第一次 LH 排卵峰所引起。这种短周期也出现于从非繁殖季节向繁殖季节过渡时。

青年母羊在向初情期过渡时，其必须建立溶黄体机制，如果在此过渡阶段溶黄体机制不健全则可以引起黄体过早溶解及退化。建立这种溶黄体机制时母羊子宫内膜必须要有足够的催产素受体，而孕酮则能诱导催产素刺激 PGF2α 的释放。

二、影响初情期的因素

绵羊的初情期一般为 5~8 月龄，其表现早晚主要是由品种、气候、营养、出生季节、公羊的影响等因素引起的。

（一）品种

遗传因素对小母羊的繁殖性能有显著影响。学者对 19 组遗传不同的小母羊的研究表明，纯种的 Corriedales 的产羔率为 33%，杂种 Finn 可以达到 100%；兰布莱杂种和芬兰绵羊杂种的繁殖性能比其他品种更好。

罗曼诺夫绵羊的排卵率高，达到初情期的年龄也较早。南非的罗曼诺夫杂种表现发情的年龄比卡拉库尔绵羊早；如果在与杜波绵羊的杂交育种中增加罗曼诺夫血液，可以提早杂种羊的初情期，提高排卵率。

（二）环境

环境因素包括温度、光照、湿度等。一般来说，南方的母羊的初情期较北方的早，热带的羊较寒带或温带的早。早春产的母羔即可在当年秋季发情，而夏秋两季产的母羔一般需到第二年秋季才发情，其差别较大。

许多研究表明，有些品种的绵羊其小母羊在冬末光照长度的变化抑制性活动之前不能出现发情，在产羔季节出生迟的羔羊在其出生后的第一个秋季一般也不能表现发情；夏季生长速度慢的羔羊也多在第二个秋季才表现发情。

春季出生的羔羊，夏至之后光照长度的缩短是其出生后第一年秋季开始初情期的重要启动因素。如果羔羊饲养在持续的短光照条件下，初情期至少会延迟半年。光照变化的趋势也十分重要，如果使羔羊接触长光照，之后突然使其接触短光照，可使初情期的开始比接受相反方向的处理更早。羔羊在其胎儿期的早期就存在特异性的褪黑素结合位点，而且胎儿在母体子宫内就能接受母体通过胎盘褪黑素传递的外界光照变化的信息，从而影响其出生之后的神经内分泌功能。

关于温度对羔羊繁殖性能的影响目前进行的研究不是很多，有研究表明，如果在乏情季节末期剪毛，可以提早成年母羊繁殖季节的开始；但秋季剪毛之后则对羔羊初情期的开始没有明显影响。配种前剪毛，可以明显提高小母羊的受胎率。

（三）营养

初情期与羊的体重关系密切，并直接与生殖激素的合成和释放有关。营养良好的母羊体重增长很快，生殖器官生长发育正常，生殖激素的合成与释放不会受阻，因此其初情期表现较早，营养不足则可延迟初情期的到来。

增加成年羊的体重可以提高其繁殖性能，在小母羊上，由于初情期的发生在很大程度上取决于其生后第一个秋天达到的体重，因此体重对其繁殖性能的影响更加明显。大多数研究表明，小母羊的繁殖性能随着其体重的增加而增加，而且随着体重的增加，表现发情的小母羊数量增加。

小母羊的第一次发情常在体重达到成年体重的70%左右时发生，但也与季节有很大关系。萨福克杂种羔羊10月初达到初情期时的体重为44kg，但12月时则降低到33kg。

配种前的营养突击并不一定总是能增加小母羊的排卵率，在此阶段配种时，一般来说以产单羔较好。

（四）出生季节

绵羊在发情季节早期受胎比发情季节晚期受胎所产羔羊的初情期要早。因此为了提高绵羊的繁殖效能，必须抓紧繁殖季节早期配种。绵羊所产的春羔，出生后气温逐渐变暖和，因饲料饲草丰富，发育良好，则初情期年龄比冬羔要早。

出生季节明显影响达到初情期的年龄。在正常出生季节以外出生的羔羊，环境因素可以通过延迟对雌激素的反应而延迟初情期，因此其初情期一直要到正常繁殖季节时才开始。

在表现发情并配种的小母羊，其受胎率要远远比同品种成年羊低很多，其空怀率常达20%~40%。生后第一年没有达到初情期的小母羊安静发情的比例很高。

随着羔羊在配种时年龄的增加，配种后的受胎率及产羔率均显著增加。但出生日期对此有显著影响，例如1月到4月初出生的羔羊，年龄对繁殖性能没有明显影响，其在繁殖季节开始时的体重也极为相近。

（五）公羊的影响

公羊效应对初情期的影响还不是很清楚，如果羔羊在从初情期前过渡到初情期时突然引入公羊可使其第一次发情高度同期化。如果10月初在小母羊群中引入公羊，可使其发情提前2周（与10月底引入公羊比较）。引入公羊后小母羊LH分泌的频率显著增加。

（六）母羊的生育力

与成年母羊相比，小母羊的生育力一般较低，而且差别很大。与成年母羊不同的是，小母羊如果配种没有受胎，常不能返情，因此繁殖性能低下。小母羊的这种生育力低下在采用控制繁殖技术和自然配种时都会出现。

1. 不育的原因

发情而不排卵（不排卵发情）虽然在成年羊上较为少见，但在小母羊正常情况及激素处理时都较常出现。小母羊生育力低下的原因可能并非是由于排卵与发情行为不一致所致，因为小母羊的发情期持续30h左右，排卵大多数发生在发情临近结束时，这与成年母羊相同。

2. 受精率

虽然小母羊对公羊的行为反应可能是其受精失败的原因之一，但有时受精失败可能是输精失误所造成。但一般认为，受精失败并非小母羊和成年母羊受胎率及怀孕率出现很大差别的主要原因。

有人认为，精子在雌性生殖系统的转运时间长可能是小母羊生育力低下的主要原因之一。有研究表明，小母羊在第 1~3 次发情配种时，精子需要 2h 以上的时间才能到达输卵管，因此与成年羊相比，其受胎率较低。但也有研究表明，精子在生殖道的转运及精子在生殖道的分布可能并不是影响小母羊生育力的最主要因素。

3. 胚胎死亡率

如果小母羊的受精率高但产羔率低，则主要原因可能是胚胎死亡率高，这在小母羊的不育中占主要地位。虽然引起胚胎死亡的原因尚不清楚，但主要原因可能是在胚胎而并非子宫环境造成的。胚胎移植的研究表明，小母羊和成年母羊的子宫均能支持胚胎的发育。

光照周期对小母羊胚胎存活也有明显的影响，小母羊接触长日照时（16h：8h），胚胎的活力和生长速度降低。

4. 雌激素的影响

虽然小母羊和成年母羊发情周期的主要特点十分相似，但有研究表明其排卵前卵泡产生的雌激素的分泌范型不同，这可能与小母羊的生育力较低有关。

三、初情期的诱导技术

如果要提高绵羊的生产性能，则对其及早进行配种是十分重要的，这种技术在生产实际中也具有重要意义。

显然，可以通过缩短非繁殖期的长度来提高绵羊的繁殖性能，而非繁殖期中最长的一段时间是从断奶到配种这段时间。在许多饲养绵羊的国家，例如爱尔兰等，总是通过各种饲养管理措施，使小母羊在第一个繁殖季节能够配种受胎。小母羊可在 7~8 月龄配种受胎，这样其可以在 1 岁时产羔，由此减少管理投资，缩短世代间隔，促进遗传改良。

但是，小母羊的配种成功率差别很大，体重、体格、营养、环境、品种等对其都有显著影响。因此很有必要对绵羊启动初情期的机理及提早其繁殖活动的技术进行深入研究。

7~10 月龄的小母羊可以采用繁殖调控技术以便尽早繁殖，可采用的技术包括对已经达到初情期的绵羊进行同期发情，对在第一年还没有进行配种的母羊进行诱导发情等。有时需要对第一年的母羊进行抑制发情，以便其能在秋季

18 月龄左右时产羔。

对绵羊初情期的调控是指利用激素处理，使尚未达到性成熟母羊的卵巢和卵泡发育，并能达到成熟阶段甚至排卵。

母羊生长发育到一定的年龄时开始出现发情和排卵，是性成熟的初级阶段。初情期以前，母羊的生殖道和卵巢增长较慢，不表现性活动。初情期以后，随着第一次发情和排卵，生殖器官的大小和重量迅速增长，性机能也随之发育。各种品种的绵羊都有其特定的初情期和性成熟的年龄和体重，在自然情况下，母羊初情期前卵巢上的卵泡虽能够发育至一定阶段，但不能至成熟，可能是垂体机能尚未健全，不能分泌足够量的促性腺激素刺激卵巢活动。但试验表明，性未成熟母羊的卵巢已经具备了受适量促性腺激素刺激后，其卵泡即能发育至成熟的潜力，但临床上不一定出现性成熟动物所表现的发情现象。

（一）诱导初情期的基本原理

母羊卵巢上卵泡的发育与退化，从出生至生殖能力丧失，从未停止。而初情期前卵泡不能发育至成熟，可能是下丘脑—垂体—性腺反馈轴尚未发育成熟，但垂体已具备对 GnRH 反应的能力，性腺已能对一定量的促性腺激素甚至 GnRH 产生反应，促使卵泡发育并达到成熟阶段。只是此时动物的垂体未能分泌足够的 FSH 和 LH 及适当的 LH 脉冲。因此，给予一定量的外源 FSH 和 LH 及其类似物，可达到调控性未成熟母羊初情期的目的。

（二）调控初情期的方法

调控初情期，诱发小母羊发情和排卵的方法与诱发绵羊发情和超数排卵的方法类似，只是用药剂量减少至 30%~70%，同时在操作上，依动物的发育阶段、体重和目的是超排或仅诱发发情而定。调控小母羊发情时，因其卵巢上无黄体，不必考虑其发情周期的阶段，任何时候都可以用促性腺激素进行处理。

母羊达到性成熟年龄和体重后，在生产中仍有很大一部分无发情周期，此时仍可以用上述方法对此类母羊的发情周期进行调控。

1. eCG 与阴道内海绵合用

处理小母羊时，由于尚不清楚其是否已经到达初情期，因此最好将孕激素与 eCG 合用。阴道内孕激素处理与 eCG 合用时，90%的小母羊能够在撤出海绵后 2~3d 内发情。撤出海绵与发情开始的间隔时间在小母羊比成年羊长，但发情期基本相同。有些小母羊会出现排卵而不发情或发情而不排卵的情况。

在孕激素-eCG 处理中也可通过引入公羊代替 eCG 处理，这是一种廉价而有效的诱导发情方法，采用定时 AI 时（处理后 52h 输精），受胎率较高。

学者研究发现将体重 40kg 以上的小母羊在用阴道内海绵（FGS/MAP）处

理之前1个月剪毛，撤出海绵后以公母1：6的比例配种，发现采用两种孕激素处理时繁殖性能没有显著差别，但配种前剪毛可以明显提高受胎率，减少空怀。如果小母羊在3月龄时剪毛，然后使其接触结扎输精管的公羊，发现剪毛并不能使初情期提早出现。同时研究发现，如果小母羊在9月剪毛，10月孕激素处理后配种，则FGA处理和MAP处理之间产羔率没有明显差别，但剪毛小母羊的受胎率明显较高，其怀孕期比对照长1.24d。

使小母羊在其出生后的第一个秋季接受公羊配种并不是提早产羔的唯一方法，采用孕激素-eCG处理可使母羊在其1岁时的春季配种，而在1岁时的夏末或秋初产羔，这样小母羊在第一次产羔时已有足够的年龄。

2. 光照与褪黑素处理

在绵羊生产实际中，有对1岁小母羊在繁殖季节的早期用光照进行处理以便尽早进行配种的试验。美国的研究表明，如果通过控制使小母羊在秋季产羔则怀孕率一般都比较低，但如果从12月到翌年2月延长每天的光照时间进行处理，发现在此阶段每天光照18h可以明显提高处理羊只4—5月配种后的产羔率，因此具有生产实际意义。

对秋季繁殖季节之前采用短时间（30d）或长时间（60d）注射褪黑素的效果进行的研究表明，褪黑素对繁殖性能没有明显影响。

四、早繁绵羊的管理技术

（一）适时配种，提高受配率

发情调控处理的母羊，必须要保持较好的体况和膘情，否则会影响到处理母羊的受胎率。当年母羊体重达到成年母羊体重的60%以上，出生7月龄以上时，才可以利用生殖激素处理，使母羊成功繁殖。在进行发情调控，对母羊诱导发情时，必须坚持3个情期的正常配种。同时重视公羊的生殖保健处理，保证公羊的配种能力，从而保持较高的受胎率。

绵羊的繁殖受体重、年龄、饲养管理条件及营养水平等多种因素的影响。营养物质通过对动物体细胞、性器官、内外分泌机能和胎儿发育等繁殖机能产生影响而发挥作用。营养物质严重不足时，将影响母畜的排卵、胎儿的发育，可引起胚胎的早期死亡、流产或早产。由于母羊是羊群的主体，是肉羊生产性能的主要体现者，量多群大，同时兼具繁殖后代和实现羊群生产性能的重任，只有满足其营养要求才能提高繁殖性能。在配种前搞好放牧抓膘和补饲，实行满膘配种，是提高母羊产羔率的重要措施。孕前补饲是指在配种前一个多月对母绵羊补充适量的精料。许多资料报道孕前补饲可使母羊卵母细胞发育加快，排卵增多，而且使其发情集中，产羔也集中，相应能提高产羔率。

（二）加强母羊妊娠期管理

母羊担负着配种、妊娠、哺乳等繁重任务，应给予良好的饲养与管理，对初情期提前、配种妊娠的后备母羊更应如此，以保证多胎、多产、多活、多壮。在母羊怀孕前3个月的妊娠早期，胎儿发育较慢，所增重量仅占羔羊初生重的10%，可以维持空怀时的饲料量，在青草季节的优质草场放牧，可以不补饲。在枯草期，放牧吃不饱时，可喂氨化秸秆和野干草，可按空怀期补料量的30%~50%投喂混合精料。在管理上要避免羊吃霜冻草和霉变饲料，不饮冰水和脏水，不让羊群受惊猛跑，不走窄道险途，不让公羊追逐爬跨，以防止早期隐性流产。

在母羊怀孕最后2个月的妊娠后期，胎儿在母体内生长迅速，胎儿重量的90%是在这一时期增长的，因此，母羊对营养物质的需求明显增加，怀孕母羊和胎儿共增重8~10kg，此期应当供给充足的营养，代谢水平一般应提高15%~20%，钙、磷含量应增加40%~50%，并有足够的维生素摄入。对妊娠后期母羊饲养要做到量、质并举，量足质优。除放牧外，每天可补喂干草1.0~1.5kg，青贮饲料1.5kg，混合精料0.5~0.7kg，并根据日粮组成情况，适量供给矿物质和维生素。

怀孕后期母羊管理，重点应放在保胎上，放牧不要过远过劳，应控制羊群行进速度；舍饲羊群圈舍羊群密度不宜过高，防止由运动场入舍时扎堆拥挤，防止快跑和跨越沟坎；不喂霉烂饲料，不饮冰水、脏水；产前3周单圈关养，产前1周多喂多汁饲料，减少精料喂量；加强看护，做好接羔准备工作。

（三）作好母羊接产和助产

早繁绵羊的难产比例高，必须作好母羊接产和助产。

绵羊最常见的是胎位异常、双胎及三胎引起的难产。绵羊难产中胎儿与母体骨盆大小不适较为常见，但发病率在品种之间差别很大，初产绵羊及产公羔时发病率一般都较高。

胎位异常引起的难产在绵羊上最常发生，其中肩部前置和肘关节屈曲发生的难产占绝大多数，其次为腕关节屈曲、坐生、头颈侧弯，但在单侧性肩关节屈曲时，如果肘关节伸直则常能顺产。

绵羊的双胎及多胎引起的难产发病率较高，而且可伴发胎位、胎向及胎势异常，但胎儿与母体骨盆大小不适的发病率较低。

因此，要对分娩过程加强监视，必要时要稍加帮助，以减少母羊的体力消耗，反常时则需要及早助产，以免母子受到危害。应该特别指出的是，一定要根据具体情况进行接产，不要过早、过多地进行干预。

（四）推广人工哺乳技术

人工哺乳，又称人工育羔，母羊死亡或消瘦或“瞎奶”或多羔等情况下母乳不足、羔羊早期断奶（生后35~56d）和超早期断奶（生后1~3d）时都可采用人工哺乳技术。目前已在生产中得到广泛应用。

1. 强化营养牛奶的制作

牛奶可以作为羔羊的代乳品，但要达到消化率高、营养价值接近羊奶、消化紊乱少，配制容易等优质代乳品的要求，鲜牛奶应做适当处理。强化营养牛奶的制作方法是：取鲜牛奶1L，加入维生素A、维生素D滴剂2.5ml，维生素E两滴，青霉素0.05g，硫酸亚铁1g，硫酸镁1g，硫酸锌1g，氯化钴0.25g和脂肪（牛油）20g；在50℃混合，或将奶桶置于微火上搅拌混匀即可。如配制好强化营养牛奶暂时不用，应迅速冷却到1~5℃；也可以按4L牛奶滴加1ml福尔马林，防止奶酸败和便于洗涤。一般情况下，配制好的强化营养牛奶可存放半天，但最好是现用现配。

2. 人工哺乳技术要求

目前常用的人工哺乳方法有盆饮法，橡皮哺乳瓶和自动哺乳器喂给3种方法。盆饮法羔羊哺乳很快，每羔一次给乳220~440ml，只需0.5~1min即可饮光，对个别羔羊，因饮乳过快，极易产生拉稀现象。而采用橡皮哺乳瓶和自动哺乳器，则可以避免这一问题。

其技术要求如下：

一是羔羊必须在吃过初乳后喂代乳品。若母羊已死亡，可挤下其他母羊或母牛初乳哺喂，喂量300g，在12~18h内分3次喂给。应注意，其他牛、羊初乳应事前冷藏妥当，临用前在室温下回温，切忌加热，破坏抗体。

二是喂奶时，用清洁啤酒瓶套上婴儿奶嘴，固定在板壁上，让羔羊自行吮奶。

三是奶温以37℃为宜，人工哺乳羔羊房舍室温以20℃为宜，但新生羔羊可提高到28℃。

四是人工哺乳羔羊7~14d后开始补料和饮水，到30~35d羔羊已具有消化固体饲料的能力。此时补料的配方为：玉米5~6份，油渣3~4份和麸皮1份，每10kg调料加入0.5g土霉素；干草另加，或吊挂干草束，或按给料量的20%拌进优质苜蓿草粉。

五是当羔羊习惯采食固体饲料和青草时，可以停喂代乳品或减少哺乳奶量。此时，因摄入营养减少，羔羊多半会出现7~10d生长停滞期，为此应设法不变更原圈、原槽、原补饲方式和类型，以减少应激。

3. 人工哺乳需注意的几个问题

（1）一定要吃到足够的初乳。如果初乳不足或没有初乳，可按新鲜鸡蛋2个，鱼肝油8ml或浓鱼肝油丸2粒，食盐5g，健康牛奶500ml，加适量的硫酸镁配成人工初乳。

（2）最初饲喂要量少、次多，随着日龄的增大而变为次少、量多。应严格遵守定时、定温、定质、定量四原则。一般每天喂6次奶，隔3h一次，可安排到7:00、10:00、13:00、16:00、19:00、22:00。随着日龄的增大，可延长间隔时间，减少喂奶次数。并同时把规定的喂奶时间安排在日程表里，严格遵守。每次临喂奶前，应把奶加温到38~40℃。人工哺喂的奶汁，要用当日的鲜奶，并须经过煮沸消毒。备用的奶要放在凉水内，以免酸败。喂奶用具用过后必须用开水洗净。按照日龄及体型大小，一般体型可按以下定量给奶：1~2日龄，每只每次为50~100ml（每日300~600ml）；3~7日龄，每只每次100~150ml（每日600~900ml）；8日龄以上的每只每次200ml（每日1 200ml）。

（3）喂奶时尽量采用自饮方式，为此可用搪瓷碗或小盆儿喂奶。在用橡皮哺乳瓶或自动哺乳器喂奶时，不要让嘴高过头顶，以免把奶灌进气管，造成羔羊死亡；要让奶头中充满奶汁，以免吸进空气引起肚子胀或肚子痛。病羔和健康羔不能混用同一食器。

（4）在人工哺乳期间，如干草品质优良，只要在能够完成增重指标情况下，可以减少哺乳量和缩短哺乳期。同时在50日龄以后可用1.5kg脱脂奶代替1kg全奶喂饲。

（5）每次哺乳后，为防止羔羊互相舐食，应用清洁的毛巾擦净羔羊嘴上的余奶，每擦几只羔羊，要将毛巾洗涤一次，然后再用。且病羊毛巾要与健康羊分开存放和使用。

在进行后备母羊发情调控处理时，还应当特别选用配套技术。配套技术包括药物、统一的程序、优化人工授精技术、首次配种时间、母羊发情状况的确定及早期妊娠诊断复配管理等。只有采用配套技术，才能保证处理效果，使该项技术发挥最高效力，提高应用该技术的经济效益。

第二节　绵羊频密产羔技术

现代畜牧业的一个突出特点是从饲养、管理、繁殖及生活环境等方面对畜群进行有效调控，以提高其生产性能和繁殖率。随着畜牧业生产集约化程度的不断提高，人们对家畜的生命活动控制程度越来越高，家畜受自然条件的影响也越来越小。长期以来，由于自身的放牧特点，养羊业在很大程度上受到自然环境的直接影响。大多品种的绵羊都表现为明显的季节性发情，一般集中在8—10月，空怀期可长达数月，严重影响了绵羊的经济价值。

20世纪70年代后期，国际上兴起了动物繁殖人工控制技术的研究。将现代繁殖新技术，如同期发情、早期断奶、泌乳控制及产后发情调控等技术，应用于绵羊繁殖生产中，可有效缩短绵羊繁殖周期，实现两年三产甚至一年两产，以提高绵羊产羔率，提高经济效益。

一、频密产羔技术

（一）孕激素-eCG处理技术

绵羊采用繁殖调控技术时，有许多方面必须仔细考虑。例如，阴道内孕激素海绵栓处理可能不适合于产后期早期，因为此时需要从子宫中排出许多碎片，子宫需要复旧等。泌乳母羊在处理时应该采用高剂量的eCG，但这样处理的结果可能使排卵率的差异加大，同时排卵时间的差异也很大。这种对排卵过程的影响也可使春季产羔的母羊生育力降低，由于释放的卵子异常，因此受精率也可能降低。

采用含孕激素的CIRDs结合eCG处理对诱导非繁殖季节及繁殖季节的产后早期绵羊的发情及排卵十分有效，这种同期发情技术在产后21d及35d时也同样有效，而且其效果不受季节和泌乳状态的影响。采用CIRDs时，阴道内的液体可以不受阻碍流出，因此对绵羊的子宫复旧不会产生不利影响。

有研究表明，绵羊在产后期采用的孕激素和eCG的剂量应该与其他时间采用的有所不同。但如果将FGA的剂量从40mg降低到20mg，其结果并没有显著差异，因此如果将孕激素处理的时间从12d缩短为6d，则对没有表现卵巢活性的绵羊可能作用更好。

（二）褪黑素及光照处理技术

可以用褪黑素刺激春季产羔泌乳绵羊产后期的繁殖活动。怀孕后期及产后期早期注射褪黑素对产奶没有明显影响。但用GnRH处理之后接受褪黑素处理的羊与对照羊相比，释放的LH并不增加，说明褪黑素对GnRH诱导的LH释放没有明显影响。褪黑素可能在春季产羔的母羊产后早期不是控制其恢复发情的主要因素。

（三）光照调控处理技术

采用光照调控的方法（配种时提供类似于秋季的光照），同时结合标准

FGA-eCG 处理方法诱导母羊发情可以诱导泌乳母羊每年繁殖两次，虽然这种处理方法并不影响第一次配种的生育力，未孕羊也可以恢复发情，但如果没有光照处理则不会发生任何变化。

如果在加速绵羊的繁殖中所有母羊均采用舍饲，则可以比较精确地控制光照环境。但应该注意的是，在调控绵羊繁殖的光照处理中，长短光照的变化应该有节律，就像其在自然光照条件下一样。如果完整的生产周期（即从产羔到产羔）为 210d（两年产 3 次羔），则光照的变化应该尽量模拟这一期间正常 365d 室外所发生的光照变化。

对秋季产羔绵羊的研究表明，哺乳及泌乳对其受胎率影响不大。秋季时，这些羊只在产后 2 个月可以恢复配种，而且受胎率较高。这表明是季节性环境因素而不是泌乳本身可能对春季产羔的绵羊受胎率低下起主要作用。

秋季和春季产羔的绵羊其生育力之所以有明显差别，其原因之一可能是秋季产羔的绵羊在表现完整的发情之前一般会出现一个安静发情。安静发情时的激素变化可能对子宫复旧有重要作用，因此母羊在达到完整发情时其生殖道已经完全适合于怀孕。如果在春季产羔，则产后绵羊多不出现安静发情。

（四）综合技术

在过去数十年的研究中，人们建立了各种提高绵羊繁殖和生产的技术，这些技术包括建立了采用孕激素进行诱导发情（包括表现周期的绵羊和周期外的绵羊）的技术、在怀孕 18d 进行早孕诊断的技术以及诱导分娩技术。

（五）诱导发情技术

诱导发情是采用激素和管理措施等方法，诱导性成熟母羊发情和排卵的技术。在非繁殖季节，合理利用诱导发情技术，可以增加绵羊妊娠率，提高其繁殖力，使其一生中可繁殖更多后代。

乏情期绵羊的主要特征，是卵巢处于静止状态或较低水平活动状态，垂体不能分泌足够的促性腺激素促进卵泡的最后发育成熟和排卵。在这种情况下，只要增加体内促性腺激素和 GnRH，即可促进绵羊的卵巢活动，促进卵泡发育成熟，并使乏情母羊出现发情。病理性乏情母羊，仅用促性腺激素或 GnRH 往往难以达到诱导发情的效果。应先查明原因并予以治疗后，再用 GTH 或 GnRH 处理，以恢复其繁殖机能。

绵羊属较为严格的季节性繁殖动物，在休情期内或产羔后不久作诱导发情处理，可以获得正常的发情和配种受孕，因而具有增加母羊产羔数的生理潜能。对于在发情季节仍不发情的母羊，也可通过诱导处理保障其正常繁殖。

诱导乏情期母羊的发情，大多是利用激素进行处理。而绵羊的性活动是在神经和内分泌双重作用下实现的，在某些情况下，不用激素处理亦可达到目的，但激素处理可促使母羊发情更直接、更明显，发情时间更确定，这是非激素处理诱导发情做不到的。对母羊采用某些饲养管理措施，也能达到诱导发情的效果，如采用“补饲催情”和“公羊效应”等，都是生产中常用的诱导发情方法。在母羊发情配种季节来临时，加强对母羊的饲养管理，补饲适量精料，提高营养水平，可促进母羊发情。在配种季节到来之前数周，将一定数量公羊放入母羊群中，可刺激乏情母羊的卵巢活动，产生“公羊效应”。研究发现，利用“公羊效应”可使母羊提早 6 周结束乏情期。此外，采用“公羊效应”法也可促进母羊提早结束泌乳性乏情。

绵羊的诱导发情还可通过人工改变气候环境来实现。在温带地区，绵羊的发情季节是在日照时间开始缩短的季节，所以利用人工控制光照和湿度的变化，也可诱导母羊的发情。但该法需要一定的设备和费用，在生产中难以推广。

二、产后发情调控技术

在产后，母羊丘脑下部—垂体—卵巢轴和生殖道均需要从妊娠与分娩状态中恢复。产后哺乳会抑制母体卵巢功能，哺乳期长短直接影响绵羊的首次发情。一般而言，绵羊在羊羔断乳后 2 周开始出现发情。

早期断乳是一个相对概念，它是针对传统断奶模式所提出的。早期断乳技术在牛和猪上已有应用，并受到重视。其意义主要在于，通过早期断乳有效调节母畜生殖机能，加快解除哺乳对发情排卵的抑制作用，提早发情配种时间，以此达到缩短母畜的产仔间隔、提高母畜利用率的生产目的。在早期断乳基础上，配合使用发情调控技术，更可收到事半功倍的效果。在绵羊产后 30d 左右实施断乳，耳背皮下埋植 60mg 18-甲基炔诺酮药管，维持 9d，在取出药管前 48h，肌内注射 eCG15 IU/kg 体重，同时再以 2mg 溴隐亭间隔 12h 分 2 次注射，母羊出现发情时，静脉注射 LRH 10μg/只并配种，诱导发情率可达 90%以上。

三、频密产羔技术的应用

绵羊频密产羔技术就是应用繁殖生物技术，打破绵羊传统的季节性繁殖限制，达到一年四季均可发情配种，全年均衡产羔，最大限度地提高绵羊繁殖生产效率。它是在充分利用现代营养学、饲养学和繁殖新技术的基础上发展起来的一种新型繁殖生产体系，其技术原理是建立在发情调控原理基础上的。除了采用外源性激素处理外，充分利用母羊产后发情的有利时机，采取抗孕酮的被动免疫等措施，也是提高绵羊产羔频率的有效方法。频密产羔技术是由诱导发情和同期发情等技术组合而成的，实施时必须与羔羊早期断乳、母羊营养调控和公羊效应等技术措施相配套，才可达到最佳的效果。

（一）一年两产体系

一年两产体系可使母绵羊的年繁殖率提高90%~100%，在不增加设施投资的前提下，母羊的生产力提高一倍，生产效益提高40%~50%。一年两产的技术核心是母羊发情调控、羔羊早期断乳和早期妊娠检查。按照一年两产的要求，制订周密的生产计划，将饲养、保健、繁殖管理等融为一体，最终达到预定的生产目的。从已有的生产分析，一年两产体系的技术密集、难度大，但只要按照标准程序执行，可以达到一年两产。一年两产的第一产宜选在12月，第二产选在7月。

（二）两年三产体系

两年三产是国外20世纪50年代后期提出的一种生产体系。要达到两年三产，母羊必须8个月产羔一次。该生产一般有固定的配种和产羔计划，如5月配种，10月产羔；1月配种，6月产羔；9月配种，翌年2月产羔。羔羊一般是2月龄断乳，母羊断乳后1个月配种。为达到全年均衡产羔，在生产中，可将羊群分成8个月产羔间隔相互错开的4个组，每2个月安排一次生产。如果母羊在第一组内妊娠失败，2个月后可参加另一个组配种。用该体系组织生产，生产效率比一年一产体系增加40%，该体系的核心技术是母羊的多胎处理、发情调控和羔羊早期断乳。

（三）三年四产体系

三年四产体系是按产羔间隔9个月设计的，由美国一个试验站首先提出。这种体系适用于多胎品种的母羊，一般首次在母羊产后第4个月配种，以后几轮则是在第3个月配种，即5月、8月、11月和翌年2月配种，1月、4月、6月和10月产羔。全群母羊的产羔间隔为6个月和9个月。

（四）三年五产体系

三年五产体系又称为星式产羔体系，是一种全年产羔方案，由美国康奈尔大学设计提出。羊群可分为3组，第一组母羊在第一期产羔，第二期配种，第四期产羔，第五期配种；第二组母羊在第二期产羔，第三期配种，第五期产羔，第一期再次配种；第三组母羊在第三期产羔，第四期配种，第一期产羔，第二期再次配种。如此反复，产羔间隔为7.2个月。对于一胎一羔的母羊，一年可获1.67只羔羊；若一胎双羔，一年可获3.34只羔羊。

（五）机会产羔体系

该体系是根据市场设计的一种生产体系。按照市场预测和市场价格组织生产，若市场较好，立即组织一次额外的产羔，尽量降低空怀母羊数。这种方式适合于个体养羊者。

总之，绵羊的频密产羔技术是提高绵羊生产的一项重要措施，具有很大的发展潜力。这项技术的综合性强，在绵羊繁殖生产中，应因地制宜。采用现代繁殖生物技术，建立绵羊全年性发情配种的生产系统，并根据当地的自然生态条件，有计划引进优良种羊开展品种改良工作。

第三节 诱导分娩技术

诱导分娩亦称人工引产，是指在妊娠末期的一定时间内，注射激素制剂，诱发母羊终止妊娠，在比较确定的时间内分娩，生产出具有独立生活能力的羔羊。针对于个体称之为诱导分娩，针对于群体则称之为同期分娩。

一、诱导分娩的意义

诱导分娩在绵羊生产中有重要意义。通过诱导分娩，可将孕羊分娩时间控制在相对集中的时间内，便于进行必要的分娩监护和开展有准备的护理工作，能够减少和避免新生羔羊和孕羊在分娩期间可能发生的伤亡。例如，可以将分娩控制在工作或上班时间内，避开节假日和夜间，便于安排人员进行接产和护理，也便于有计划地利用产房和其他设施；控制孕羊同期分娩，可为母羊集中产羔和羔羊同时断乳、同期育肥、集中出栏的全进全出工厂化生产管理提供技术保障，也可为分娩母羊之间新生羔的调换（例如窝产羔多的和窝产羔少的母羊之间）、羔羊并窝或为孤羔寻找养母提供较大的机会和可能性；对患妊娠期疾病（如产前瘫痪、妊娠毒血症、妊娠周期性阴道脱和肛门脱、产前不食综合征等）的危重病例或预期可能发生分娩并发症（如怀多胎、胎儿过大等）的母羊，可通过采用诱导分娩技术再配合其他辅助治疗的措施，避免母子双亡。在我国江、浙两省的湖羊产区，盛产胎羔皮，这种胎羔皮是经屠户宰杀妊娠后期母羊破腹取出的，皮质优而价高，很受外商欢迎，对妊娠湖羊进行诱发分娩，避免了“杀羊取皮”的做法，研究发现应用该技术还可使甲级皮上升为9.87%，而对照仅为0.5%，乙级皮诱导分娩组为39.1%，对照组为23.27%。在实际生产中，为控制母羊的生理状态，如人为地让母羊空腹，便于开展胚胎移植等工作；或有时母羊没有按照计划配种，也可以终止其妊娠。

二、诱导分娩的适用情况

（一）生理状态

1. 根据配种日期和临床表现，一般都很难准确预测孕畜分娩开始的时间。采用诱导分娩的方法，可以使绝大多数分娩发生在预定的日期和白天。这样既避免了在预产期前后日夜观察，节省人力，又便于对临产孕畜和新生仔畜进行集中和分批护理，减少或避免伤亡事故，还能合理安排产房，在各批分娩之间对产房进行彻底消毒，保证产房的清洁卫生。

2. 在实行同期发情配种情况下，分娩也趋向同期化，这样可为同期断奶和下一个繁殖周期进行同期发情配种奠定了基础，也为新生仔畜的寄养提供了机会。同时还可以使羊群的泌乳高峰期与牧草的生长旺季相一致。

3. 胎儿在妊娠末期的生长发育速度很快，诱发分娩可以减轻新生仔畜的初生重，降低因为胎儿过大发生难产的可能性。这适用于临产母羊骨盆发育不充分、妊娠延期等情况。

4. 母羊不到年龄偷配，或因工作疏忽而使母羊被劣种公羊或近亲公羊交配。如果发现及时，可避免妊娠，可通过人工诱产使母畜尽早排出不需要的胎儿。

5. 使动物提前分娩，以达到对仔畜皮毛利用等方面的特殊要求。

（二）病理状态

1. 当发生胎水过多，胎儿死亡以及胎儿干尸化等情况时，应及时中止这些妊娠状态。

2. 当妊娠母羊受伤、产道异常或患有不宜继续妊娠的疾病时，可通过终止妊娠来缓解母羊病情，或通过诱导分娩在屠宰母羊之前获得可以成活的羔羊。这些情况包括：骨盆狭窄或畸形、股部疝气或水肿、关节炎、阴道脱出、妊娠毒血症、骨软症等。

三、技术原理

自然状况下，母羊分娩的发动是由胎儿、内分泌、神经、机械性的伸张等多种因素互相联系、协调作用下发生的。怀孕期满后，胎儿垂体分泌大量的ACTH，ACTH通过胎盘促使绒毛膜合成大量的雌激素，雌激素又刺激子宫分泌前列腺素（以PGF2α为主），PGF2α具有强烈的溶解黄体作用，它通过子宫静脉转移至卵巢动脉中，造成妊娠黄体的溶解和孕酮水平的下降。PGF2α还能促进催产素的生成，又可促进生成更多的PGF2α，催产素和PGF2α两者协同诱导子宫肌细胞膜去极化，引起子宫的传播性收缩，进而触发分娩。神经系统对母羊分娩并不是完全必要的，但神经系统对分娩过程具有调节作用。例如，胎儿前置部分对子宫颈及阴道发生的刺激，就能通过神经传导使垂体释放催产素增强子宫收缩。很多母羊的分娩多半发生在夜晚，这是因为夜间外界光线弱，干扰较少。这也说明，外界因素也可通过神经系统对分娩的时间发生调节作用。

诱导分娩就是人们在认识分娩机理的基础上，通过直接用外源激素或其他方法模拟羊发动分娩的激素变化，提前启动分娩，调整分娩的进程，实现母羊提前分娩。对母羊进行诱发分娩普遍使用外源性激素，常用的有 PGF2α 或其类似物、糖皮质激素、雌激素、催产素等。目前生产中应用较多的是给母羊肌内注射氯前列烯醇，它是一种人工合成的 PGF2α 类似物，其溶解黄体的生物活性为 PGF2α 的 10 倍多。

四、方法步骤和注意事项

（一）甾体激素诱导分娩技术

外源性激素调节绵羊产羔启动的方法有两种，即延长或缩短怀孕期。就缩短怀孕期而言，无论采用何种方法，总有个时间限度。如果怀孕期短于正常的95%，则羔羊出生之后不会有正常活力。因此在生产实际中，采用各种方法诱导分娩时，为了诱导分娩之后羔羊能够生存，则不应在正常怀孕期之前一周诱导母羊产羔。

虽然注射孕激素能抑制子宫收缩，因此可以用于延迟分娩，但采用这种方法控制绵羊产羔成功的报道不多。如果在怀孕的之后数天口服孕激素（每天 50mg MAP）以控制分娩的启动，则处理绵羊大多数在最后一次用药之后 48h 产羔，没有发现产生明显的副作用。

文献资料中采用分娩调控技术的大多数是缩短怀孕期，延长怀孕期的很少。

1. 合成皮质激素的应用

给胎儿注射 ACTH 或者皮质醇可以诱导提早分娩。自从人们发现皮质醇可以有效诱导分娩之后，采用高效能的糖皮质激素或者盐皮质激素诱导分娩的研究报告很多。例如地塞米松，其生物活性约为皮质醇的 25 倍，可以作为诱导分娩的药物而用于绵羊的诱导分娩；也有研究采用氟米松或倍他米松（beta-methasone）等糖皮质激素诱导分娩的研究。

注射合成的皮质激素可以刺激分娩过程中所发生的激素变化，地塞米松可能不能直接引起怀孕绵羊子宫收缩，但处理之后雌激素迅速增加，孕酮浓度迅速降低，这些作用可能是通过胎盘酶发挥的。

母羊注射地塞米松后，胎儿皮质醇水平明显降低，这种抑制作用持续不到24h，然后开始回升，最后明显升高。胎儿肾上腺分泌皮质醇受其处理阶段肾上腺成熟程度的影响，一次注射皮质激素虽然能够引起胎儿皮质醇明显升高，但其诱导分娩的作用只是在正常分娩前1周左右才具有。

注射引产药物之后胎儿皮质醇分泌开始时受到抑制，处理之后1d左右才可发生分娩。但对已经开始分娩过程的绵羊来说，产羔可能会提前。绵羊的努责一般开始于胎儿产出前12h，因此在皮质激素处理时已经开始努责的绵羊可能会在正常时间内分娩。

环境因素也对母羊每天分娩的时间有一定的影响，虽然胎儿决定其自身分娩的日期，但母体决定其分娩胎儿的确切时间，这对胎儿的生存，尤其是野生状态下胎儿的生存是极为重要的。对于绵羊来说，全天产羔时间的分布也有一定的变化趋势，产羔很少是在饲喂时，说明饲喂时由于可摄食而使肾上腺功能活动增加，因此延迟了即将发生的分娩。

2. 皮质醇的剂量及反应

地塞米松作为引产药物使用时其剂量一般为15~20mg，效能更强的氟米松的剂量一般为2mg。用其诱导分娩时，因品种不同，因此用药时间应有一定的差别，一般来说应是比本品种正常的分娩期早4~5d；即使注射药物的具体时间也应该慎重考虑。有研究表明，如果在傍晚处理母羊（20:00），其发生分娩的时间要比早上（8:00）处理得绵羊快。此外，母羊的胎次、怀羔数及羔羊的性别等也影响母羊对肾上腺皮质激素处理的反应。

3. 引产后的产羔时间

地塞米松处理之后一般在24~36h开始产羔，产羔高峰出现在36h后，72h之内全部完成产羔。虽然早期的研究表明，地塞米松处理诱导产羔之后羔羊的生长发育正常，母羊以后的生育力也正常，但也有研究表明这种方法处理之后可以延长从产羔到排出胎衣的间隔时间，分娩6h之内不能排出胎衣而发生胎衣不下的比例也升高。

4. 皮质激素与其他药物合用

如果在诱导分娩时将皮质激素与催产素合用，可以降低产羔时间，催产素处理也可以减少母羊产羔时间。单独使用糖皮质激素或前列腺素最可行的方法是在妊娠期的最后1周内，用糖皮质激素进行诱导分娩。在绵羊妊娠144d时，12~16mg地塞米松或倍他米松或2mg氟美松可使多数母羊在40~60h内产羔。在妊娠141~144d注射15mg PGF2α亦能使母羊在3~5d内产羔。绵羊胎盘从妊娠中期开始产生孕酮，从而对PGF2α变得不敏感，用PGF2α诱发分娩的成功率不高；如果用量过大则会引起大出血和急性子宫内膜炎等并发症。因而，在绵羊上难以推广应用 PGF2α 诱导分娩。

(二) 雌激素诱导分娩技术

随着怀孕的进展，大多数哺乳动物母体血浆中雌激素浓度升高。绵羊分娩之前雌激素浓度明显升高，最明显的升高出现在产羔前 48h。

早期研究发现，绵羊可以采用雌激素诱导分娩。如果在怀孕的最后 1 周采用天然雌激素，如 15~20mg 苯甲酸雌二醇（ODB），也能有效诱导绵羊分娩。爱尔兰的研究发现 ODB 和地塞米松在诱导绵羊分娩上效果相当。

如果能确切地知道怀孕时间，则用 ODB 进行同期分娩比采用地塞米松效果更好，20mg ODB 处理，绝大多数母羊在处理后 48h 内完成分娩。但有研究表明，雌激素处理之后有些母羊没有反应，这些母羊一般多发生难产，而且羔羊在围产期发生的死亡也比较多，其主要原可能是 ODB 的剂量不当所造成。

雌激素对泌乳可能有促进作用，这可以从羔羊出生后几周内增重迅速反映出来。ODB 不仅是诱导绵羊产羔的有效药物，而且能够增加白天产羔的母羊数量，在怀孕的最后 1 周（142d）注射 2mg ODB 可以有效诱导分娩，如果将 ODB 的剂量增加到 15mg，则难产的发生率增加 50%，且大多数情况下为胎位不正所引起。因此 2mg ODB 可能是诱导绵羊分娩的安全剂量。

(三) 其他方法诱导分娩

1. 前列腺素

虽然绵羊在怀孕的最后 24h 子宫—卵巢静脉中 PG 的浓度显著增加，但 PG 足月 1 周之前诱导分娩上作用不大。在怀孕第 141d 对皮质激素（15mg 氟米松）和正常溶黄体剂量的 PG（PGF2α 15mg）的结果进行比较发现，母羊在 72h 之内产羔的比例分别为 89%和 33%；250μg 氯前列烯醇在诱导分娩上没有任何效果。

2. Epostane（环氧司坦）

Epostane 为一种抗孕激素药物，能阻止孕酮的合成。在只依赖于黄体维持怀孕的动物（猪和山羊），接近分娩时可以用 PGF2α 或其类似物诱导分娩。马怀孕期孕酮的主要来源为胎盘，因此催产素诱导分娩的效果比 PG 更好。但在绵羊，临产时 PG 及催产素均无效果。虽然绵羊的怀孕也是由胎盘产生的孕酮维持的，但分娩前胎儿皮质醇的升高可以引起分娩。Epostane 能够抑制 3-羟甾醇脱氢酶的活性而抑制孕酮的合成，因此在绵羊可以诱导分娩。肌内注射 500mg Epostane 诱导绵羊分娩十分有效，而且胎儿成活率高，因此是一种安全有效的诱导分娩药物。

3. RU846（米菲司酮）

阻止孕酮发挥作用的另外一种方法是采用孕酮受体阻滞剂。20 世纪 80 年代初期，Roussel Ulclaf 研制出了一种新的甾体激素类抗孕激素药物 RU38486（后来缩写为 RU486），在法国上市的商品名称为米菲司酮，其能与孕酮受体结合，但没有孕酮的生物学作用，因此能阻止孕酮发挥作用。

RU486 在怀孕后期可精确控制绵羊的产羔时间，但不会引起难产和胎衣不下，也不影响产后的生育力。绵羊在怀孕的后 2/3 阶段胎盘合成的孕酮大约占 80%，因此 RU486 是如何发挥作用的，目前还不清楚。

（四）影响诱导分娩因素

1. 妊娠期

可靠而安全地诱发分娩，其处理时间是在正常预产期结束之前数日，如绵羊应在产前 1 周内。超过这一时限，会造成产死胎、新生仔畜死亡、成活率低、体重轻和母羊胎衣不下、泌乳能力下降、生殖机能恢复延迟等不良后果，时间提早越多，有害影响越大。因此，应用诱发分娩技术必须以知道母羊确切的配种日期为前提。此外，胎儿在母体内的成熟程度也受母羊妊娠饲养水平、个体差别、产羔类型等多种因素的影响，因此研究制定母羊诱发分娩的适宜时机的具体标准显得尤为重要。

2. 药物使用

药物的种类和剂量影响诱导分娩的效果。现在控制分娩的时间，准确程度只能是使多数被处理母羊集中在投药后 20~50h 内分娩，很难控制在更严格的时间范围内。可见，如何掌握药物的种类和剂量，将诱发分娩时间控制在更加精确的时间范围内，是该技术需进一步深入研究的课题。

第九章　性别分化控制技术

性别分化（sex differentiation）是指受精卵在性别决定的基础上进行雌性或雄性性状分化的过程；而性别决定（sex determination）是指细胞内遗传物质对性别的作用而言，是性别分化这个复杂过程的开启点。

不同的生物，性别决定的方式也不同。哺乳动物的性别主要取决于体内性染色体的组成，环境对性别的决定几乎没有影响，但在低等一些的动物体内，如两栖类、爬行类等，性别的决定除与性染色体组成有关外，与环境的变化有一定的关系。1990 年 SRY（sex determining region on Y chromosome）基因的发现是哺乳动物性别决定领域的重大突破，为哺乳动物性别决定在遗传分子学研究奠定了基础。随后研究人员相继克隆了多个涉及性别决定的基因，并在此基础上提出了一系列模型（如 Z-基因模型、DSS-基因模型、Jimenez-基因模型）。随后几年对相关基因的结构和功能及其产物间的相互作用进行了分子水平的研究，使人们对性别决定的分子机制认识更为深入。性别分化是遗传学、进化生物学和生殖行为生态学研究的重要领域之一，有利于有性生殖繁衍后代、增加变异性适应环境、有利于物种进化。对于研究生物的遗传与进化关系、分析生物种群数量动态具有重要意义。

第一节　性别控制概述

动物性别控制是当今生物学领域的重大研究课题之一。哺乳动物的性别控制技术是通过对动物的正常生殖过程进行人为干预，使成年雌性动物产出人们期望性别后代的一项繁殖新技术。使动物生产与人类意愿相一致性别的后代，意味着生产资料的高效利用和畜牧业生产效率的提高。性别控制技术也被用于挽救濒危物种，利用性别控制方法还可以通过后代性别的选择而避免性连锁疾病的发生。动物的性别控制技术具有重大的理论和现实意义。

哺乳动物性别分化是在性染色体基因和常染色体性别相关基因的复杂作用下的最终结果，哺乳动物的胚胎在性别分化过程中雌性是默认性别，性别决定是一系列基因协调表达的结果，而 *SRY* 基因可能起到开关的作用。哺乳动物性别控制可以在受精前和受精后两个阶段进行。对受精后的早期胚胎，利用 X-酶联法、H-Y 抗原法、核型分析法、荧光原位杂交、PCR 技术和 LAMP（环介导恒温扩增）法性别鉴别，因受到灵敏度、准确率和对胚胎伤害等因素的限制，这些方法目前还不能或不易被推广应用，而受精之前先分离 X、Y 精子，再采用相应性别的精子进行人工授精，得到所需要性别的后代是较理想的方法。分离 X、Y 精子的方法有过滤法、密度梯度离心法、电泳、免疫法和流式细胞分离等，目前流式细胞仪法的分离效果最为稳定可靠。

一、性别控制及其意义

在受精之前就能够预先选择后代的性别，是一项新的最值得探索的生物繁殖技术，它逆转了自然界长期形成的携带 X 染色体和携带 Y 染色体精子的表型相同以使哺乳动物的性别决定是随机的，即有相当的机会产生雌性或雄性后代的趋向，其潜在的利用价值是巨大的。

（一）性别控制在畜牧生产上有重大的实用价值

在畜牧业生产中，通过控制后代的性别，可充分发挥受性别限制的生产性状（如泌乳）和受性别影响的生产性状（如生长速度、肉质等）的优势，进而获得最大经济效益。有选择地繁殖出具有预知性别的畜禽后代将能大大提高畜牧业生产的速度和效率。控制胚胎性别还可克服牛胚胎移植中出现异性孪生不育现象，排除伴性有害基因的危害。因此性别鉴定和性别控制技术在畜牧生产上具有非常重要的理论和现实意义，性别控制在畜牧业生产中的巨大经济价值吸引了许多科研工作者对此项技术进行广泛研究。

（二）性别控制可以减少性连锁遗传病的发生

如果能根据意愿选择后代的性别，能够避免患性别相关的疾病。在人类上，目前已知的 X 连锁遗传疾病约有 370 种，如色盲、肌营养不良、遗传性肾炎、抗维生素 D 佝偻病、磷酸盐血症、色素失禁症等；常见的 X 连锁隐性遗传病有红绿色盲、蚕豆病、血友病、假性肥大型肌营养不良、先天性丙种球蛋白缺乏症、睾丸女性化等，Y 连锁遗传病也有十几种。性连锁遗传病，相对容易预防，原因就是可以通过性别控制来实现。由于性连锁疾病可以随着性别的不同，而表现出正常人、携带者或者患者，那我们就可以通过控制性别的方式，获得这个家族健康的男孩或者女孩。随着近年来分子生物学的发展，一些遗传疾病的分子机理已经弄清，使这些遗传疾病在分娩前得到诊断成为可能。比如一些 X-性连锁遗传病，人们没有有效的方法来治疗，那么选择胚胎的性别是避免受影响雄性胎儿出生的唯一替代方法。

（三）性别控制对珍稀动物的繁殖、保种及遗传科学的发展也有促进作用

在保护珍惜动物的执法过程中，也需要对动物进行性别鉴定。如在狩猎管理中禁止捕猎某些雌性动物，对被捕获的动物进行性别鉴定是判断狩猎者是否触犯法律法规的重要依据。

此外，在转基因动物的研究中，如能根据胚胎性别鉴定的结果，选择所需性别进行转基因胚胎的移植，则可大大提高转基因技术的实用价值。因此，对早期胚胎进行性别鉴定，在动物生产中具有重要的商业价值和科学价值。

二、性别控制原理

性别形成的机理是进行性别控制的基础。20 世纪初随着孟德尔遗传理论的重新确立，人们提出性别由性染色体决定的理论。1923 年，Painter 证实了人类 X 和 Y 染色体的存在，指出当卵子与 X 精子受精，后代为雌性，与 Y 精子受精，后代为雄性。哺乳动物胚胎发育的早期阶段为性别未分化期，但已具备了有分化潜能的生殖器官的原始胚基。如果性染色体为 XX，那么性腺原基发育为卵巢，个体为雌性；如果性染色体为 XY，那么性腺原基发育为睾丸，个体为雄性。哺乳动物性别的分化则是在性染色体基因和常染色体性别相关基因的复杂作用下的最终结果。Jacobs 等在 1966 年发现雄性决定因子位于 Y 染色体短臂上，后来的研究表明，Y 染色体的性别决定区（sex determining region of the Y，SRY）即为性别决定因子。性别发育以 SRY/Sry 基因为核心，Sry 基因在胚胎发育的早期开始表达，不同物种 Sry 基因表达的时间也有区别，小鼠在 10. 5d 时开始表达，而猪在 21～26d 时开始表达，Sry 基因表达使性腺原基发育为睾丸，睾丸形成后，其间质细胞分泌睾酮产生雄性结构，支持细胞分泌抗缪勒氏管因子，抑制缪勒氏管发育。而对于雌性胚胎（或 Y 染色体缺失，或 Sry 基因缺失、突变），性腺原基发育为卵巢，由卵巢产生的雌激素能使缪勒氏管发育为雌性结构。但在胚胎早期，多种基因及产物如孤核受体 Wt1、Sox9 等常染色体基因蛋白等在诱导性腺分化中也起到一定的作用。

根据以上性别决定机理，性别控制可概括为受精前的精子分离法和受精后的胚胎性别鉴定两个方面。而从这两个方面进行性别控制因各自采用方法不同所依据原理也各不相同。其中受精前性别控制在生产上有实用价值的是流式细胞仪分离精子法，受精后胚胎性别鉴定则以 PCR 性别鉴定技术法最为理想。

受精前性别控制是根据 X、Y 精子理化特性和 DNA 含量等方面差异将其分离，然后选取目的性别的精子进行人工授精；受精后性别控制对要移植的胚

胎 SRY 基因的有无进行性别鉴定，然后选取目的性别的胚胎进行移植。

（一）受精前性别控制：精子分离法原理

哺乳动物个体因性染色体的不同表现为不同的性别，性染色体 XX 的为雌性个体，而性染色体为 XY 的个体为雄性，在形成配子时，雌性个体只形成一种卵子，而雄性却形成两种精子，X 精和 Y 精子。如果 X 精子与卵子结合形成雌性个体，而 Y 精子与卵子结合则形成雄性个体。所以，受精时精子的类型成为决定后代性别的关键，只要采取措施将这两类精子分开，并根据需要采用特定类型的精子进行人工输精，就会获得需要的性别，实现性别控制，这就是现在特别流行的受精前进行性别控制的一种重要形式：X、Y 精子分离技术。家畜性别为受精时决定，因此研究分离动物 X、Y 精子，是解决家畜性别控制的关键。人们根据精子在物理特性（体积、密度、电荷、运动性）和化学特性（DNA 含量、表面抗原）不同，采用流式细胞分离法、沉降法、密度梯度离心法、凝胶法、电泳法、免疫学方法等各种技术分离精子，但大多缺乏可靠性、重复性和准确性。一般认为，以精子所含 DNA 含量不同为依据的流式细胞分离技术较可靠。流式细胞分离技术包括精液稀释与荧光染料 hoechst33342 共同培养，染料可渗入精子膜从而使 DNA 着色。由于着色量与荧光染料量成正比，因此，X 精子发出的荧光比 Y 精子强。放射出的荧光信号通过仪器和计算机系统扩增，分析并分离出精子。随着仪器的改进，分离的速度及精确度逐年提高。

X、Y 精子在体积、密度、电荷、运动性和 DNA 含量、表面抗原等方面存在差异，精子的分离是建立在这两类精子物理、化学性质差异的基础上的。根据两类精子理化特征上的细微差异，人们设计了诸如沉降法、离心法、过滤法、电泳法、流式细胞仪等来分离 X、Y 精子，这些方法主要依据的原理有以下几点。

1. X、Y 精子所带电荷的差异

一般认为，细胞膜的电荷依赖于与核蛋白相结合的氨基酸量，细胞膜内脂质或糖脂上的电荷对电泳的流动性没有影响。精子表面均带有膜电荷，且为负电荷，但 X 精子与 Y 精子表面的膜电荷量和分布有差异。一种猜测认为，精子中尾部负电荷多时为 X 精子，而头部负电荷多时为 Y 精子。附睾尾部的精子比附睾头部的精子膜电荷量大，而随着精子的衰老，膜电荷量减少，因而活精子比死精子的膜电荷多。置精液于电场中，将趋向阳极和阴极的两份精液分别给母畜受精。不少的研究得到了相同的结果：趋向阳极的精子的后代中雌性占多数，趋向阴极的精子的后代中雄性占多数。可能的原因是：X 精子多带负电荷，Y 精子多带正电荷。

2. X、Y 精子质量差异

X、Y 精子在重量和比重上的差异表现在 DNA 含量的不同。Morruzi 等报道，X 染色体比 Y 染色体大，其 DNA 含量也比 Y 染色体多，重量也更大。DNA 含量之差相当于精子头部半径相差 1%，Y 精子的比重为 1.113 4g/cm^3，X 精子的比重达 1.114 1g/cm^3。由于重量和比重的不同，导致 X 精子和 Y 精子在液体中的运动力和沉降速度的不同。但 X、Y 精子 DNA 含量的报道尚不一致，有人认为哺乳动物 X 精子的 DNA 比 Y 精子多 2.8%~7.5%。比重与精子的成熟度有关，成熟程度越高比重越大；同种类别的动物或人其精子比重在个体之间也存在差异。运用离心或沉降法，把精液分成上下两层。来自上层精液的后代雄性居多，来自下层精液的后代雌性居多。由此推断：Y 精子质量较小处于精液的上层，X 精子质量较大处于精液的下层。

3. X、Y 精子免疫学的差异

1955 年，Eichwald 等在同一品系小鼠的雌雄之间进行皮肤移植时发现，同系小鼠的雌性对雄性的皮肤移植物有排斥反应，这种排斥现象与 Y 染色体的存在呈平行关系，与组织相溶性抗即 H-Y 抗原有关。H-Y 抗原受 Y 染色体上的基因控制。精子的 H-Y 抗原主要存在于精子顶体部分，附睾头分离的精子 H-Y 抗原主要分布于靠近精子的尾部，附睾尾分离的精子 H-Y 抗原主要分布于顶体后端。最近的许多实验都证实，只有 Y 精子才能表达 H-Y 抗原。然而，对 H-Y 抗血清对 Y 精子的免疫作用持怀疑态度的报道也不少。Short（1979）认为，单倍体的配子一般不能表达 H-Y 抗原。但是 Hoppe 等在分析这一问题时指出，X 精子和 Y 精子表面都可能具有 H-Y 抗原。由此看来，关于 H-Y 抗原，还有许多问题值得深入探讨。这里特别要指出的是：H-Y 抗体在对早期胚胎性别的鉴定展示了光辉的前景。来自实验动物和家畜（主要是牛）的大量报道表明，将 8 细胞左右的胚胎置入有补体存在的 H-Y 抗体中，与 H-Y 抗体反应而受影响的胚胎中大多数是雄性胚，而且受影响的雄胚可以在 H-Y 的抑制解除后复活，进行移植。据报道，美国的科罗拉多州胚胎公司已将此项技术用于生产。无疑，这一成就对改变动物出生时的性比（第二性比）定会做出重要贡献。

4. X、Y 精子对环境抗性的差异

通过对整份精液施以某些物理因素和化学因素的处理从而改变性比的事实说明 X 精子和 Y 精子可能在对某些因素的抗性上存在差异。在物理因素中，气压是引人关注的一个因子，Foote 等（1971）将兔子的精液分别放入真空和非真空状态下 10min，结果显示：经真空处理的精液的后代雄性比率降低。这意味着 Y 精子可能对气压的骤降较为敏感。Kamalyan 等（1971）的试验似乎对此提供了又一证据。他们把在 2 000m 高度生活了 6—7 世代的兔子迁至 3 250m的高度，第一世代中，雄：雌=64.0：100，而在 2 000m处的对照组雄雌之比为 93.5：100。另外还有过用超声波处理精液改变性比的报道。对精液施以化学因素的影响来改变性比的研究很多。其中，Schilling 等做了较多的工作，在他们的报道（1972）中，研究了多种化学物质处理精液后对性比的影响。试验结果表明：在兔子中，天冬酰胺酶、低渗稀释液和抗坏血酸有利于雌性。而脂酶，$(NH_4)_2SO_4$ 和 NaOH 有利于雄性；在猪中，抗坏血酸有利于雌性，$(NH_4)_2SO_4$ 和 NaOH 有利于雄性，其改变性比的程度为 57%～65%。他们认为，由于 X 精子和 Y 精子有着生理上的差异，使它们对于这些化学物质的抗性上表现出差异。生殖道内的酸碱度可能会影响到某类精子的生存，在日本，有人用羊做了试验，用 pH 值为 5.5 的溶液冲洗生殖道，得到了 66.7%的雄性后代；当该溶液的 pH 值为 7.35 时，得到了 85.7%的雌性后代。

5. 精子的运动性

据报道，Y 精子的活动能力比 X 精子强，运动速度快，更能活跃地向前运动。例如，在以血清白蛋白柱分离人精液时，柱下部精子的活力最高，其中 83%为 F 小体阳性，即 Y 精子。

6. 精子的耐酸性

pH 值对精子的影响比较大，X、Y 精子对酸性环境的耐受能力呈现一定的差别。在酸性环境下，Y 精子的运动受到抑制，几乎处于休眠状态；X 精子则受到影响很小，运动能力得到激活，使其向前运动能力加强。这可能与 X、Y 精子体内的乳酸脱氢酶的含量差别有关，乳酸脱氢酶是一种与 H^+浓度高度相关的酶，高 H^+浓度能促使酶活性显著升高，能量代谢加快，产生更多的 ATP，从而促使精子运动加速。根据此原理，可以进行 X、Y 精子分离。

7. 耐低渗环境能力

低渗条件下，质膜完整的精子发生膨胀变形呈弯尾状态，这是检测精子质膜完整性的主要方法。X、Y 精子在大小、比重、电荷方面的差异，使之在低渗条件下的变形程度出现差异，X 精子变形后其体积是 Y 精子的 3 倍，弯尾更加明显。

8. X、Y 精子 DNA 含量的差异

在哺乳动物，每一个体携带 X 染色体和 Y 染色体的精子，无论是 X 或是 Y 其 DNA 含量是恒定的。精子的性染色体 DNA 含量是唯一有效的或可检测到的 X 与 Y 精子之间的差异，根据研究显示，所有哺乳动物的 X 染色体比 Y 染色体要大，因而携带更多的 DNA。

表 9-1 流式细胞仪分析得到的各种动物 X 精子和 Y 精子 DNA 含量的差异

种类	差异百分比/%	种类	差异百分比/%
火鸡	0	马	4.1
人	2.9	羊	4.2
兔子	3.0	灰鼠	7.5
猪	3.6	田鼠	9.2
牛	3.8	田鼠	12.5
狗	3.9		

资料来源：Johnson，1994。

从表 9-1 可以看到，火鸡的 X、Y 精子含有相同的染色体和 DNA 含量，而哺乳动物和人则不同，X 染色体和 Y 染色体 DNA 含量都不相同。人的 X 染色体 DNA 含量比 Y 染色体多 2.5%~3.0%。其他哺乳动物的 X 精子和 Y 精子 DNA 含量的差异比人的稍大些，差异最大的是田鼠，其 X 精子的 DNA 含量大于 Y 精子 9.1%~12.5%。因此，这唯一存在于 X 精子和 Y 精子之间的 DNA 含量的差异具有实际意义，这也成为流式细胞分离检索仪进行 X 精子和 Y 精子分离的理论基础。

根据 DNA 含量采用流式细胞仪分离精子原理是：X 精子 DNA 含量比 Y 精子高，由于染料着色量与精子 DNA 含量成正比，因而 X 精子较 Y 精子吸收了较多的染料而产生较强的荧光，精子荧光的差异可以通过信号转换用流式细胞分离仪进行分离。具体的操作方法：先利用 DNA 特异性染料对精子进行活体染色，然后精子连同少量稀释液形成不连续的由单精子组成的液滴逐个通过激光束，探测器把液滴中精子的发光强度信号传给计算机，计算机指令液滴充电使发光强度高的液滴带正电，弱的带负电，即 X 精子带正电荷，Y 精子带负电荷。加了电荷的精子经过高压电场时会由于电荷所产生的电场引力向不同方向偏转，因此 X、Y 精子得以分离。利用此方法已成功分离了小鼠、兔子、牛、羊和猪等动物的 X 精子和 Y 精子（陆阳清等，2005；韦鹍等，2005），同时，有报道表明通过这种方法分离得到的精子并不影响胚胎的发育（Duane，2006），所以该技术已成为目前重复性最好的、科学有效的精子分离方法。

（二）受精后性别控制原理：早期胚胎性别控制

受精后性别控制是指在胚胎附植前哺乳动物早期胚胎的进行性别鉴定，进而有目的取舍获得所需性别后代。早期胚胎鉴定是 20 世纪 70 年代发展起来的一门生物技术，此技术在畜牧业中起着非常重要的作用，它是通过鉴定早期胚胎的性别结合胚胎移植，得到所期望性别后代的技术。胚胎的性别鉴定主要是根据早期胚胎细胞中有无 Y 染色体来对其进行性别鉴定。以往研究中常用细胞遗传学方法（核型分析）、免疫学方法（H-Y 抗原法）及生化方法（X 连接酶活力测定法）等，这些方法在应用于生产时都受到灵敏度、准确性或所需时间等因素的限制，现在常用的是分子生物学方法。主要包括荧光原位杂交法（FISH）、LAMP 法、雄性特异性 DNA 探针检测法、聚合酶链式反应法（PCR），其中以 PCR 法应用最为广泛，以下着重介绍 PCR 法进行性别控制的原理。

应用 PCR 技术对家畜胚胎进行性别鉴定就是建立家畜染色体 DNA 文库及筛选得到特异的克隆并进行测序的基础上，设计并合成一对与染色体特异性片段两端的正链和副链的小片段单链核苷酸引物，长度在 20bp 左右，并在胚胎分割技术的支持下，用少部分分割胚细胞中的 DNA 为模板进行 PCR 扩增。其原理是：通过引物延伸核酸的某个区域而进行的重复双向 DNA 合成，首先是双链 DNA 在高温作用下变性，解链成单链，随后降低温度（退火），这时两条引物分别与各自互补 DNA 杂交，在 DNA 聚合酶作用下，利用反应体系中 4 种 dNTP 底物将引物链沿 5′-3′方向延伸，与模板互补形成新链。新合成的链又可作为模板参与下一轮循环，使靶 DNA 的拷贝数呈指数级增加。将扩增产物进行琼脂糖凝胶电泳后，再进行紫外激光检测，设计的引物能扩增出具有 Y 染色体特异性的序列（如 SRY 基因片段）即为雄性胚胎，否则为雌性。该方法具有快速、敏感、简便的优点，目前已被国内外研究人员广泛用于家畜胚胎的性别控制，但容易污染，故在操作过程中要严格规范操作程序。

三、性别控制的方式和水平

了解了性别控制的生理机制，就可以根据其生理机制进行下一步的性别控制工作。根据实施的时间、结果及操作的对象不同，哺乳动物性别控制的方法可以分为很多种，但这些方法最终归结为两个水平 3 种方式。根据实施的时间可以分为两个水平：即在受精之前进行和受精后的早期胚胎形成阶段进行。而根据实施方式可分为以下 3 种：受精前将 X、Y 精子分开；受精时对母畜生殖道外环境进行人工干预；以及受精后胚胎移植前对发育早期胚胎进行性别鉴定。此外，精子 DNA 性控疫苗成为哺乳动物性别控制的新的途径和方式。

受精时精子的类型成为决定后代性别的关键，只要采取措施将这两类精子分开，并根据需要采用特定类型的精子进行人工输精，就会获得需要的性别，实现性别控制，这就是现在特别流行的受精前进行性别控制的一种重要形式：X、Y 精子分离技术；在授精同时，采取一定的技术手段对母畜生殖道的生理环境进行干预，使其只利于一类精子的受精活动，从一定程度上也能实现对后代个体性别的控制，这就构成了受精前性别控制的另一种方式：母畜生殖道环境干预技术；而在胚胎发育的早期对胚胎性别进行鉴定，并根据鉴定结果决定胚胎的去留，实现性别控制，就构成了受精后性别控制的技术手段。此外，直接给动物导入编码有免疫活性抗原的性别差异表达基因，特异性抑制或阻断某一性别的决定，而对动物性别进行控制的 DNA 性控疫苗成为控制性别的又一种新技术。

（一）体外受精前的精子分离：X、Y 精子分离技术

在受精之前就能够预先选择后代的性别，是一项新的值得探索的生物繁殖技术，它逆转了自然界长期形成的自然规律：携带 X 染色体和携带 Y 染色体精子的表型相同，哺乳动物的性别决定是随机，都有相等的机会产生雌性或雄性后代。因此，X、Y 精子分离具有潜在的巨大的利用价值。

X、Y 精子的差别是 X、Y 精子分离的基础。目前，主要是根据 X、Y 精子的物理学差异、免疫学差异、生物学差异来进行分离。充分利用这些差异，对 X、Y 精子进行分离，衍生了很多分离方法，比如：根据 X、Y 精子的运动速度衍生的精子浮游法；根据所带电荷性质衍生的电泳分离法；根据体积大小衍生的葡聚糖凝胶过滤法；根据比重大小衍生的密度梯度分离法；根据 Y 精子抗原性衍生的免疫分离法；根据 X、Y 精子 DNA 含量差异衍生的流式细胞仪分离法。这些方法分离精子后目的精子的比例都有明显增加，活率也获得提高。基于 X、Y 精子所存在的差异，分离 X、Y 精子是切实可行的。以下是 X、Y 精子主要的差异（表 9-2）。

表 9-2　X、Y 精子主要的差异点

差异点	X 精子	Y 精子
头部大小	103～106	100 为基数
比重	110	100 为基数
表面电荷	负电荷，位于中部和尾部	负电荷，位于头部
染色体面积	7.85μm^2	3.47μm^2
耐酸能力	强	弱
生存时间	长	短
F 小体	没有	有
DNA 含量	103～104.5	100 为基数
密度大小	1.114 1g/cm^3	1.113 4g/cm^3
运动性	弱	强

（续表）

差异点	X 精子	Y 精子
Y 抗原	没有	有
碱性环境中的运动速度	慢	快
酸性环境中的运动速度	快	慢
低渗条件下的体积	300	100 为基数
低 pH 值条件下的活力	强	几乎休眠

（二）受精时通过控制外环境来控制性别：母畜生殖道环境的干预技术

除了进行精子分离，在受精时还可以对生殖环境进行干预，以实现受精前的性别控制。这是人类最早采用的性别控制方式。《褚氏遗书》这样论述，“男女之合，若阴血先至，阳精后冲，而男形成矣，阳精先至，阴血后参，而女形成矣”。归结为，精子先于卵子到达生殖道，生女，而卵子先于精子到达生殖道，则生男。后来这种理论也被应用于家畜的性别控制。家畜发情是一种生理过程，在这个过程中，输卵管分泌物的 pH 值发生了逐渐由酸性变成碱性的变化，而 X、Y 精子也有不同的酸碱耐受性，X 精子能耐受酸性环境，而 Y 精子能耐受碱性环境。来自精液电泳的试验表明（杜荣骞等，1992），X、Y 精子表面电荷有差别，在电场中，表现出不同的泳动速度和泳动方向，这也是 X、Y 精子对酸碱耐受性不同的一个旁证，所以学者们通过在发情期不同的时间人工输精进行性别控制，以排卵为界，排卵前输精多生母，排卵后输精多生公（齐义信等，1995；陈元明等，1994）。也有人尝试在生殖道中或精液中添加一些物质以达到改变授精环境的目的。这些物质有酸性缓冲液、醋酸、乳酸、精氨酸（黑木常青，1978；陈元明，1994）等，王光辉等（2000）用 5% L 型精氨酸注入母牛子宫内，使生殖道的 pH 值降低，提高了产母犊率（63. 8%）。这些研究虽然都取得了一定的进展，但效果不是很理想。

由于 Y 精子的个体比 X 精子小，游动速度也相对较快，所以，如果过早对母畜输精就会造成，当卵子到达输精部位时，Y 精子已经失去活力，不能与卵子相结合。虽然 X 精子游动速度相对较慢但其生命时间长，这样就有利于与卵子结合产生雌性胎儿。齐义信在母牛排卵与排卵后输冷冻精液，所产公犊为 86. 6%，然而在排卵前 8h 输精所产母犊为 87. 5%。北京三牛兴业科技发展有限责任公司研制完成的“奶牛性别胶囊”，能够有效地阻断 Y 精子获能，对奶牛的受胎和胚胎发育无任何影响。在奶牛生产中可达 70%～75%的稳定雌性比例。司建河，张居农等对 40 头母牛采用 10%精氨酸和 5%葡萄糖溶解性控胶囊处理，20 头作对照，观察比较母牛所产犊牛的性别，试验结果表明，采用性控胶囊处理，10%精氨酸组母牛所产母犊率为 80%，5%葡萄糖溶解性控胶囊处理组为 75%，对照组母牛所产母犊率 45%，差异显著。

（三）受精后胚胎移植前对发育早期胚胎进行性别鉴定：PCR 早期胚胎性别鉴别

在受精前分离 X、Y 精子控制性别的诸方法中，虽然流式细胞分离仪在精子分离上有许多优点，但其分离速度比较慢，精液价格昂贵，且分离后精液不耐冷冻，后代有一定的畸形率。同时，对于一些性染色体差异较小的物种，精子分离效率效果更受到了挑战，因而精子分离技术在一定程度上受到限制，而胚胎性别鉴定方法则成了另一种性别鉴定和性别控制的技术手段。在胚胎性别鉴定方面，以往研究中常用细胞遗传学方法（核型分析）、免疫学方法（H-Y 抗原法）及生化方法（X 连接酶活力测定法）等。在应用于生产时都受到灵敏度、准确性或所需时间等因素的限制，如核型分析法不仅费时费力而且操作时要有较高的技术要求。现在常用的是分子生物学方法，主要包括荧光原位杂交法（FISH）、LAMP 法、雄性特异性 DNA 探针检测法、聚合酶链式反应法（PCR）。荧光原位杂交法因需要使用放射性同位素而很少应用，LAMP 法尽管缩短了检测时间，但该方法在检测体系中引入了化学显色反应体系，对检测过程的反应条件特别敏感、稍有污染就可能影响到检测结果的准确性，同时高昂的检测费用和专门的检测仪器，使其在实践应用中受到了限制，雄性特异性 DNA 探针检测法用同位素标记费时而且存在放射性污染，用生物素标记省时，但技术难度大。相比之下，PCR 技术以其稳健的检测结果和简便的操作方法在生产实践中应用越来越广泛，PCR（polymerase chain reaction）技术，即聚合酶链式反应技术，因其具有快速、灵敏、简便及特异性强等特点，很快被用于传染病诊断、法医鉴定、基因工程等领域。1990 年 Herr 等首先应用 PCR 法进行奶牛胚胎性别鉴定，此后，许多基于 PCR 技术的家畜胚胎性别鉴别方法被建立起来。目前，PCR 法已成功应用于鉴别多种哺乳动物的胚胎性别，在养牛、羊业应用较广泛也较成熟，数以千计的现场牛胚胎性别鉴定结果表明，PCR 法是一种较为实用、经得起生产考验的可靠方法，也是目前唯一可常规应用并已取得巨大商业应用价值的胚胎性别鉴定方法，具有灵敏度高、准确率高、方便快捷等优点。其原理与细胞内发生的 DNA 复制过程十分相似，在 DNA 聚合酶的催化下，通过引物延伸核酸的特定区域而重复进行双向 DNA 合成，首先是双链 DNA 在高温作用下变性，解链成单链，随后在特定的温度作用下退火，这时两条引物分别与各自互补的 DNA 杂交，在 DNA 聚合酶作用下，利用反应体系中 4 种 dNTP 底物将引物链沿 5′-3′方向延伸，与模板互补形成新链，新合成的链又可作为模板参与下一轮循环，使靶 DNA 的拷贝数呈指数级增加。因为性别特异基因在两个性染色体上的存在状态不同，PCR 扩增时，只能扩增出某一条性染色体特异性序列（如 Y 染色体 SRY 基因片段），而另一条性染色体却没有扩增产物或产物与雄性产物不同，而实现了胚胎的性别鉴别。PCR 扩增技术可在短时间内将目标 DNA 片段大量富集，极微量的性别特异信号在短时间内得到无限放大，这一技术也被应用于精子的性别检测分析，并通过统计检测结果分析分离 X、Y 精子的纯度。

（四）性别控制的新技术：DNA 性控疫苗研究

性控疫苗是哺乳动物性别控制一个新的研究方向，理论上是控制家畜性别的最理想方法。性控 DNA 疫苗是通过直接给动物导入编码有免疫活性抗原的性别差异表达基因，在体内合成抗原蛋白，诱导产生对该抗原蛋白的一系列特异性免疫应答，特异性的抑制或阻断某一性别的决定而对动物性别进行控制。对于 XY 决定性别的高等哺乳动物，雄性动物 X 精子和 Y 精子是研究性别差异表达基因的首选材料，找到两种精子特异基因表达的差异，就能从中找到编码 X 精子和 Y 精子特异抗原的基因，制备成相应的 DNA 疫苗对动物免疫，在机体内特异性的抑制 X 精子或 Y 精子，也可以制成抗血清，在体外特异性的抑制 X 精子或 Y 精子，实现对性别的控制。

以 X、Y 精子性别特异性蛋白为基础的蛋白免疫性控疫苗，受到蛋白分离纯化技术的限制，至今没有大的突破。Blencher 基于性别特异蛋白存在且高度保守这一假设，将非性别特异性的蛋白（non-SSPs）用亲和层析法去除，用色谱柱得到相对保守的牛 X 精子性别特异性蛋白（sex specific proteins, SSPs），而后通过免疫动物并用层析纯化得到 SSPs 的抗体，用抗体处理的精液进行体外授精得到 106 枚胚胎，并采用核型分析技术进行胚胎性别鉴别，除了 30 枚胚胎由于染色体重叠等原因没能鉴定出性别外，在鉴定出性别的 76 例胚胎中雄性为 70 例，占 92%，但由于纯化 SSPs 和 SSPs 的抗体的费用高昂，使得该试验的成果没有在生产中推广应用。

性控核酸疫苗技术在寄生虫防治的研究中有为数不多的报道，这些研究多以两性整个虫体作为 mRNA 差异显示的材料。流式细胞术在牛精子分离上的研究最为成熟和可靠，得到的分选精子不含其他体细胞，X 精子和 Y 精子纯度均可达 95%以上，并与人工授精生产的后代的性别比例一致，这种高分离纯度的 X 精子和 Y 精子为 mRNA 差异分析提供了一种绝好的研究起始材料，但这种材料的获得代价较高，尤其是 99%以上超高纯度 X、Y 精子，即使采用二维电泳获得特异表达蛋白，收获量也只勉强够检测分析，不可能用于动物免疫。获得在以 X、Y 精子性别特异性蛋白的分离纯化技术作为研究前提，而基于家畜 X、Y 精子特异性基因表达差异的性控核酸疫苗技术的研究目前尚未见有文献报道，这是一个新的研究方向。探索这种 Y 精子特异表达基因的基本性质，对于完善精子的生物学研究有重要理论意义；在此基础上开发核酸性控疫苗，在技术上是一条捷径，与传统的蛋白免疫相比具有制作简单、经济、安全、易于贮存运输等优点。

比较上述性别控制方式发现，在胚胎期进行的鉴定即使非常准确，也将有一半非理想性别的胚胎被丢弃，相应于形成这部分胚胎的人力、物力也将被浪费掉了。从这种意义来说，PCR 早期胚胎性别鉴别是下策，但在目前还没有一种精子分离方法能获得满足生产中常规使用的精子数，因此早期胚胎性别鉴别技术仍是性别控制的有效途径；受精前的 X、Y 精子分离技术是性别控制的最根本途径，目前流式细胞分离技术虽然成本昂贵，但这一技术为新的精子分离技术研究提供了材料，分选冷冻精液低剂量人工授精在牛上已被证明是一种有效的手段，对其他物种、甚至人类研究改进其精液分选和授精将促进该技术的推广应用。新的蛋白分离技术的产生和多项技术的集成应用，以及基因工程手段及免疫学方法的研究，为性别特异蛋白的分离，特异膜抗原结构的分析、抗原免疫原性的改造，进而利用免疫法实现性别控制提供了新的机遇。

四、性别控制主要方法

如前所述，哺乳动物性别控制可以在受精前和受精后两个阶段进行。受精前先分离 X、Y 精子，再采用相应性别的精子进行人工授精，得到所需要性别的后代是较理想的性别控制方法。分离 X、Y 精子的方法有多种，如过滤法、密度梯度离心法、电泳、免疫法和流式细胞分离等，目前流式细胞仪法分离效果最为稳定可靠。对受精后的早期胚胎进行性别鉴别的方法，主要有 X-酶联法、H-Y 抗原法、核型分析法、荧光原位杂交、PCR 技术和 LAMP 法（环介导恒温扩增），因受到灵敏度、准确率和对胚胎伤害等因素的限制，这些方法不能或不易在生产上推广应用，因而有一定的局限性，目前研究最多，同时也是最有望在生产上推广的是 PCR 探针进行胚胎性别鉴定技术。现将上述方法进行概述。

（一）受精前 X、Y 精子分离法

通过分离 X 精子和 Y 精子达到控制家畜性别的目的是最经济、最有意义，也是最根本的性控途径。自从 1925 年 Lush 首先采用离心法分离兔子的 X 精子和 Y 精子以来，许多科学工作者对分离精子做了大量的研究。从 20 世纪 50—90 年代，有许多人用物理法（如沉降法、离子交换法、电泳法、密度梯度

法）和免疫法进行分离X精子与Y精子的试验研究，虽然都曾有成功的报道，但是通过荧光原位杂交技术（FISH）和流式细胞仪测定技术对上述方法分离后的精子进行检测发现，无论是物理学方法还是免疫学方法都缺乏可靠性和可重复性。直到20世纪80—90年代，以X精子和Y精子DNA含量存在差异为原理，应用流式细胞仪分离X精子和Y精子技术才取得突破性进展，目前经分离的X精子和Y精子性控精液已在奶牛生产上得到了应用。

X精子与Y精子在物理特性如重量、大小、形态、活力、电荷和化学特性如DNA含量、表面抗原上却略有差异，所以，可以通过对X、Y精子的分离来实现控制性别的目的。

1. 电泳法

电泳法是根据X、Y精子所带电荷不同而将两者分离的。正常情况下，精子的细胞膜表面带有负电荷，在带有电场的中性缓冲液中向正极移动。Kanek等通过自由电泳的方法对精子表面电荷的研究表明，X精子表面的负电荷量比Y精子多，在电场中移动的速度比较快，而利用唾液酸酶处理后的X精子和Y精子，二者在电场中的移动速度均下降，而且最终趋于一致，这表明X精子和Y精子表面的电荷差异主要是精子膜表面的唾液酸引起的。

自由电泳分离法就是根据X精子和Y精子的表面电荷存在差别的原理，将精子放入特制的电泳容器，加以一定持续电场，使两种电荷量不同的精子以不同的速度或朝着不同的路径泳动而得以分离。Kaneko等利用自由流动电泳法将人的精液分离为两个明显的尖峰，从而分别收集到X精子和Y精子，但是分离后的精子受到了很大的影响。1988年，Engelmalm等报道了利用自由电泳法成功分离精子。他们将经过预先处理去掉精浆的精子注入加有缓冲液的电泳槽中，利用在电场中移动速度的差异将X、Y精子分离，而后通过奎吖因（qulnacrine）染色F小体的方法鉴定所分离精子性别比例，结果表明，向电场正极移动的精子分成两群，而移动较快的一群中80%为Y精子，分离后的精子通过地衣红染色表明精子活率有所下降。Blottne等以及Manger等也都曾经报道利用自由电泳法成功分离精子得到Y精子。然而，多年来许多的科研人员在自由电泳分离法上开展了大量的研究，不同实验室用该方法得到的结果不尽相同，有的甚至相反。此外，有研究也表明，X精子与Y精子间膜电荷量差异不大，膜电荷量在精子的成熟或衰老过程中会变化，附睾尾部的精子比附睾头部的精子膜电荷量大，随着精子的衰老，膜电荷量减少，而即使两类精子的膜表面之间存在电荷差，也很可能被附着在精子膜外的精清成分掩盖。

2. 密度梯度离心法

密度梯度离心法是根据X精子和Y精子在密度、体积和形状方面的差异来分离精子。Lush 于 1925 年最早报道了根据精子的密度和比重对精子进行性别分选，而 Kaneko 等则最早利用 Pereoll 密度梯度离心法分离 X、Y 精子，他们将精子放入密度 1.06~1.11g/ml 的不连续密度梯度的 Percoll 液中，通过奎吖因荧光染色显示，在密度最低（1.06g/ml）的部分收集到的精子中 Y 精子占 73.1%，且随着溶液中密度的增加，Y 精子比例下降，在密度最高的部分（1.11g/ml）Y 精子仅占 27%。这说明 X 精子比重大于 Y 精子，在密度梯度液中离心沉降的速度比 Y 精子快。Iizuka 等利用 12 层不连续梯度的 Percoll 离心分离法获得的 X 精子纯度达到 94%，利用分离后的 X 精子进行人工授精后 6 位妇女怀孕，并各自产下一名健康女婴。曹世祯等报道，利用 Pereoll 梯度进行精子分离，分离后用富含 Y 精子精液人工授精所生产的后代雌雄比例可达到 36∶64；利用富含 X 精子的精液人工授精所生产的后代雌雄比例可达到 65∶35。然而，有研究显示似乎 X 精子本身密度的差异比 X 精子和 Y 精子之间差异还要大，而该方法分离得到的 X、Y 精子的结果不稳定，缺乏重复性，有的实验室研究证实分离得到了 X 精子，而有的实验室报道分离后的 X、Y 精子比例没有显著差异。但是离心对精子造成的伤害较大，且影响因素较多，此法生产价值并不大。

3. 白蛋白梯度游动分离法

在黏滞的白蛋白中，Y 精子的游动速率比 X 精子快，因此可在液柱上层收集到 Y 精子。这个方法较适用于分离 Y 精子，曾广泛应用于人精子的分离。Caspersson 等在用芥子哇因对男性的染色体进行染色时发现，Y 染色体的长臂与其他染色体相比能发出特别强的荧光。后来人们把在核的分裂期间所观察到的这种强荧光小点称为 F 小体（F-body）。有人认为 F 小体精子就是 Y 精子。一些报告指出。具有 F 小体的精子要比不具有 F 小体的精子更能活跃地向前运动，Eriesson 等将人的精液置于血清白蛋白柱的上层，从柱的最下面分离出的精子与原精液相比，运动精子的比率高，其 83%为 F 小体阳性。白蛋白梯度游动分离法的原理是，在黏滞的白蛋白液柱中，Y 精子的游动速率比 X 精子快，Y 精子对穿透过黏滞的非连续性白蛋白液梯度交界面的能力大于 X 精子，当在白蛋白液柱下层收集到 Y 精子时，X 精子仍停留在液柱的上半部，此法曾被认为是 X、Y 精子分离的物理方法中较为有效的一种，故曾被广泛用于人精子的分离。Beemink 等（1993）在 65 个生殖中心（美国 57 个，其他国家 8 个）的临床研究统计显示，白蛋白梯度游动分离后的精子通过人工授精方法后产下的 1 407 名婴儿中，利用 Y 精子输精后的男婴率在 71%~76%，利用 X 精子输精后的女婴率为 69%。目前，在美国和世界其他一些地区还有不少辅助生殖中心用这种方法进行人类精子分离来控制出生婴儿的性别，其分离得到的 Y 精子用于受精后产下的男孩比率为 70%～80%。然而，这种精子分离方法一直以来不断受到质疑，而且没有在人类以外的哺乳动物上获得成功。另外，在这种方法中，假如给妇女施用克罗米酚柠檬酸盐（cfomiPhenecitrate）以促使排卵时，出生的性别比例就会改变，女婴反而达到 73%。再者，这一方法只能纯化得到少量的 Y 精子群，不能得到 X 精子，且效率比较低，这势必会影响其推广和应用。

4. 免疫法

免疫学方法是一种非常诱人的分离 X 精子和 Y 精子的途径，若能成功，它将能以非常低廉的成本大量分离精子，用于实际生产。长久以来，人们一直认为 X 精子和 Y 精子表面存在特异抗原，并试图通过这些抗原寻找精子分离的方法。雄性特异性组织相容性抗原（H-Y 抗原）的发现使得用免疫法分离 X、Y 精子变为可能。Y 精子上存在 H-Y 抗原，因此可利用 H-Y 抗体来检测 Y 精子上的 H-Y 抗原，使得 X、Y 精子得以分离。精子表面存在雄性特异性组织相容性抗原（H-Y 抗原）最早是 Goldberg 等（1971）在一项细胞毒性试验中发现的，迄今已确认有 70 多种动物存在着 H-Y 抗原。随着高效价 H-Y 抗体技术的建立，人们致力于用 H-Y 抗体选择性结合 Y 精子来改变动物性比率的研究（Bennett，1973；Ohno et al.，1978），但都未获得满意的结果。直到 1980 年 Bryant 等应用 H-Y 抗体免疫亲和柱层析法首次成功地分离了人和小鼠的 H-Y 阳性和 H-Y 阴性精子（已获美国专利保护），利用 H-Y 抗体进行动物性控的研究才有了实质性进展。Zavos 等用 H-Y 抗血清处理母兔阴道后输精，产出后代雌性为 74.2%。王光亚、罗承浩等也做了相关的研究，证明免疫法处理精液后，可以提高后代的雌性比。以上结果表明免疫法分离 X、Y 精子有一定的应用和推广价值，但是近些年又有报道称 H-Y 抗原为弱抗原，而且不仅存在于 Y 精子上，在 X 精子上也有，只是水平略低，这也给人们带来了疑惑。

有关免疫法分离精子的最新的研究进展是加拿大 Guelph 大学的 Bleeher 等报道的，其通过应用 SDS-PAGE 电泳方法成功分离得到了牛性别特异性蛋白（Sexspeeific protein，SSPs），并揭示有可能找到一种简便的免疫学方法将活的 X 精子和 Y 精子分离。在他们的研究中，首先将非性别特异性的蛋白（non-SSPs）去除，留下相对保守的性别特异性蛋白（SSPs），而后通过免疫动物提取抗体并利用层析纯化方法得到抗 SSPs 的抗体。在抗雌性 SSPs 抗体对精液样本的应用试验中，导致了大约 50%的精子凝聚，而后他们将仍然活动的精子分离出来用于牛的 IVF，得到的雄性胚胎比率为 90%。以上这一免疫学方法的结果有可能表明，在精子生成过程中，特别是在减数分裂完成之后，某些基因在 X 精子细胞和 Y 精子细胞的转录或者表达不平衡，而且不平衡转录或者表达的物质没有（或部分没有）通过细胞间连接（或间桥）在精子之间相互传递。该研究结果展示的免疫学方法分离精子前景十分诱人，相关技术在 2003 年申请了专利，并于 2005 年转让给了 Microbix 公司进行深入研究和市场推广。然而，由于 SSPs 在 X 精子和 Y 精子之间差别表达的量非常微小，而且该方法本身还有许多问题存在，要达到稳定的效果还非常困难。时至今日，虽然许多大公司和研究机构投入了大量的资金和人力进行研究开发，通过免疫学分离法得到的精子仍然没有让母畜受孕并产下预知性别的后代，可见这一方法距离实际应用和生产还有很多问题需要解决。

5. 基于体积差异的相差分离法

哺乳动物细胞分裂中期赤道板上的 X 染色体一般要比 Y 染色体大得多。例如，牛的 X 染色体的面积为 7. 85μm^2，Y 染色体为 3. 47μm^2，前者是后者的 2 倍多。据此，有人认为 X 精子的头部应当比 Y 精子的头部大。Munster（2002）报道利用安装上相差光学系统的流式细胞仪，对未染色处理的精子进行分离，而后通过对 DNA 染色重分析分离的纯度，结果表明分离得到的 X 精子或 Y 精子的纯度大约为 60. 66%，基于精子体积差异的分离 X、Y 精子方法最大的优势就是避免了涉及 DNA 的染色处理，因为这可能导致遗传上的问题。然而，该方法首先遇到的问题与基于 DNA 含量差异的流式细胞仪分离法一样，就是精子的准确定向问题，而且由于 X 精子之间或者 Y 精子之间的体积本身就存在一定的变异，加上分离仪器方面的系统误差，该方法分离 X 精子或 Y 精子纯度的最高理论值也就是 80%。此外，由于精子头部的大小依精子成熟程度不同而不同，也因稀释液的渗透压不同而不同，这也将给利用该方法分离精子带来很大挑战。

6. 凝胶过滤法

主要是根据 X、Y 精子在凝胶中的速率不同而进行分离的。张建湘等用葡聚糖凝胶过滤分离了人的精子，得出凝胶柱高度不同，分离精子的效率和分离后精子的运动速率也有所不同的结论。

7. 流式细胞仪分离法

流式细胞仪分离哺乳动物 X、Y 精子的性别控制技术，是根据哺乳动物 X 精子的 DNA 含量比 Y 精子多的原理，利用特异性荧光染料 Hoechst33342 将精子的 DNA 染色，然后通过流式细胞仪识别并将 X 精子和 Y 精子分离开，并通过人工授精或体外受精等技术，按人们的愿望使雌性动物繁殖出所需性别后代的一种繁殖新技术。目前，该方法分离精子的纯度达到 90%，速度可以达到 15×10^6 个/h，分离精子冷冻保存后 90%以上的精液样本活力达到了 35%以上，而与之相关的人工授精技术、体外授精技术也不断完善，利用该方法分离的精子已经在牛、猪、羊等动物以及人的临床上得到应用，并在至少 8 种动物上获得性别控制后代。目前，流式细胞仪精子分离技术已经发展成为迄今最科学、最可靠、最高效的性别控制方法。

用流式细胞仪分离精子的基础是 X 精子与 Y 精子 DNA 含量不同，其技术的关键是活体染色和具有特制的检测装置。染色剂 Hoechst 33342 是以非嵌入式与 DNA 特异性结合的荧光染料，主要结合 DNA 的 A－T 碱基区，将其在 32～39℃条件下与精子一起孵育，染色剂能够透过活精子细胞膜附着在 DNA 双螺旋的小沟中，对精子的活力和 DNA 复制和遗传性状毒性较小，且经过流式细胞仪紫外线照射的变化而影响精子的遗传性状。流式细胞仪另一关键技术是细胞分离的特殊装置。染色后精子悬滴液在一定的压力下喷出，经紫外线检测并附以不同的电荷，然后在悬滴通过电场时将精子分开。

流式细胞检索仪精子性别分离速度一般可达到每小时 15×10^6 个，分离精子的产量基本能够满足牛，羊的低剂量输精人工授精需要，对猪等（每次需要 10 亿以上输精量）动物则需要特殊的辅助技术配合。

同时，随着精子分离速度和效率的大幅度提高，通过精子分离达到性别控制的研究也成为了畜牧科学领域的一大热点，而其商业化的诱人前景也逐渐向世人展示。位于美国科罗拉多州的 XY 公司是较早致力于精子分离研究与开发的公司。该公司成立于 1996 年之后迅速在美国及其他一些国家取得了除人以外的精子分离的专利。1998 年，XY 公司和英国的 Cogeni 公司签署了全面合作协议，共同开展精子分离领域的合作研究和商业化的前期推广工作。除美国和英国外，目前拥有流式细胞仪的国家还有瑞士、日本、澳大利亚德国和阿根廷等。我国精子分离研究的起步较晚，广西大学动物繁殖研究所最先于 2002 年底开始引进流式细胞仪进行分离水牛 XY 精子性别控制的研究，建立了一整套分离水牛 X、Y 精子的技术体系，分离精子准确率达到 90%。在利用该分离精子技术获得的 X 精子与卵母细胞进行体外受精和胚胎移植后，于 2006 年 2 月 13 日成功获得了世界首例经过分离精子性别控制的试管水牛双犊。此外，最近几年内蒙古、天津等地有几家单位已先后已经购入高速流式细胞仪，用于生产奶牛性控精液，开始实施商业化推广。

（二）受精后胚胎性别鉴定方法

虽然精子分离是当前最理想的性别控制手段，但是由于受到分离成本和分离速度的限制，此项技术还不能在生产实践中得到推广应用；同时由于并非所有优秀的种公畜都适合于进行精子分离。因此，早期胚胎性别鉴定仍然是生产实践中一项重要的性别鉴定和控制的方法。

早期胚胎的性别鉴定也称受精后性别控制，是通过附植前早期胚胎的性别鉴定从而达到控制性别的目的。早期胚胎的性别鉴定同胚胎移植技术相结合同样可以获得预订性别的后代。预将性别鉴定应用于生产实践中，必须达到生产实践的特殊要求，既要求快速简单、成本低，又必须有准确率高且重复性好的特点。随着体外受精技术和胚胎操作技术的进步，早期胚胎的性别鉴定已经在操纵家畜后代性别比例方面获得成功。目前应用较多且重复性比较好的性别鉴定方法主要有细胞遗传学方法、免疫学方法、生物化学方法以及分子生物学方法。

1. 细胞学方法：染色体核型分析法

细胞学方法是经典的胚胎性别鉴定方法，是用细胞学方法进行性别鉴定又称染色体核型分析法，是通过查明胚胎细胞的性染色体构型为 XX 型或 XY 型来鉴定胚胎性别。胚胎的核型是固定的（XX 或 XY），虽然各种家畜的染色体数目不一样，但是在胚胎发育的整个过程中，雌性胚胎中有两条 X 染色体，而雄性胚胎中有一条 X 染色体和一条 Y 染色体。因此，从胚胎中取出部分细胞直接进行染色体分析或阻断培养在细胞分裂中期进行染色体分析，可对胚胎进行性别鉴定。这种方法最初应用在了兔、牛和绵羊胚胎的性别鉴定。通过这种方法进行胚胎性别鉴定的准确率几乎为 100%，但是采集细胞对胚胎有损伤，并且获得高质量的中期染色体分裂相的难度比较大，分散相的获得率为 61.0%~81.0%，能进行性别鉴定的是 57%~60%，而且鉴别过程耗时长，难以在生产中推广。所以，不能用染色体核型分析法进行现场动物胚胎性别鉴，但可以用来验证其他技术鉴定所获得的结果的准确率。

2. 生物化学方法：连锁酶活力测定法

X 连锁酶活力测定法是通过测定与 X 染色体连锁相关的酶的活性来鉴定胚胎性别的一种方法。在哺乳动物中，同型配子组成的胚胎有两条 X 染色体，虽然其中一条染色体会在胚胎早期失活，但研究显示，X 染色体的失活与胚胎基因组启动之间存在明显的间隙。因此在一个细胞中，与 X 染色体相联系的酶的活性和浓度在雌性胚胎中是雄性胚胎的 2 倍。据此，将 X 连锁酶的底物，辅酶和指示剂与早期胚胎一起孵育，记录各胚胎着色的深浅来进行分类，从而鉴定胚胎的性别。Willams（1966）测定了从桑葚胚到囊胚阶段小鼠胚胎 X 连锁酶 6-磷酸葡萄糖脱氢酶（G6PD）的活性，性别鉴定准确率雌性为 72%，雄性为 57%，活性高的胚胎死亡率较高。由于人们不清楚 X 染色体失活的确切时间，加上畜种之间 X 染色体失活时间的差异，影响了鉴别的准确率。此方法不可用于桑葚期以后的胚胎中，所以用此法进行胚胎性别鉴定受到限制。

3. 免疫学方法：H-Y 抗原法

用免疫学方法证实的性别异性抗原的存在主要用于研究组织相容性 Y 原（或称 H-Y 抗原）。H-Y 抗原是雄性哺乳动物细胞膜上的一种糖蛋白，无组织器官的特异性，是雄性特异 H-Y 抗原基因表达的产物，该基因定位在 Y 染色体的长臂上。利用 H-Y 抗原进行性别鉴定有以下 3 种方法。

（1）细胞毒性法。细胞毒性法是将待鉴定胚胎放在含 H-Y 抗血清和补体的培养液中培养。细胞溶解的即为含 H-Y 抗原的雄性胚胎；否则为雌性胚胎。Utsulni 用鼠的 H-Y 抗血清鉴定了山羊和牛胚胎的性别。王达珍等用免疫学方法制备 H-Y 抗血清，通过细胞毒性试验检测小鼠早期胚胎细胞表面的雄性特异性 H-Y 抗原，从而鉴定早期胚胎性别，雌性胚胎鉴定准确率为 80%。用免疫学方法制备 H-Y 抗血清简便易于推广，但这种方法是以破坏雄性胚胎为代价，而且其准确率不高，故这种方法很少被使用。

（2）间接免疫荧光法。将早期胚胎与 H-Y 抗体反应 30min，再与用异硫氰酸盐荧光素（FITC）标记的免疫球蛋白 M 抗体反应，随后在荧光显微镜下观察，有荧光的为雄性，不显为雌性。门红升等用此法鉴定小鼠早期胚胎性别取得成功。这是一种非损害性胚胎性别鉴定法，鉴定过的胚胎都可以存活。但 H-Y 抗原是弱抗原，产生抗体特异性不强；同时对荧光强度的估计也有一定主观性，导致胚胎性别鉴定的准确率不高，牛为 83%、绵羊为 83%、猪为 81%。

（3）囊胚形成抑制法。依据 H-Y 抗体能够可逆地抑制雄性桑葚胚向囊胚发育，将动物桑葚胚培养在含 H-Y 抗原的培养液中，发育受阻的为雄性胚胎，不受阻的为雌性胚胎。此法鉴定的胚胎存活率与正常胚胎无异，其正确率为 80%左右，是一种简便实用的方法。但往往易将一部分发育迟缓的胚胎误判为雄性。且只能检测桑葚期前的胚胎，如果胚胎已发育至囊胚，则无法鉴定。

以上 3 种免疫学方法鉴定胚胎性别具有简便快速、对胚胎损伤小等特点，但由 H-Y 抗原是弱抗原，其免疫反应不够稳定，并且 H-Y 抗原并非专一地表达于雄性胚胎，且鉴定时雄性胚胎被杀死，H-Y 抗原法还需要大量生产抗体，目前应用 H-Y 抗原进行胚胎性别鉴定尚不够特异，还不能达到满意的鉴定效果。

虽然以上这些早期胚胎性别鉴定技术业已成熟，但这些方法要么准确率不高、要么费时，不适宜在实际生产中推广应用。随着 *SRY* 基因的发现分离，就可针对性别决定区特定基因序列进行基因片段扩增和制备特异性探针。雄性特异性 DNA 探针法、聚合酶链式反应（PCR）方法和双探针荧光原位杂交（FISH）技术的出现，哺乳动物性别控制进入分子水平，提供了早期胚胎植入前鉴定性别的准确、高效、快速的新方法，使性别鉴定和控制进入现实可操作阶段。

4. 分子生物学方法

分子生物学方法是20世纪80年代中后期才发展起来的一种利用雄性特异性基因探针和PCR扩增技术来鉴别家畜性别的方法。其实质就是检测Y染色体上的特异性序列的有无，有则判断为雄性，无则判断为雌性。其主要方法有：雄性特异性DNA探针法、荧光原位杂交法、LAMP法和PCR扩增法等。

（1）雄性特异性DNA探针法。从Y染色体上分离筛选雄性特异DNA片段作为探针，再用放射性同位素或生物素标记，与被测胚胎细胞中DNA的同源序列进行Southern杂交或斑点杂交，结果如为阳性则为雄性胚胎；阴极为雌性胚胎。以此来鉴定胚胎性别。Leonard等首次报道用牛Y染色体特异性DNA探针法鉴定牛胚胎性别，准确率为95%。Bondioli等也采用该法鉴定牛胚胎性别。1989年美国格林纳达遗传公司的研究数据显示，用制备的3个雄性特异性探针鉴定牛胚胎性别，准确率达97%~99%。此法有特异性强和准确率高的优点，但是这些特定序列通常具有种间特异性，所以对每种动物都必需研制不同的探针。所以在广泛应用上受到一定限制。

（2）荧光原位杂交技术。FISH技术是分子杂交与组织化学相结合的一项新技术。FISH技术是利用已知碱基序列的非同位素标记的核酸探针，依据碱基互补配对原理，通过荧光亲和素免疫组化检测体系，在组织切片、细胞间期核及染色体等标本上，对待测核酸进行定性、定位及相对定量分析的一种方法，是分子杂交与组织相结合的一项新技术。FISH包括荧光素探针制备、探针和靶DNA的变性与杂交，观察鉴定部分。由于FISH技术制备了特异性序列片段探针、杂交在细胞内进行、能使用试剂而发光、显色，既能在细胞分裂间期杂交，也能在分裂中期杂交，所以更具有广泛的应用性。由于FISH允许使用体细胞杂交探针与X探针和Y探针结合检测性别中的非整体变异，因而具有高效快速和错误率低的优势。

（3）LAMP法。LAMP法是由日本荣研化学株式会社独自发明的一种简便、快速、准确、廉价的基因扩增方法。它的特点是对目标基因的6个区段设定4种引物，利用链置换反应在等温条件下使其发生反应。只要把基因检样、引物、链置换型DNA聚合酶、基质等放在一定温度条件（63~65℃）下保温，至完成反应检定为止的过程一步工艺就可以完成。从反应开始至性别判定完成约40min；LAMP法的特异性很高，反应中无需变性，全过程都在等温条件下，不需要特殊试剂、特殊仪器和高效率扩增的优点。它采用雄性特异性以及雌雄共同引物，因此，可以最大限度地排除误判；只需一台Loop lamp终点浊度仪，就能完成扩增、检出、判定整个过程。有无扩增反应是通过反应过程中获得的副产物焦磷酸镁所形成的白色沉淀的浑浊度来判定。

（4）聚合酶链反应。简称 PCR，又称体外扩增技术，是 1985 年美国 Cetus 公司人类遗传部、加利福尼亚大学和 Howghes 医学院等联合创建的一项体外酶促扩增 DNA 新技术，具有特异性强，敏感性高，操作简便，快速高效等特点。PCR 技术问世后，立即引起了广泛的兴趣与重视，很快在全世界范围内得到广泛的应用和发展，迅速进入遗传性疾病的基因诊断、传染病原体的检测、法医学、考古学和分子生物学等各个领域。SRY 的发现将动物的性别控制及胚胎性别鉴定技术引入了一个新阶段。由于 SRY 是雄性高度特异性因子，是判断性别最可靠的依据，为胚胎性别鉴定提供了准确无误的技术途径；与 PCR 扩增技术相结合，可以应用于早期胚胎性别鉴定。由于 *SRY* 基因在哺乳动物中高度保守，因此在用 PCR 法进行性别鉴定时可以用相同的引物鉴别不同动物。PCR 扩增法是一种模仿体内 DNA 复制的过程，主要是针对 *SRY* 基因的 DNA 序列设计特异引物，并通过 PCR 扩增胚胎 SRY 特异 DNA 序列来鉴定胚胎的性别，该方法因有可靠的操作程序，具有高效、快速的特点，近年来得到迅速的发展。用 PCR 法鉴定家畜胚胎性别其主要程序为胚胎的获取、引物的设计，用显微操作或徒手从胚胎中取出几个细胞，热处理后进行 PCR 扩增，电泳检测。PCR 技术具有快速、特异、灵敏、简便、高效的特点。因此用于胚胎性别鉴定时，需要样品量少，只要一个细胞就能进行。由于 PCR 是一种非常灵敏的技术，一旦有极少量的外源 DNA 的污染，就有可能出现假阳性结果，因此在操作过程中，一定要严格操作，以防止外源污染和非特异性扩增。PCR 性别鉴定相关技术有以下几种。

①PCR 扩增 Y 染色体雄性特异 DNA 序列。以 Y-特异寡核苷酸片段为引物，通过 PCR 扩增产物在紫外光下检查，出现特异扩增带的为雄性，不出现此长度条带的为雌性。1989 年，澳大利亚首次成功采用 PCR 技术在体外扩增牛 Y 染色体特异 DNA 片段鉴定奶牛胚胎性别，准确率高达 90%以上。Peura 等用 PCR 扩增动物特异性 DNA 多重序列进行胚胎性别鉴定，也获得成功，准确率高达 100%。澳大利亚国立大学和 AB 技术公司还以汽车作实验室直接到牧场对绵羊、山羊开展性别鉴定工作，均获得成功。至于国内，近年也有类似报道。欧阳红生等建立了用 PCR 法体外扩增牛 Y 染色体特异 DNA 序列的方法，在牛、山羊、和绵羊 Y 染色体特异 DNA 同源序列高度保守区设计一对引物，对公牛 Y 染色体特异的 307bp 序列进行体外扩增。结果表明，公牛个体样品显示清晰可见的特异 DNA 扩增带，而母牛个体样品无扩增片段出现。随后欧阳红生等又建立了用 PCR 法体外扩增牛 Y 染色体特异 DNA 序列鉴别牛胚胎性别的方法，运用人工授精和超排技术获得胚胎，并对胚胎进行分割。其中

一个半胚处理后直接作为 PCR 模板，扩增产物在琼脂糖凝胶上电泳，出现 Y 染色体特异条带判断胚胎为雄性，否则判断为雌性。切割得到的另一半胚分别移入同期发情的奶牛或黄牛体内，产下的后代与用 PCR 方法鉴别的结果完全一致，表明此法可用于牛胚胎性别的鉴别。

②PCR 扩增 SRY 法。1991 年曾溢滔等首先应用 DNA 测序法直接测序得到牛 *SRY* 基因的核心序列，测序结果表明，在 SRY 核心序列中，牛与小鼠有 75%相同。同时设计合成了仅特异于牛 SRY 的 2 对 PCR 寡核苷酸引物，对 17 枚奶牛胚胎进行性别鉴定，经胚胎移植证实胚胎性别鉴定准确率为 100%。这是国际上首次采用 PCR 扩增 SRY 技术进行牛胚胎性别鉴定的报道。胡明信等参照小鼠 SRY 序列的 DNA 序列，以直接测序测得牛 SRY 序列，采用扩增牛 *SRY* 基因序列进行胚胎性别鉴定技术的方法，并进行胚胎移植，后代性别验证与 SRY 鉴定均相符，完善和提高了该项技术的实用性。葛宝生等用 PCR 方法分离了绵羊 *SRY* 基因，然后将其重组到 DNA puc19 质粒中，并进行了序列测定和同源分析，结果表明哺乳动物 *SRY* 基因的核心序列有高度保守性，种间差异小。为了提高动物胚胎性别鉴定技术的实用性，并将胚胎性别鉴定技术与转基因动物的研究结合起来，黄淑帧等建立了奶牛和山羊体外受精胚胎的性别鉴定的技术，奶牛和山羊的卵母细胞经过体外成熟、体外受精和体外发育至桑葚期，在显微操作下，吸取 4~6 个胚胎细胞，应用 Nest-PCR 技术对其 DNA 进行 *SRY* 基因的测定以进行胚胎性别鉴定。对转有外源基因的试管牛胚胎和试管羊胚胎进行了 *SRY* 基因检测，并将经过性别鉴定的胚胎移植入受体牛和受体羊中，产下的羊羔和牛犊的性别与胚胎性别鉴定的结果完全相符。这不仅解决了良种胚胎来源不足的困难，也为批量化应用于转基因动物的研究开发和动物生产奠定了基础。

③PCR 扩增 ZFY/ZFX 法。锌指蛋白基因 *Y*（*ZFY*）位于 Y 染色体上，在 X 染色体上有它的同源序列 ZFX，ZFY 和 *ZFX* 基因在所有哺乳动物中具有高度保守性。Koopman 等通过小鼠性别决定基因 *SRY* 性别转换实验，证实 SRY 为哺乳动物的性别主宰基因“睾丸决定因子”，ZFY 就是 SRY。西南民族学院与复旦大学遗传所合作，根据人、鼠 ZFY、*ZFX* 基因序列设计引物，对公牛和母牛的基因组 DNA 进行 PCR 扩增，将扩增产物定向克隆到 PUC118 上获得 ZFY、ZFX 转化子，测定 ZFY、*ZFX* 基因序列，并比较两者同源性，在差异区段设计出高度特异于公牛的特异引物，采用 Nest-PCR 方法对奶牛进行性别鉴定。Pomt 实验室建立的双扩增体系具有可扩增多种动物基因组 DNA 的优点，用此法成功地扩增了牛、绵羊、山羊、人、马、狒狒、狗、猫、大鼠、小鼠等的基因组 DNA 样品。

④RAPD技术。RAPD（random amplified polymorphiec DNA）技术是1990年在PCR技术基础上发展起来的一种分子生物学技术（williams，1990；welsh，1990），它是以PCR为基础，随机的寡核苷酸为引物和核DNA为模板，检测经特异扩增后的片段的多态性。作为检测DNA多态性并遵从孟德尔遗传规律的有效遗传标记，RAPD技术具有无需预先知道基因组DNA序列，无需同位素标记或杂交，DNA用量少，灵敏度高和经济快速等特点，已广泛应用于基因定位，多态性分析，动植物遗传连锁图谱的构建和畜禽标记辅助选择等领域。由于哺乳动物是雌雄异体动物，具有两套不同的性染色体XX和XY，这种X、Y染色体间的DNA多态性完全可以用RAPD技术检测出来，从而可以直接从DNA电泳谱带上读出受试个体的性别。王慧等利用混合样本分析方法对滩羊进行了RAPD分析，从60种随机引物筛选出一条引物作为公羊的特异性RAPD标记。刘德武等用140个随机引物对中外6个品种猪的DNA样品进行RAPD分析，发现其中一个引物的扩增产物与猪的性别有关，认为可作为猪性别区别的RAPD标记。

（5）PCR扩增技术的改进。在研究早期，采用常规PCR方法扩增，获得了一定成果。但是，试验表明常规PCR扩增少量胚胎细胞得到的产物很少，不易检测，且鉴定时间很长，对胚胎存活不利。因此一些较为实用的新技术被应用到鉴定中，增强了检测的灵敏性和结果的准确性。

①多重PCR。为了避免扩增失败导致对结果的误判，多采用多重PCR方法，在扩增性别特异引物的同时扩增常染色体序列作为阳性对照。其方法是通过设计并合成一对性别特异引物和一对对持家基因进行扩增的内标引物，以微量的被测胚胎为模板，在一定条件下进行扩增，在内标引物条带出现的前提下，同时出现雄性特异条带的为雄性胚胎，仅出现内标引物条带的则为雌性胚胎。这样即使反应混合物中只有一个拷贝的目的DNA分子仍能有效扩增，并因此而实现性别鉴定的目标。Peura（1991）利用3对引物进行牛胚胎性别鉴定，其中一对是牛DNA特异性引物，该引物对雌雄个体的扩增效果相同，使胚胎样品是否丢失的检测成为可能；另两对引物则是牛Y染色体特异性引物，它们的扩增产物为公牛所特有。刘卓（2012）采用多重PCR方法，选择了两对引物，一对根据常染色体基因设计，另一对根据*SRY*基因设计对牛胚胎性别进行鉴定。正常情况下，雌性胚胎因为没有Y染色体，所以也不可能扩增出SRY基因的片段，但是可以扩增出常染色体基因片段；对于雄性胚胎，因为有Y染色体，所以既能扩增出常染色体基因片段又能扩增出*SRY*基因片段。这样就可以通过基因条带的有无判断胚胎的性别。这样的设计避免了只设计一对SRY引物时，没有扩增出*SRY*基因的片段就视为雌性胚胎，导致阴性比例

增加的错误结果。该实验不但通过引物设计来保证结果的准确性，还利用卵母细胞作为阴性对照检测了 PCR 方法的准确性。结果进行验证的 50 个卵母细胞，有 49 个扩增出 538bp 的常染色体基因条带，符合预期的结果，其中有一个样品没有结果，可能是在操作过程中造成了胚胎的丢失，对于出现结果的样品准确率高达 100%。

常规多重 PCR 进行牛胚胎性别鉴定时，为了增加扩增产物数量，其循环数一般都在 40 个以上，但随着循环次数的增加，Taq 酶活性降低，扩增效果并不理想，同时其非特异性扩增产物增加，误判概率增加。

②巢式 PCR（Nested PCR）。牛胚胎性别鉴定的另一种 PCR 法为巢式 PCR 法，即同时根据一个性别特异基因设计一对外引物以得到被测基因较长的扩增产物，再根据扩增产物序列设计第二对引物（内引物）对产物进行第二次扩增，这两对引物也叫嵌套引物，因为内引物是处在外引物之间的新引物。巢式 PCR 的优点在于降低了扩增多个非特异靶位点的可能性，因为与两套引物都互补的靶序列很少，克服了多重 PCR 中连续使用同一引物（在总循环数相同前提下）使某些非特异性靶位点得到较强扩增的缺点。

在常规 PCR 时，虽然通过增加循环数可适当增加 PCR 产量，但是当反应达到平台期后，随着各反应物的减少及 Taq 酶活性的降低，PCR 产量并不能像所期望的那样增多。巢式 PCR 则进行多次扩增，当前次反应达到平台期时，将其扩增产物作为下次扩增的模板，使用新的反应物及 Taq 酶继续扩增，可获得大量终产物，能大大增加扩增的效率。肖海霞等（2002）对常规双重 PCR 和双重巢式 PCR 进行比较研究，结果表明，巢式 PCR 法大大提高了胚胎性别的灵敏度。王晗等（2005）应用巢式 PCR 对小鼠 2 细胞期胚胎进行研究也得到了同样的结果。目前多将巢式 PCR 与双重 PCR 相结合，以进一步提高检测结果的可靠性。

③复合 PCR（multiplex PCR）。复合 PCR 技术就是在一个反应环境中，使用多对引物对多个基因进行扩增，从而获得最大效率的 PCR 产物。虽然单独扩增雄性特异性基因可鉴定早期胚胎的性别，但易出现假阴性的结果。只针对雄性特异性基因进行扩增时，雄性样品有特异性扩增产物，而雌性与扩增失败的表现相同，没有扩增产物，这样有可能将样品丢失或扩增条件不适等情况误判为雌性，影响鉴定准确率。Alice 采用复合 PCR 法，针对 *SRY* 基因和 *ZFY-ZFX* 基因进行扩增，扩增后雄性样品应有两条扩增条带，而雌性样品只有一条扩增条带。在样品丢失或因扩增条件不当导致失败的情况下，没有扩增条带。这样，排除了假阴性结果的干扰，使鉴定结果更为准确可靠。

在性别鉴定时，同时扩增雌雄特异基因，使雌雄样品均有扩增产物，不仅可以避免假阴性结果，提高鉴定的准确性，而且可增加模板使用率，使 1 个或数个拷贝的 DNA 获得最大限度的应用。

④两温度梯度 PCR。上述各种 PCR 方法都有鉴定过程过于繁琐和鉴定时间过长等缺点，因此许多学者开始研究简化 PCR 反应程序。（An 等，2005；赵雪，2006；孙明亮等，2006）研究报道，如果扩增的 DNA 片段较小（小于 200bp），从退火向变性的升温过程中，DNA 聚合酶就可以利用这一温度迁移动态过程迅速地催化完成扩增反应，在循环中无需设延伸步骤，Wittwer（1991）的试验证明了这一点，Cha 等（1992）进一步简化了传统的 PCR 程序，取消了延伸这一温度梯度，采用两温度梯度 PCR 扩增方法获得了理想的扩增结果。同常规 PCR 法、多重 PCR 法和巢式 PCR 法相比，两温度梯度 PCR 缩短了检测时间，提高了反应的灵敏度。郭家明等还将此方法应用于单精子 PCR 性别鉴定，并通过大量的单精子 PCR 检测结果统计分析了性控精液的分离纯度。

PCR 法在胚胎性别鉴定中的应用使该技术进入了一个新的发展阶段，从目前的研究现状来看，该法仍停留在实验室研究阶段，在生产实践中未能大规模应用。这项技术还存在一些缺陷和不足，限制了它在生产中的推广应用。如胚胎细胞取样技术的限制，对胚胎造成一定的损伤，导致移植受胎率较低。同时，由于 PCR 的高灵敏度，极易受到外源 DNA 的污染，造成假阳性或假阴性的结果，影响鉴定准确率。今后应将研究重点放在简易快速的胚胎切割取样技术、用于胚胎性别鉴定的 PCR 试剂盒开发以及鉴定后胚胎的冷冻保存这 3 个技术环节。只有这样，用 PCR 技术鉴定家畜胚胎性别才能达到实用化的应用阶段。随着体外受精、胚胎显微操作、胚胎冷冻、胚胎移植等配套技术的完善发展，家畜早期胚胎性别鉴定技术必将进入实用化和生产化阶段，给畜牧业生产带来巨大的经济效益。

家畜性别鉴定总的发展趋势是随着科学的不断发展和各种新技术在性别鉴定中的应用相结合，如性别控制、体外受精、胚胎分割和胚胎移植技术等的相结合，对畜牧业的发展势必产生深远的影响。尽管当前性别控制的方法存在许多问题，但随着科学技术的发展，相信在不久的将来人们一定能够结合相关学科，进一步认识动物性别决定的新途径、新理论，并着眼于生产实践，探索出更加高效、快速、准确、经济的性别控制的技术方法，然后结合体外受精、胚胎切割、胚胎移植、体细胞克隆等技术，促进整个畜牧业的迅速发展。

五、性别控制技术前景展望

家畜的性别控制技术已有几十年的发展历史，是现代生物技术的一项重要内容。性别控制可以在两个阶段进行，一个是受精前，另一个是受精后。前者主要是指受精前根据 X、Y 精子理化特性差异将其分离，然后选取目的性别的精子进行人工授精；后者主要指受精后对要移植的胚胎进行性别鉴定，然后选取目的性别的胚胎进行移植。因此，无论在哪个阶段进行性别控制，性别鉴定都是必不可少的首要步骤，性别鉴定的结果与效率直接决定了性别控制的结果与效果。

性别鉴定与控制的方法有很多种，但各有其优缺点，实际应用性强的方法相比之下却很少。精液和早期胚胎性别鉴定和控制的方法都或多或少存在着各自的缺陷与不足之处。据目前研究现状来看，在畜牧业生产实践中应用现代分子新技术，对早期胚胎进行快速、准确的性别鉴定是可行的。但由于对早期胚胎的性别鉴定需要从胚胎上获取少量的细胞，因此对胚胎具有一定的损伤性，从而导致胚胎移植成功率下降；同时由于劣质胚胎的性别鉴定成功率相对而言更低，毫无疑问制约了提供预知性别家畜胚胎的商业化的进程，所以，发展一种更准确、快速、对胚胎无损害的非创伤性胚胎性别鉴定的方法以鉴定早期胚胎的性别，是研究者今后努力的方向和目标之一。相比之下，目前，大多数方法都是针对早期胚胎的性别鉴定，对于精子的性别分离技术应用却较少。如能在受精前做好性别控制，将会大大节约资源和时间，提高性别控制的生产效率。因此，在以后的工作中，应当不断改进此项技术，着力于降低成本的投入、缩短操作的时间、提高其准确率、促进其应用性等，使其更好地服务于人类经济的发展。畜牧业的发展促进了动物性别控制的研究，同时也促进了将性别控制的方法应用于生产实践，对畜牧业的发展也产生了巨大的推动作用。

就目前研究水平来说，从准确性、灵敏性和鉴定时间等因素考虑，利用 PCR 法进行胚胎性别鉴定，是最为理想的胚胎性别鉴定方法。随着 PCR 技术的不断改进和简化，相信在不久的将来，这项技术将会在畜牧业生产中得到应用和推广，造福人类。

第二节　流式分选 X、Y 精子技术

一、流式分选技术

（一）流式细胞术的发展历史

1930 年，Casperrsson 和 Thorell 开始致力于细胞的计数；1934 年，Moldaven 是世界上最早设想使细胞检测自动化的人，他试图用光电仪记录流

过1根毛细管的细胞数量；1936年，Caspersson等引入显微光度术；1940年，Coons提出用结合荧光素的抗体去标记细胞内的特定蛋白；1947年，Guclcer运用层流和湍流原理研制烟雾微粒计数器；1949年，Coulter提出在悬液中计数粒子的方法并获得专利；1950年，Caspersson用显微分光光度计在紫外（UV）和可见光光谱区检测细胞；1953年，Taylor应用分层鞘流原理，成功地设计红细胞光学自动计数器；1953年，Parker和Hutcheon描述一种全血细胞计数器装置，成为流式细胞仪的雏形；1954年，Beirne和Hutchcon发明光电粒子计数器；1959年，B型Coulter计数器问世；1965年，Kamemtsky等提出两个设想：①用分光光度计定量细胞成分；②结合测量值对细胞进行分类；1967年，Kamemtsky和Melamed在Moldaven的方法基础上提出细胞分选的方法；1969年，Fulwyler及其同事们在LosALmos，NM（即现在的National Flow Cytometry Resource Labs）发明第一台荧光检测细胞计；1972年，Herzenberg研制出一个细胞分选器的改进型，能够检测出经荧光标记抗体染色的细胞的较弱的荧光信号；1975年，Kochler和Milstein提出单克隆抗体技术，为细胞研究中大量的特异性免疫试剂的应用奠定基础。

（二）流式细胞术的新进展

传统的流式细胞仪价格昂贵，体积大，维持费用高，需要经过专业训练的专门人员进行操作。BectonDickinson公司于20世纪70年代发展了最早的商用流式细胞仪，并于80年代中期推出便携式仪器，随后，流式细胞仪的开发得到了迅速的发展，Coulter、OrthoDiagnostics以及其他一些公司也相继推出了此类产品。这些新型的产品与传统的仪器相比具有多方面的优势，已经越来越多地应用到许多大型实验室和科研机构。由于激光、光学、数据处理、流控技术和检测技术与抗体培养技术的匹配发展，流式细胞仪的价格不断下降，使小型和中型实验室也有能力拥有高性能的此类仪器。

1. 激光光源

流式细胞仪的核心部分包括一个或者几个光源，由于激光具有方向性、单色性、相干性均好和能量集中等很多优良特性，因而流式细胞仪一般都采用激光器作光源。而激光器的价格一般比较昂贵，故它的数量和类型直接影响着整个系统的价格。20世纪90年代，气体激光器被认为是标准的光源，它虽然可调，但很笨重，而且需要水冷装置和相当的预热时间，这使用空气冷却的体积较小的气体激光器变得比较普遍。但目前越来越普及的是体积更小的二极管激光器，它虽然不可调，但却已有很多种颜色，并且具有体积小、价格低廉、空气冷却、预热时间短等优点，已为越来越多的流式细胞仪所采用。

有些流式细胞仪使用多个激光器同时发出多种波长的激光以激发多种荧

光，但是为了降低成本，可以使用一种激光器同时激发吸收光谱相重叠的多种不同的荧光。有些仪器甚至不用激光作为光源，德国的 Partec 公司的有些型号的仪器就采用汞灯作为光源来激发紫外区的某些荧光物质，以增加荧光的种类。高精密度流式细胞仪的发展同样离不开红色和近红外半导体激光器的应用。Janossy 等使用 Partec 公司的 PA－Ⅱ，Luminex 公司的 Luminex100 和 HowardM 公司的 SuperMot 等 5 种流式细胞仪上 635nm 的红色二极管激光器作为唯一光源，对 CD4T 细胞进行了精确的计数。使用这种红色二极管激光器作光源的仪器，与传统的流式细胞仪相比，具有成本低、体积小、能耗低，可以适应极端环境条件等特点。而 Shapiro 等则采用蓝紫色二极管激光器作为检测 DNA 的染料 DAPI 和 Hoechst 以及其他一些荧光物质的激发光源，它具有价格低廉、体积小、效率高和无噪声等优点。

2. 数据存储与处理

光信号转变成电信号然后传送到 A/D 卡，仪器将所得的数据储存在系统中，并且显示出一个直观的二维或三维的图像。流式细胞术以极快的速度获取大量数据，例如 BD 公司的 LSR Ⅱ 型流式细胞仪每秒钟可读取 100 万次数据，从而形成巨大的数据文件，这些文件通常存储在专门的服务器上，这些数据被保存为标准格式，不但可以在产生数据的机器上面读出，还可以在其他流式细胞仪或者计算机上调出。每台仪器都附带有数据获取和分析软件，由于此项技术已经比较成熟，故关于数据处理的研究并不多见。

3. 细胞分选

细胞或微粒在检测后通常要进行分选，从而使有用的组分用于下一步的分析。一些分选装置采用机械分选过程，当细胞通过光源处时，系统可通过分选门特性曲线迅速地判断出哪个是靶细胞，并用一个位于下游位置的捕捉管从液流中捕捉靶细胞。这种计算细胞从光源处到捕捉管所需时间的方法可以很精确，但这种方法分选速度慢，大概每秒钟 300 个微粒。而另一种方法的原理是，通过振动使液流变成小液滴，系统可根据鞘液流速和喷嘴振动的速度，精确地计算出小液滴之间的距离，然后给包含有一个靶细胞的小液滴施加相应的电压，当小液滴流经一对正负电极板时就会发生偏转，分别流进相应的收集管中，从而得到分选。这种方法分选的速度可以达到每秒钟 25 000 个微粒。Gawad 等研制的芯片流式细胞仪，将微电极技术和毛细管通道相结合，可将细胞或微粒按类型和大小进行分选，不需复杂的光学器件就可对微粒进行操纵和检测，并且造价较低。流式细胞仪能够被用来将同一水样中不同的浮游植物细胞快速分离到各自的容器中，这种功能在浮游植物的单种培养或纯培养中的价值是显而易见的。

多色多参数分析迅速发展，分析分类速度加快新兴荧光探针的不断开发和仪器软硬件的逐步更新，流式细胞仪的多色荧光分析得到了迅速发展，对细胞亚群的识别更准确更精细一种激光（如 488nm 激光）同时激发多种荧光材料，目前已出现 488nm 单激光激发 5 色到 7 色的仪器，如 BDFACSAria 和 LSRII，BeckmanCoulterFC500 和 CyAnADP 等；多种激光激发多种荧光染料，如 Partec-CyFlowML 采用 5 种激光激发 13 色荧光实现 16 个参数的分析随着细胞分选系统的发展，流式细胞仪的分析分选速度明显加快，如 BDFACSAria 获取速度达 70 000 个细胞/s，分选速度 50 000 个细胞/s，四路分选；BeckmanCoulterMo-FloXDP 分析速度 100 000 个细胞/s，分选速度 70 000 个细胞/s，四通道分选。

4. FCM 的自动化

高度的自动化也是 FCM 发展的目标之一，免疫标本制备仪组织样本制备仪和样品前处理仪在实验中得到广泛应用不同规格的多孔板或多试管自动进样器加速了自动化进程 EpicsXL、FACSCalibur 等主流厂家仪器目前在进样、多色荧光分析、细胞分选、数据处理等各方面都已经基本上实现了自动化操作。BD 公司的 FACSCalibur 系统提供了 96 通道和 348 通道标准型和加深型等几种规格的自动进样系统，软件操作亦十分简单、方便。Seamer 等使用多个自动注射器来同时控制鞘液和样品的流动，可以使其快速混合、稳定流动，有潜力使装置进一步自动化。而整机的自动化也已有很多报道。如 Olson 等研制的海下流式细胞仪 FlowCytobot 就是一种全自动新型仪器，通过电缆和岸边相连，可以实现微机控制的无人操作，昼夜连续采样。Dubelear 等研制出的 cytoBuoy 是一种由电池供电，通过无线电和陆地进行通讯的水下流式细胞仪，它具有内部鞘液循环处理装置，不需要从外部加入鞘液，仪器大小为 380mm×480mm（直径×高度），一个锂电池可供其连续检测 3 000~4 000 个样品。Abu-Absi 等研制的全自动流式细胞仪可以自动完成清洗、固定、染色、稀释以及补充鞘液等步骤，由 PC 机通过数据采集卡进行控制，可以无人操作连续工作几天。

5. 灵敏度的提高

分析的灵敏度仍然是 FCM 面临的一个重要的问题，通过选用更加接近最大吸收波长的激发光源，和改善光路系统可以使灵敏度得到一定的提高。光子计数系统的使用也可以提高仪器的灵敏度，用来对一些必须的微弱荧光的检测，虽然其灵敏的检测面积很小，仅有 150μm×150μm，但由于 FCM 本身检测的样品体积就很小，完全可以通过高质量的透镜系统将信号汇聚到这样一个有效面积上。Agronskaia 等就已研制出这样一套系统并实现了对单个 DNA 分子的检测。

近年来半导体纳米粒子（也称半导体量子点，quantumdot）由于其独特的光学和电学性质而受到了越来越多的关注，它的激发光谱宽，且连续分布，而发射光谱呈对称分布且宽度窄，不同大小的量子点能被单一波长的光激发而发出不同颜色的荧光，而且荧光寿命可达染料分子的100倍以上，可以作为灵敏的检测试剂或细胞内的示踪剂，也可以用于细胞表面的标记等研究。台湾成功大学研制的一种微型流式细胞仪采用嵌入式SU-8/SOG（spin-on-glass）光纤，由于采用具有可见到近红外区的高透射率、高折射率和低聚合物收缩率的SU-8作为光纤的芯，很好地实现了光源、芯片和检测器之间的耦合，从而很大程度上减少了光的损失。Mariellae等也采用波导技术通过对侧向散射光的检测，提高了仪器的灵敏度。

6. 仪器的小型化

适应实际需要的小型化便携式流式细胞仪也是一个发展的趋势最近几年，微流体流式细胞仪成为研究的热门方向，在这方面的研究也越来越多，取得了一定的科研成果。采用微芯片是流式细胞仪走向小型化的另一个有效途径。微芯片因其尺寸小、效率高、集成度高、分析速度快、价格低廉等特点而越来越引起人们的广泛关注。耿鑫等对微流体数字化喷点技术进行了研究，使之能够用于小型实验室廖锡昌等研制了荧光微芯片分析检测器，基本实现了它的微型化，Shao等研发了带有非共面显微透镜和3-D流体聚焦单元的微流控芯片，实现了流体聚焦单元的真正三维化。Barat等研究集成光学系统代替传统的自由空间光学系统，提出四种不同的方法，找出最佳设计方案。SegyeongJoo等发明规格15cm×10cm×10cm重量为800g的微流体流式细胞仪，它能同时给出荧光信息和阻抗信息，使细胞分类更快更容易。Islam等发明用来分离干细胞的光纤耦合微流体流式细胞仪，Golden等发明多波长微型流式细胞仪，它具有532nm、635nm波长激发，665nm、700nm荧光探测和散射光探测的功能。Gawad等研制的芯片FCM采用微电极技术成功地实现了细胞的分选。美国橡树岭国家实验室采用动电聚焦技术在十字交叉通道的芯片上实现了高分子微球的计数和分析。Clain等在微芯片的毛细管壁上用聚二甲基丙烯酰胺进行了修饰以防止管壁对细胞的吸附同时消除电渗流现象，该装置将滤光片、阀、泵、混合器、反应器、分离器、细胞计数器和检测器都集成在一个微芯片上，并对大肠杆菌进行了分析和计数。Nieuwenhuis等通过特殊加工的微芯片和新颖的5层鞘液正交控制技术，对芯片上毛细管内的流动细胞实现了多维控制，使其可以沿管中任意位置流动。当细胞贴着毛细管的内壁流动时，和安装有传感器的管壁相接触，即可实现对细胞体积和一些生化性质的检测，从而也将实现进一步的细胞分选。Wolff等研制的小型芯片细胞分选器，将各种器件包括预处理装置、激发光源、检测器和细胞培养室等都集成到了一个微芯片上，具有体积小，分选速率快，可避免分析过程中细胞的遗漏，封闭体系可防止污染以及价格低廉等突出优点。Metz 等用聚酰亚胺为材料加工微芯片，由于这种材料具有化学和热稳定性、低水摄入性以及很好的生物适应性等优良特点，采用叠压技术可容易地将其做成多维的各种形状和结构，微通道内还可植入电极，因此可用它制作流式细胞仪的核心部件，但目前还不够成熟，有待于进一步的研究。

7. FCM 功能的专业化及完善

PartecCyFlowBDFACSCount 可以实现 CD4、CD8、CD3 绝对计数，用于 HIV 检测的经济普及型流式细胞仪 CytoBuoy 公司生产多种用于水体微型生物分析的流式细胞仪，如 CytoBuoy 可安放在浮标上；CytoSub 可在水下 200m 使用，具有特殊的耐压装置，以及内部鞘液循环处理装置，不需外部加入鞘液；CytoSenseGV 装有特殊的压力模块，可除去蓝细菌的空胞；BentleyInstruments 公司、DeltaInstruments 公司和 FOSSElectric 公司专门设计提供奶牛场使用的专项检测仪；BioDETECT 公司的 Yeastcyte 则是专用于酵母计数与活性分析；UnionBiometrica 公司的 COPAS 能够分选果蝇、蚊子、斑马鱼等的卵和幼虫（20~1 500）。

Soini 等研究的扫描 FCM 添加了流动吸收池和特殊的光学系统，可从各个角度对单个细胞或微粒的散射进行检测，从而可以获得更多的信息。在有些情况下，除对细胞的大小、生化性质等进行检测外，对细胞进行可视分析也很必要。Wietzorrek 等研制了一种将流式细胞术与显微细胞术相结合的多参数 FCM。该装置以氩离子激光器和汞灯作为光源，采用光和电两种检测方法，不仅能够达到普通流式细胞仪的检测能力，同时还可以对细胞内各种参数进行分析。另外，Darzynkiewicz 等研制的激光扫描流式细胞仪（laser-scanningcytometer，LSC），使样品既可以流动，又可以放在载玻片上成像，也可以在多个不同波长处进行检测，同时具有很高的灵敏度和精确度。Wang 等的细胞凋亡新型研究方法就是在这种成像流式细胞仪上进行的。随着流式细胞仪检测功能的不断扩大，此种仪器的应用领域必将进一步扩大。为了满足各种特殊的要求，专业化的流式细胞仪纷纷面世。Partec 公司推出了手持式流式细胞仪，可以用电池供电，在野外和汽车上使用，还有专门供牛奶场和酒厂使用的专项检测仪器，以及可以分析 40~1 200μm 微粒的流式细胞仪。Olson 等研制的海底流式细胞仪可以连续对海水中悬浮的微粒进行实时在线现场全自动检测，以便了解海底微生物组成及生态环境系统。流式细胞仪还可以用于实时、迅速地监测水、食物以及饮料中的某一种指定的微生物。Perfetto 等研制的 FCM 系统专门用于对活性的有传染性的细胞进行高速分选，它具有灵敏度高、重现性好、效率高以及安全可靠等特点。

鉴于拉曼光谱易于识别的特点，Watson 等对能够探测拉曼光谱的流式细胞仪进行了研究，这将使细胞的多参数测量提升一个档次。Tanner 等将金属标记和质谱探测应用到流式细胞仪中，实现单细胞的更多生物标记的复合测量。衍射成像光谱仪可以为科研者提供细胞的 3D 特征，Jacobs 等的科学实验表明高通量衍射成像光谱仪具有很高的可行性。George 等对多光谱成像流式细胞仪和传统流式细胞仪做了比较，结果表明：在区分凋亡细胞的早中晚期方面，多光谱成像流式细胞仪更胜一筹。Novak 等设计了双色双逢 in vivo 流式细胞仪它将共聚焦和流式细胞术融合在一起，用于体内荧光细胞循环的实时定量测量，实现无创检测。Lee 等用 in vivo 成像流式细胞仪来捕获活体动物体内荧光标记的细胞图像。Amnis 公司 ImageStream100 将流式多色检测技术和荧光显微镜图像显示技术集中到一个平台上提供了全新的细胞分析方法。

二、流式细胞仪的工作原理及结构

流式细胞仪的结构一般可分为 5 个部分：流动室及液流系统；激光光源及光束成形系统；光学系统；信号检测与存储显示分析系统；细胞分选系统。

（一）流动室及液流系统

液流系统主要由鞘液（不含细胞或微粒的缓冲液）细胞悬浮液和流动室组成流动室由石英玻璃制成，它是整个仪器的最主要部件，在流动室中心有一个长方形的小孔，小孔大小为 430μm×180μm，被测样品在此与激光相切，以供细胞单个通过鞘液在一定气体压力的作用下，由流动室内的鞘液管喷出，形成高速运动的鞘液流细胞悬浮液在气体压力和鞘液流吸引力的作用下，经导管进入到流动室，然后在鞘液的包裹约束下呈单个细胞排列状态，单细胞束由流动室的喷嘴喷出，形成细胞液柱。

（二）激光光源及光束成形系统

细胞由流动室的喷嘴喷出时，其速度很高，因此细胞经过光照区的时间很短，大约 1μs，但是细胞表面所携带的荧光物质所发出的荧光信号的强度和光照时间以及光照强度是成正比的，因此为了弥补细胞经过光照区时间太短的缺陷，要选择光照强度比较高的光源，即激光的光照强度比较高，而且其波长为单波长，稳定性很高，因此流式细胞仪进行细胞和分子检测的理想光源。也有用汞灯和氙等作为流式细胞仪的激发光源，激发光源经过透镜聚焦整形后到达流动室，形成的光束与细胞液柱垂直相交，相交点即为测量区。

（三）光学系统

流式细胞仪的光学系统可以分为流动室前和流动室后两组，流动室前的光学系统主要是由透镜和小孔组成，透镜主要负责均匀地照射细胞，并能提高细胞的分辨率，激光光源发射的激光光束经过透镜时能进行聚焦，此外，还有阻止偏离光进入检测器的作用，从而形成椭圆形的激光光束，这样经过检测区的细胞就能得到均匀的照射，以避免其他杂散光对细胞造成不必要的干扰流动室后的光学系统主要由滤光片组成，滤光片的作用主要是为了进一步增强待检测物质的发射荧光，并提高其荧光信号的信噪比滤光片主要有带通滤片和短通滤片两种，带通滤片是特定波长的光通过，而其他波长的光被阻止；例如 525nm 带通滤片只允许 FITC（fluoresceinisothiocyanate，异硫氰荧光素）发射的 525nm 绿光通过；而短通滤片却能让特定波长以下的光通过，特定波长以上的光被阻止。检测系统由检测器、放大器构成。其作用是将进入的光信号转变为电脉冲信号，以便进行测量。用于 FCM 的检测器主要有硅光电二极管和光电倍增管。硅光电二极管适合于强光的检测，常用于前向角散射光（FSC）的测量。光电倍增管适合于弱光的检测，常用于荧光及侧向角散射光（SSC）的检测。在 FCM 中同时使用的光电倍增管有 4～5 个，分为红敏、绿敏等不同型号，以提高检测的灵敏度及精度。

FCM 的光源选择是依据被激发物质所要求的激励光谱而定的。光源的谱线越接近激励光谱，所产生的光信号越强。此外，还要求光源具有良好的单色性。激光发生器常作为 FCM 的光源，在现代的 FCM 中可根据所标记荧光染料的性质，选用一种或一种以上的激光器，发射不同波长的激光，以提高分析的灵敏度。常用激光器有：氢离子激光器，发射 488nm 蓝色激光；氦氖离子激光器，发射 544nm 绿色激光和 633nm 红色激光；氦福离子激光器，发射 325nm 紫外激光。

（四）信号检测与存储显示分析系统

当细胞经过照射区时，激光照射在荧光素标记物上，细胞内不同的物质产生不同波长的荧光信号，这些不同波长的荧光信号会以细胞为中心，以立体角的形式向空间 360°发射，产生散射光和荧光信号散射光是非特异性的，它不会随着细胞样品制备技术的不同而发生任何的改变，因此被称为细胞固有的物理参数散射光可以分为前向角散射（FSC）和侧向角散射（SSC）前向角散射主要表现细胞大小；而 90°侧向角散射对细胞膜胞质核膜的折射率更为敏感，因此可以提供有关细胞内精细结构和颗粒形状的信息。荧光信号是高特异性的，它也可以分为两种，一种是细胞在激光照射下自身的微弱荧光信号；另一种是经过特异荧光素标记的细胞经过激光照射后的荧光信号。这些荧光信号经过一系列的双色性反射镜和带通滤光片的分离，形成多个不同波长的荧光信号。这些荧光信号反应细胞表面的抗原浓度或者细胞内细胞核内待测物质的浓度。这些荧光信号再经过光电倍增管（PMT）由光信号转换成电信号，电信号再输入放大器放大，放大器分为两种，一种是线性放大，另一种是对数放大。细胞内 DNA 含量 RNA 含量以及总蛋白质含量的测定一般用线性放大，而细胞表面抗原的检测一般用对数放大。经放大后的信号被输入计算机，再经模-数转换器转换成可以被计算机识别的数字信号。数据一般通过图形显示，最常用的是单参数直方图二维点图三维图形等。在单参数直方图中，横坐标 X 表示被检测的细胞数量，纵坐标 Y 表示被检测到的荧光强度；在二维点图中，横坐标 X 可以根据被测参数自己决定，图上的点的位置表示细胞或者颗粒具有的两个被测参数的数值。

现代的 FCM 均是通过微机进行控制、管理。在数据处理方，计算机接收通过模/数（A/D）转换传输来的数据，并将它们编译成数据文件进行存储。存储方式可分为单参量数据、双参量数据及矩阵等方式。这些数据可在实验后脱机重现。为了便于研究更方便、直观地进行分析研究，数据可由计算机处理为图形方式。直方图是一种对单参量数据的显示方式，即以横坐标表示细胞的荧光强度，单位为道数（channel），纵坐标表示细胞数。二维点图是一种对双参量数据的显示方式，即以 X 轴和 Y 轴分别代表细胞的两个变量值，如 DNA 含量和 RNA 含量。以点的密度代表细胞数，点与 Y 轴和 X 轴的距离就表示此点的相对 DNA 含量与 RNA 含量。此外还可以二维等高图、假三维图等显示方法。

（五）细胞分选系统

细胞分选的主要原理是在流式细胞仪的流动室上装有电晶体，这种电晶体是超高压的，通电以后这种超声压电晶体就会产生高频震动，然后就会引发细胞在流动室内发生高频振动，由于细胞的高频振动，细胞从流动室喷嘴喷出时就变得不连续，变成一连串均匀的液滴，这种细胞液滴的速度很快，高达每秒上万个包裹在液滴中的细胞在形成液滴前就被测量过在通过高压偏转板时，符合要求的细胞就会被充电，充电细胞在高压偏转板中发生不同的偏转落在目标不同的细胞收集器内，而没有充电的细胞则不发生偏转，落在中间的废液收集器内，这样就能实现分选的目的。

流式细胞仪还可以对分析中的目的细胞进行分选提取，它通过分离含有单细胞的液滴而实现的。在流动室的喷嘴上安装有超高频的压电晶体，可以产生高频振荡，使液流断裂为均匀的液滴，待测细胞就包含在液滴之中。将这些液滴充上正或负电荷，当带电液滴通过电场，在电场的作用下发生偏转，然后落入相应的收集器之中，从而实现细胞分选。流式细胞仪的分选速度从以往的5 000 个/s 提高到现在的 25 000 个/s。

（六）流式细胞仪的技术指标

1. 分析速度

通常采用流式细胞仪每秒分析细胞的个数来定义其分析速度的，流式细胞仪的分析速度很高，可以达到 5 000 个/s 左右，大型的流式细胞仪的分析速度还可以达到 10 000 个/s。

2. 荧光检测灵敏度

流式细胞仪的荧光检测灵敏度是衡量仪器检测微荧光信号的重要指标，而且其灵敏度很高，单个细胞上的荧光分子小于 600 个，或者两个细胞之间的荧光差大于 5%就能进行区分。

3. 前向角散射光检测灵敏度

前面说过前向角散射光主要表现的是细胞大小，因此这里所说的前向角散射光检测灵敏度是指能够检测的细胞大小或者颗粒大小一般的流式细胞仪可以检测到的最小颗粒直径在 0. 2~0. 5μm。

4. 分辨率

分辨率是衡量仪器测量精度的指标，通常用变异系数 CV 来表示一般流式细胞仪能够达到<2. 0%，这也是测量标本前用荧光微球调整仪器时要求必须达到的。

5. 分选速度

一般流式细胞仪分选速度>1 000 个/s，分选细胞纯度可达 99%以上。

三、流式细胞术方法

（一）FCM 的样品制备

FCM 对细胞各参数的测量是以单个细胞为基础进行的。因此，供 FCM 测量的样品应先制备成单细胞悬液。

1. 血细胞等悬液状成分的制备

因这些样品已呈单细胞悬液状，制备较简单，只需用常规方法将要测定的细胞（如血中的白细胞）分离出来，用 PBS 液调整细胞浓度为 10^6~10^7 个/ml 即可。

2. 实体组织的制备

该制备方法较复杂，一般要求在获取新鲜组织时内制备成单细胞悬液。常用的方法有：①酶处理法：利用酶将细胞间的连接物水解，使细胞得以从组织中分离出来。根据组织不同，选用的酶也不同。②机械分离法：利用剪刀、刀片等将组织切碎或利用不锈钢筛网经抽提使细胞从组织中释放出来。③化学法：利用 EDTA 等化学药品与细胞中阳离子结合，以破坏细胞的完整性，待细胞溶解后释放出细胞核。此种方法仅能获得细胞核，且易出现核凝集。在实际操作中几种方法联合使用效果更好。

3. 石蜡包埋组织的制备

这是近几年发展起来的方法，用于回顾性研究，以判别疾病的预后。其方法是先将石蜡块作 50μm 厚的切片，经脱蜡、酶处理等步骤后即可得到单个细胞或裸核。

（二）荧光染色及染料

根据研究目的不同，FCM 所选用的荧光染料也不同。常用的荧光染料有很多（表 9-3）。荧光染料染色的方法可分为两类：一类是荧光染料直接与细胞内某种成分或结构发生特异性结合（如与细胞的 DNA、RNA 结合）；另一类是荧光染料先标记特异性配体（如单克隆抗体），这些配体再与细胞的某些成分或结构发生特异性结合（如与淋巴细胞表面抗原结合）。

表 9-3 常用的荧光染料

荧光染剂	激发波长/nm	荧光波长/nm
异硫氰基荧光素（fluorescein isothiocyanate，FITC）	488	525
藻红蛋白（phycoerythrin，PE）	545	575
碘化丙啶（propidium Iodide，PI）	490	610
溴化乙啶（ethidium bromide，EB）	480	610
吖啶橙（acridine orange，AO）	490	530
四甲基若丹（tetramethylrho damine isothiocyanate，TRITC）	554	573
德州红（Texas red）	582	620
Hoechest33258	355	465

四、流式分选 X、Y 精子技术原理

（一）流式分选 X、Y 精子技术概述

哺乳动物性别控制可以在受精前和受精后两个阶段进行。对受精后的早期胚胎，利用 X-酶联法、H-Y 抗原法、核型分析法、荧光原位杂交、PCR 技术和 LAMP（环介导恒温扩增）法性别鉴别，因受到灵敏度、准确率和对胚胎伤

害等因素的限制，这些方法不能或不易被推广应用，而受精之前先分离 X、Y 精子，再采用相应性别的精子进行人工授精，得到所需要性别的后代是较理想的方法。分离 X、Y 精子的方法有过滤法、密度梯度离心法、电泳、免疫法和流式细胞分离等，分离精子方法有多种，目前流式细胞仪法分离效果最为稳定可靠。

哺乳动物 X、Y 精子的差别是 X、Y 精子分离的基础，根据两性精子 DNA 含量差异的流式分选是当前的主流技术，并且这个技术的正确性在牛上已经被大量生产预知性别的后代所证明。流式细胞检索仪可以高速分离精子，但需要精子细胞核染色和强激光照射，并会对精子 DNA 产生一定损伤，尽管有牛分离精子的正常后代并且可以继续正常繁殖下一代的报道，还是不能得出该技术是完全安全的评价。若这个技术用到人类，安全性将是主要的限制，毕竟此项技术用于动物生产还不到 20 年。而人类医学实践中多应用 X、Y 精子的比重差异，通过密度梯度离心分离有限纯度的两性精子。精子头部外形差异是一个重要特征，除了啮齿类等一些哺乳动物的精子头部呈圆形或三角形，大部分哺乳动物精子有一个扁平、卵形的头部，同卵子相比，哺乳动物精子细胞小得多，头部长度仅为 5～10μm。流式细胞仪获得的两个主信号：前向散射光（forward，FSC）和侧向散射光（side scatter，SSC），也可以用来分析细胞的大小和体积，并且 Beckman Coulter 公司的 Quanta SC 已在流式细胞分析系统中引入 EV（电子体积）参数，能测量细胞大小，基于面积差异的分选更为简单和安全，而 X、Y 精子头部面积可测量的差异是研发这种分选技术的基础数据。对高纯度并且纯度已被授精后代的性别验证的分选精子是研究 X、Y 精子头部面积差异的理想材料。

（二）精子流式细胞检索仪

流式细胞仪集电子技术、计算机技术、激光技术、流体理论于一体，是一种先进的检测仪器，流式细胞术（FCM）是一种在功能水平上对单细胞或其他生物粒子进行定量分析和分选的检测手段，它可以高速分析上万个细胞，并能同时从一个细胞中测得多个参数，流式细胞仪的制造商全球主要有 3 家：BD 公司、Beckman Coulter 公司和 Cytomation 公司，各厂商产品又有不同的系列，各具特点。当前进行 X、Y 精子分选的高速流式细胞分离仪为 Cytomation 公司制造的 SX MoFlo®，2008 年初 Cytomation 被 Beckman Coulter 收购。MoFlo 的分析和分选速度可以达到 100 000 个细胞/s，可以获得 10 个荧光参数和 2 个光散射参数，实现 3 色 4 通道分选。开放式的机械、电子控制和数据处理系统，可以允许使用者不太费力地对设备更改、重建和升级。陶瓷喷嘴有利于精子的定向和生存。CyClone® 的自动高速克隆设备可以把细胞快速分选到

96 孔、384 孔和 1 536 孔板中。

（三）流式细胞检索仪精子分离法原理

动物 X 精子和 Y 精子携带的常染色体是相同的，而性染色体的 DNA 含量总是有所差异，这一差异性奠定了利用流动细胞检索仪进行分离 X 精子和 Y 精子的理论基础。经过处理的精子与荧光染料（Hoechst33342）在一定条件下共同孵育染色，让这种活细胞染料与精子 DNA 的 AT 富含区域结合 X、Y 精子在 DNA 含量上的差异使其结合的荧光染料量也有差异，当它们被激光照射时，所释放出的荧光信号强弱也有差异（X 精子较强），此信号通过仪器的计算机系统扩增和识别，当含有精子的液体离开激光系统时，变成含精子的微液滴并被充上正（X 精子）或负（Y 精子）电荷，借助偏斜板（电场）把 X 精子或 Y 精子分别引导到 2 个收集管中，分辨不清的精子被抛弃。准确分辨 X 精子和 Y 精子的关键在于正确定位、染色等。检索主要依靠头部染料结合后荧光信号的强弱来判断。

X、Y 精子之间的 DNA 含量差异是流式细胞检索仪进行 X、Y 精子分离的理论基础。流式细胞检索仪问世于 20 世纪 60 年代，Gledhill 等首先利用它测定精子的 DNA 含量，1989 年 Johnson 等首先报道用流式细胞检索仪成功地分离了兔子活的 X 精子和 Y 精子，并用分离精子受精产下后代。此后，多种动物（猪、牛、羊等）的活精子相继分离成功，并通过不同的途径，如 AI（人工授精）、IVF（体外受精）、ICSI（细胞质内精子注射）等产下了“预知”性别的后代。哺乳动物的 X 染色体比 Y 染色体大，所含的 DNA 也比 Y 多。人的 X 精子染色体 DNA 含量比 Y 精子的多 2.8%~3.0%，牛、猪、马、羊、犬、兔子 X 精子染色体 DNA 含量分别比相应的 Y 精子多 3.8%、3.6%、4.1%、4.2%、3.9%、3.0%。研究表明，精子 DNA 含量差异大的物种更好分离，如牛精子比猪的好分离，而人的精子的分选难度比牛高 4 倍。

流式细胞检索仪分离精子的基本原理为：经过处理的精子与荧光染料（Hoechst33342）在一定条件下共同孵育染色，让这种活细胞染料与精子 DNA 的 AT 富含区域结合。X、Y 精子在 DNA 含量上的差异使其结合的荧光染料量也有差异，当它们被激光照射时，所释放出的荧光信号强弱也有差异（X 精子较强），此信号通过仪器的计算机系统扩增和识别，当含有精子的液体离开激光系统时，变成含精子的微液滴并被充上正（X 精子）或负（Y 精子）电荷，借助偏斜板（电场）把 X 精子或 Y 精子分别引导到 2 个收集管中，分辨不清的精子被抛弃。准确分辨 X 精子和 Y 精子的关键在于正确定位、染色等。检索主要依靠头部染料结合后荧光信号的强弱来判断。

准确分辨 X 精子和 Y 精子的关键是精子的正确定位，这是由于放射出的荧光信号最大程度地依赖于精子的定位，而哺乳动物的精子是不对称的，尤其是反刍动物精子头部是椭圆形并呈稍扁状，还由于精子核被细胞质高度地包裹着，精子被激光束激发时从精子边缘发射出的荧光则比较半透明的扁平面更光亮。如精子定位不正确，真正反映 X 精子和 Y 精子 DNA 差异的荧光则被遮蔽，因而检索系统则很难分辨出本来 DNA 差异就很微小的 X 精子或 Y 精子。激光从不同角度照射所激发的荧光强度差异很大（精子的扁平面向着检测器时荧光低，边缘向着检测器时高），很容易掩盖 X、Y 精子 DNA 差异带来的微弱的荧光强度差异。当精液通过检索系统时，定位正确的精子被准确分离，不正确的、分辨不清的精子被丢弃。

（四）流式分选精子技术发展

1. 流式细胞仪的分离效率

哺乳动物精子头部扁平，激光从不同角度照射所激发的荧光强度差异很大（精子的扁平面向着检测器时荧光低，边缘向着检测器时高），很容易掩盖 X、Y 精子 DNA 差异带来的微弱的荧光强度差异。当精液通过检索系统时，定位正确的精子被准确分离，不正确的分辨不清的被丢弃。通过改进喷嘴（喷嘴内部的锥形构造使定位更好，可对精子产生液压直到精子排到激光前）和改进电场的系统设计，结合系统压力的调整，提高单精子液滴的产生率、精子分离率和分离精子的产量。在精子定位理想，50Psi 压力下每秒可形成 80 000 个液滴，每秒可分离性别活精子各 10 000 个，仪器效率极大提高，即使这样在分离过程中仍有大部分精子被抛弃。要再突破则需要从分离程序上做大的变动，短时间内难以办到。而压力太高、速度太快会影响分离后精子的活力。目前，流式细胞检索仪精子性别分离速度一般可达到每小时 15×10^6 个，分离精子的产量基本能够满足牛，羊的低剂量输精人工授精需要，对猪等动物（每次需要 10 亿个以上输精量）则需要特殊的辅助技术配合。

2. 关于分选过程死活精子分离

流式分选获得的精子是活精子才有意义，实际生产中通过流式分选获得的单性精子都是活精子，这是因为精子分离过程中使用双重染色，首先，精子与荧光染料（Hoechst33342）在一定条件下共同孵育染色，Hoechst33342 分子量较小可以透过细胞膜与染色体中 A\T 碱基定量结合，其次，用无毒的食物色素 FOODDYE 复染处理，死精子被 FOODDYE 染色会取消 Hoechst33342 的荧光，造成着色死精子不能发出荧光信号，着色死精子被分选仪识别为废弃精子，而活精子不被 FOODDYE 染色，Hoechst33342 的荧光保留参加分选，所以分选获得的精子均为活精子。

3. 关于分选指数

不同动物精子动物 X、Y 染色体 DNA 含量差异不同，并且精子头部面积（精子扁平面的面积）也存在较大差异，X、Y 染色体 DNA 含量差异与精子头部面积的乘积-理论上的分选指数，研究表明分选指数越大的动物精子分离效率越高。牛：131、猪：115、羊：112、兔：84、猫：80、狗：82、马：59、人：31、鹿：接近牛 120，精子 DNA 含量差异大且精子头部面积大的物种更好分离，如牛精子比猪的好分离，而人的精子的分选难度比牛高 4 倍。

高庆华试验中采用的有繁殖力的雄性草食动物精液精子分离纯度均>90%，其中公牛>99%，梅花鹿>89%，山羊>94%。这对于分析 X 精子和 Y 精子头部差异是非常有利的，是理想的实验材料。电脑辅助精子形态分析仪已经研制成功为客观分析精子头部形态提供了科学依据。试验使用 Motic Imanges Advanced 3.2 系列软件，通过像素点分割自动计算精子头部面积，精确度比较高。实验过程中使用 Motic Imanges Advanced 3.2 软件，通过对所拍摄的精子照片进行像素点分割后自动计算精子头部面积，因而系统所得的“自动计算结果”会因像素点、照片大小等的不同而不同，需根据照片中的测尺长度结果对比测尺实际长度，计算出照片的放大倍数，确定精子实际放大倍数。试验测定结果中牛梅花鹿和山羊 X、Y 精子头部面积差分别为 2.9%、1.2%和 1.3%，面积数据经配对 t 检验，Sig = 0.000，X 精子和 Y 精子头部面积差异极显著（$P<0.001$）。人类精子头部形态分析研究也发现 X 精子和 Y 精子头部面积差异的结果，所有精子头部面积测定结果在正常范围内，但测定结果比较报道整体偏大，分析其原因可能染色死精子在显微镜观察时看起来比同类型活细胞大。梅花鹿 X、Y 精子头部面积差异较小可能和分选纯度有较高关系，而山羊的数据只来自一头公羊，要取得确定的结果还需要进一步增加试验样本数量。与测定 X 精子和 Y 精子头部 DNA 含量的差异分离 X、Y 精子相比，测定精子头部面积差异操作简便快捷、安全，可在短时间内获得大量可用的分离精子。精子头部面积差异结果可为流式细胞仪提供基础数据，对 X、Y 精子头部面积差异分析测定进而实现两性精子的分离。公牛、梅花鹿、山羊 X 头部面积显著高于 Y 精子头部面积。

4. 流式分选性控精液的实践

Seidel 等采用子宫深部低剂量人工授精，利用分离的不冷冻精子、冷冻精子，使用 10 万~250 万个输精量得到犊牛，经过大量试验，（使用 1 370 头青年母牛，22 头公牛，进行 11 个试验）还发现：冷冻分离精子与新鲜分离精子授精后的怀孕率没有明显差异；分离冷冻精子授精剂量 100 万~150 万个与 300 万个精子怀孕率没有差异；将冷冻的分离精子输入子宫角与输入子宫体的怀孕率没有差异。卢克焕与合作者的一系列研究表明：用性别分离精子进行体外受精产生的胚胎，移植后产出表现正常的后代，而且性别决定准确率达到90%；Hasler在超数排卵后利用分离精子，结合ET技术大批量产下了牛犊，Cran等（1995）使用性别分离新鲜精子，结合IVF、ET技术第一次得到了牛犊。在牛的精子分离、保存和性别分离精子的使用方面已不存在技术问题。英国的Cogent公司于2000年首先开始将性别分离精子投入商业使用，为其下属牧场主提供奶牛分离精子的服务。美国等也已开始商业化生产。我国内蒙古、新疆、黑龙江、广西等省份都纷纷引进该分离仪器进行精子分离试验。广西大学于2002年购买了流式细胞检索仪，目前主要供科研和中试使用。天津XY公司2004年购买了一些流式细胞检索仪，开始在国内用于奶牛性别分离精子商业化生产，每支含200万~250万精子活率0.4左右的0.25ml细管售价在200~300元人民币，现在该公司拥有世界上最大的奶牛性别流式分离精子实验室。

在其他动物，Johnson等（1989）首先用性别分离精子产下兔子，用X精子产下的仔兔94%是母兔，用Y精子产下的仔兔81%是公兔，Catt等（1996）首先采用性别分离精子用细胞质内精子注射法（ICSI）产下羊羔，Cran等（1997）使用10×10^6非冷冻性别分离精子，通过腹腔镜子宫体授精产下羊羔，Morton等（2004）用解冻的非性别分离、性别分离精子进行体外胚胎生产后产出羔羊。绵羊性别分离精子或解冻精子在雌性生殖道中有受精能力的时间短，需在靠近受精地点和临近排卵时授精，才能获得好的受精效果和怀孕率。Buchanan等报道，使用25×10^6性别分离的非冷冻精子马子宫角授精时，可获得40%怀孕率。Morris等用10×10^6不冷冻的性别分离精子采用子宫镜授精等方法产出了小马，OpBrien等（2001，2005）、Schenk和DeGrofft（2003）做了非人类灵长类、驼鹿（elk）等方面的一些工作。在国内，卢克焕与合作者对水牛精液分离及分离精液的人工授精、MOET（超数排卵胚胎移植）、IVF进行了一系列研究，高庆华和魏海军于2006年9月和2007年9月成功分离梅花鹿和马鹿精液，速度已能达到每秒分离X、Y精子各4 500个，纯度均超过91%，并且进行了直肠把握子宫颈法（对马鹿）和内窥镜法（对梅花鹿）的低剂量冻精输精试验，罗军和高庆华2007年8月成功分离萨能奶山羊精液，速度已能达到每秒分离X、Y精子各4 500个，纯度均超过93%，并且进行了内窥镜的低剂量冻精输精试验，后代的性别比与输精的X、Y精子纯度均高度吻合。

5. 分离精子在人临床上的应用

美国弗吉尼亚州的遗传与体外受精研究所（Genetic&IVF Institute，

Virginia）已率先进行分离人精子的研究和临床应用。其目的一是防止与性别有关联的遗传疾病；二是平衡家庭中的性别比例。1998 年他们首先利用分离的 X 精子为 119 位妇女进行 IVF 或 ICSI 或子宫内授精（IUI），结果 IVF 或 ICSI 的临床怀孕率为 21%，而 IUI 的为 11%。女婴的性别准确率为 88%。随后，该研究所又对 332 个妇女进行分离精子的 IVF、ICSI 或 IUI。其中为防止与 X 有关联遗传疾病的妇女 46 个（占 14%），为平衡家庭性别比例的 286 个（占 86%）。要求平衡家庭性别比例的 286 对夫妇，在已检查或已产的孕妇中，女婴的性别准确率为 94.4%（37/39），男婴的为 73%（11/15）。以上不管是分离精子 IVF 或是 IUI 的怀孕率，与非分离精子比较并没有差别。目前，该研究所已将这一技术投入商业化应用之中。

五、流式分选 X、Y 精子技术的问题

（一）关于流式分选 X、Y 精子的染色和压力

哺乳动物精子头部扁平，激光从不同角度照射所激发的荧光强度差异很大（精子的扁平面向着检测器时荧光低，边缘向着检测器时高），很容易掩盖 X、Y 精子 DNA 差异带来的微弱的荧光强度差异。当精液通过检索系统时，定位正确的精子被准确分离，不正确的分辨不清的被丢弃。通过改进喷嘴（喷嘴内部的锥形构造使定位更好，可对精子产生液压直到精子排到激光前）和改进电场的系统设计，结合系统压力的调整，提高单精子液滴的产生率、精子分离率和分离精子的产量。在精子定位理想，50Psi 压力下每秒可形成 80 000 个液滴，每秒可分离性别活精子各 10 000 个，仪器效率极大提高，即使这样在分离过程中仍有大部分精子被抛弃。

当前的精子高速分选技术通过改进喷嘴（喷嘴内部的锥形构造使定位更好，可对精子产生液压直到精子排到激光前）和改进电场的系统设计，结合系统压力的调整，提高单精子液滴的产生率、精子分离率和分离精子的产量。每秒分离性别活精子各 10 000 个，仪器效率已很高，如提高分选压力和速度会严重影响分离后精子的活力，要再突破这个速度，对于仪器效率的再次改进在短时间内难以办到。所以要想使性控精液的价格有大幅度下降，只有在低剂量输精方面寻找突破，如果目前的输精剂量（2.3×10^6 个精子）进一步降低，相应的就会使牛细管 X 冻精的价格得以降低。

（二）受精的剂量和技术要求

1. 性控精液需要低剂量人工授精

各种动物甚至同种不同个体间精子分离及处理、保存等要求差异很大，需

要筛选采用合适的染色液、鞘液、收集液、保存液、分选参数和保存方式，这在实际生产中增加了分选成本。随着流式细胞检索仪的改进和相关技术的进步，养牛业中性别分离精子已商业化使用，绵羊、马也开始进入了实用阶段。但性别控制精液每剂冻精的精子数量比正常精子数量低一个数量级，使用性别分离精子比非分离精子授精后怀孕率低，流式细胞检索仪精子性别分离速度已达到每小时 15×10^6 个精子以上，可满足牛的低剂量人工授精需要，但在养猪（每次需要 10 亿个以上输精量）生产等方面的应用，还需要结合低剂量子宫深部授精、体外授精等技术才行，而昂贵的设备和精子分离费用高，对该技术的大规模推广有影响。

在我们以往的研究中，对于马鹿、梅花鹿和奶山羊的性控精液输精中，曾使用了 50 万个有效精子的输精剂量，并都获得了正常受胎率和预知性别的后代，所以对于奶牛分选精液的低剂量授精应该有这种可能性，使用该技术的关键是要掌握精准的授精时间、输精部位，并结合输精前的促排技术。要降低低剂量输精成本的另一种途径就是提高性控精液冷冻后的活率，使有效精子数得以提高。由于流式细胞分选精子时，精子受到高度稀释、高压、电场等的影响，分选后的单性精子会处于超极活状态，其兴奋性、运动力极强，故导致其存活时间相对较短。如果使用常规精液的冷冻程序（慢速降温、中性稀释液），相当数量的精子会在冷冻前死亡，故通过改变分选后精液的冷冻程序，有望提高冻后精子的活率，降低当前每管冻精的精子数量，达到降低成本的目的。

2. 高效授精技术

（1）深部授精技术。人工授精受胎率与授精时间、精液剂量和授精部位有密切相关，要达到较为理想受胎率在阴道穹窿部授精需要 10^9 个精子，子宫体授精 10^7 个精子，宫管接合部需要 $10^5\sim10^6$ 个精子。当前使用的人工授精技术小动物授精在子宫颈外口或阴道穹窿部，大动物可以通过直肠把握子宫颈授精在子宫体。而深部授精技术要求小动物授精在子宫体或宫管接合部，大动物授精在宫管接合部。深部授精技术是先进的输精方法，精液用量少，受胎率高，优秀种公畜可得到最大限度利用。

（2）小动物腹腔镜技术。腹腔镜技术是新发展起来的微创方法，是手术方法发展的一个必然趋势。随着工业制造技术的突飞猛进，相关学科的融合为开展这项新技术奠定了坚实的基础。腹腔镜技术使得许多过去的开放性手术被腔内手术取而代之，增加了手术选择机会。相对于开放性手术腹腔镜人工授精和胚胎移植的受胎率提高 10% 以上。具体操作如下：对发情羊麻醉备皮，将母羊处于臀高头低姿势保定，在乳房前 10～12cm、腹中线左侧 4～5cm 处，插入气腹针，并向腹腔打气。在乳房前 10~12cm，距腹中线右侧 3~5cm 处用带套管的三角锥穿刺腹壁约 1cm 深，穿通腹壁和腹肌，取出锥头，将内窥镜从套管中插入腹腔，借助窥视管寻找到子宫角，将装好精液的玻璃注射器用 15cm 长的 9#针头从窥视管附近对准子宫角方向扎入腹腔，当在视野中观察到针头时，将针头扎入一侧子宫角注入精液。腹腔内窥镜授精同时也被梅花鹿人工授精采用，其授精的准备和技术要点基本与羊相同。借助腹腔内窥镜微创手术进行绵羊子宫内输精是先进的输精方法，精液用量少，受胎率高，优秀种公羊可得到最大限度利用。腹腔镜技术还可用于绵羊、梅花鹿胚胎移植。

（3）大动物直肠把握深部授精技术。大动物直肠把握输精法有较多优点：①精液输入部位深，不易倒流，受胎率高。②母牛刺激无不良反应。③能防止给孕畜误配，造成人为流产。④用具简单，操作安全，方便。直肠把握输精法同时也被马、鹿人工授精采用，其授精的准备和技术要点基本与牛相同。整个操作过程要求技术熟练，故此技术需经一定时间的训练才能掌握，子宫角或宫管结合前部授精对技术人员的要求较高。

大动物直肠把握深部授精技术的操作要领：一只手伸入直肠内把握住子宫颈，另一手持输精器，先斜上方伸入阴道内进入 5~10cm 后再水平插入到子宫颈口，两手协同配合，把输精器伸入子宫颈的 3~5 个皱褶处或子宫体内，慢慢注入精液。输精过程中，输精器不要握得太紧，要随着母牛的摆动而灵活伸入。直肠内的手要把握子宫颈的后端，并保持子宫颈的水平状态。输精枪要稍用力前伸，每过一个子宫颈皱褶都有感觉，出现“咔咔”的响声。但要为避免盲目用力插入，防止生殖道黏膜损伤或穿孔。通过直肠把握还可以子宫角内深部输精，可以提高精子的利用率和授精效果，该方法被用于少精且有较高遗传价值的公牛、冷冻受损的解冻精液或性别选择后精液量很少的输精。一个典型代表是由比利时根特大学研制的用于动物宫管连接部（UTJ）输精器具，该器械是一个一次性的并能随意按子宫角形状弯曲的塑料管——分内、外管两部分构成，可到达宫管连接部。奶牛冷冻精液的输精剂量从 1 200 万个精子降低到 400 万个精子对妊娠率没有影响；水牛低剂量（0.25 亿）的性别鉴定精液在宫管连接处输精与传统的大剂量（2 亿）未经性别分离的解冻精子在子宫体输精，其妊娠率分别为 42.8%和 43.4%。二者无显著差别。

（4）建立高效性控精液授精体系。当前性控分选冻精技术推广的特征：性控人工授精的成本高出常规 5~10 倍；低剂量的精液对输精员的技术有较高的要求；该技术只有在条件较好的育种场及科研中应用，并且只在限定的畜群如青年奶牛群有较好的繁殖成绩；性控后代出生重偏低。所以，推广性控分选冻精技术需要解决两个问题：低剂量授精技术体系的规范化和系统化；性控精液、胚胎和后代的安全性的评估。对于当前生产需要迫切解决的问题是人员培训和技术标准确定，因为当前性控精液的市场价格下降的空间较小，而高效授精技术可以有较大提升，所以，超低剂量性控精液授精方法建立和技术人员培训是建立高效性控精液授精体系的关键。人员培训，分选精子人工授精推广需要一大批熟练技术人员，这些人员培训要达到输胚员的技术水准，这项技术大规模应用，还需要作大量的培训准备工作。

（三）关于后代的安全性

在采精到分离这段时间，适宜环境温度下保存纯精液优于用稀释液稀释等。各种动物精子分离及处理、保存等要求差异很大。到目前为止，尚未发现流式细胞检索仪分离精子对 DNA 等有明显影响，猪、牛、兔的精子分离后代可以正常繁殖下一代。使用流式细胞检索仪进行精子性别分离后产下的后代没有明显的表型或基因型变化。

流式细胞仪分离得到的奶牛精子的 DNA 会受到一定程度的损伤，其功能和受精力也受到影响。使用流式细胞检索仪分离精子时，精子细胞可能受到许多因素的损害：高度稀释、核染色、机械压力（通过检索仪时）、激光、离心、冷冻等，尤其是核染色后，被激光照射会对精子 DNA 产生一定损伤。尽管有牛分离精子的正常后代并且可以继续正常繁殖下一代的报道，使用流式细胞检索仪进行精子性别分离后产下的后代没有明显的表型或基因型变化，还是不能得出该技术是完全安全的评价，毕竟此项技术用于动物生产还不到 20 年。

精液常规评价包括形态学、活率、密度，但这些评价指标并不能充分反映精液样本的生殖力，在人类辅助生殖技术（assisted reproduction technology，ART）应用实践中，精子 DNA 完整性作为精液样本诊断和预测的重要指标。精子 DNA 损伤的方法有多种，主要包括彗星分析（COMET assay，single cell gel electrophoresis），TUNEL（terminal tranferase dUTP Nick End Labelling），SCSA（sperm chromatin structure assay），ISNT（in situ nick translation）。这些技术能够通过探察 DNA 或染色体结构的缺陷评定精液质量，在探测精度、花费和复杂度上均有差异，具体采用何种技术要根据实验所需的精度来决定。

关于性控胚胎发育的研究多集中采用体外授精实验，生理条件体内受精发育性控胚胎的发育情况只有 Bathgate 对猪进行了研究，他发现采用 160×10^6 分选精液授精，早期妊娠相对较低的原因可能来自两个方面：精子数量低和早期胚胎发育停滞，在牛没有文献报道。新疆从 2003 年开始宣传奶牛 X 精液授精性别控制技术，从 2007 年至今购入性控精液在多个奶牛场生产出一批性控后代，性控准确率达到 90%以上，但后代出生重低是一个普遍存在的问题，而国外研究的结果是性控后代出生重与非性控后代差异不显著，这个差异是否由分选精子造成还需要研究确定。

六、应用前景

随着科学技术的不断发展，当前，世界上畜牧业较发达的国家，无不利用高新生物技术来发展本国的畜牧业生产。在家畜繁殖方面，人工授精、胚胎移植、体外授精和性别控制乃是人们进行家畜育种和畜牧业生产所利用繁殖新技术的四大法宝。人工授精和冷冻精液技术从 20 世纪 50 年代以来已被广泛应用，从而充分发挥了种公畜的生产性能；胚胎移植技术则从 70 年代以来被得到广泛推广和应用，从而，种母畜的优良遗传性能在生产实践中亦得到充分的利用；体外授精技术，自 80 年代末完全体外化“试管犊牛”诞生以来，该技术目前已趋于成熟并逐渐应用于生产。因而，人们多年来所期待的在实验室内生产大量廉价优质胚胎的愿望已变成现实。而性别控制技术，虽然人们早已研究，但进展缓慢。一直到了 1989 年才取得突破性的进展，而后在 90 年代得到进一步发展。如果把人工授精、胚胎移植、体外授精和性别控制繁殖新技术的四大法宝同时结合应用于家畜育种和畜牧业生产之中，那么，对畜牧业生产的发展将起到无可估量的作用和产生极其深远的影响。

第三节 性别控制疫苗

控制家畜性别最理想的方法是先分离 X、Y 精子，再采用相应性别的精子进行人工授精，得到所需要性别的后代。分离精子方法有多种，目前流式细胞仪法分离效果最可靠，但由于专利的限制，这种方法生产分离 X、Y 精子的价格高昂，并且分离效率不高，受胎率较常规方法低，并没有大面积推广。相比之下，根据抗原抗体反应原理进行精液分离的方法简单易行，如果能够直接找到两种精子基因表达的差异，则有望以较低的成本，简便、快速地实现对动物的性别控制。高分离纯度的 X、Y 精子流式细胞术、mRNA 差异显示和 DNA 疫苗技术可以成为开发制作简单、经济、安全、易于贮存运输核酸性控疫苗的技术基础。

一、哺乳动物性控疫苗研究的免疫学基础

哺乳动物能够对精子产生免疫反应。精子发生较晚，直到青春期才出现，对自身免疫系统来说，仍被看作“异己”。精子抗原种类繁多，到目前已涉及 100 多种，可以分为精子特异和非特异抗原。在正常情况下，由于血睾屏障阻

碍了精子抗原与机体免疫系统的接触，不会产生抗精子的免疫反应，但遇到特殊情况，如外伤、手术、炎症等，血睾屏障遭到破坏，或精子漏到生殖道以外的组织中与免疫系统发生了接触，就会发挥抗原作用，刺激免疫系统产生抗精子抗体最终影响正常生殖。

二、性控 DNA 疫苗

（一）性控 DNA 疫苗的定义

正常情况下，精子进入雌性生殖道，并不引起免疫反应，这是因为精液中存在的免疫抑制因子和生殖道的黏膜屏障在发挥作用，一旦精液中的免疫抑制因子缺乏，或生殖道遭受感染、外伤等损害，精子便可直接刺激雌性的免疫系统产生抗精子抗体，基于此，性控 DNA 疫苗也可以通过肌内注射等途径特异 X 精子或 Y 精子抗原在雌性血液和生殖道诱发产生抗 X 精子或 Y 精子的抗体，特异性的抑制 X 精子或 Y 精子。对基因组水平、mRNA 表达水平和蛋白组水平的研究都证明 X、Y 精子间的确存在差异。鉴定精子膜表面抗原通常是一种费力、困难的工作，需要纯化的蛋白，而 DNA 疫苗不仅可以诱导 CTL 反应，而且只需编码抗原的基因即可。直接给动物导入编码有免疫活性抗原的性别差异表达基因，在体内合成抗原蛋白，诱导产生对该抗原蛋白的一系列特异性免疫应答，特异性的抑制或阻断某一性别的决定，而对动物性别进行控制。

（二）哺乳动物性控疫苗研究的分子基础

在单倍体精子有很多性染色体特异基因表达，而且 X、Y 精子间基因表达存在差异。Mille 等用精子 mRNA 与睾丸 cDNA 文库杂交发现约有 2%的强阳性信号，对 18 个随机阳性克隆测序分析显示其编码的蛋白质功能不一，提示精子中 mRNA 的种类及功能的复杂性。赵仰星等对正常男性精子总 RNA 进行基因表达系列分析经与 SAGEmap 数据库比对，所建 SAGE 文库共获 877 个克隆，测序得到 21 052 个标签，出现两次以上的独特性标签有 2 712 种，19. 7%的独特性标签没有基因匹配，代表新基因，其余能匹配的基因中，67%具有蛋白质结合或核酸结合能力，41%具有催化活性，13%与信号转导有关，与细胞运输、精子结构、转录调节相关者分别达到 10%左右。Hendriksen 等研究发现，在小鼠减数分裂过程中，除了 Xist 基因表达外，几乎所有的性染色体基因都没有表达，但在减数分裂之后，检测到 Y 染色体上 Ubely 和 Sry 基因具有较高的 mRNA 水平；在 X 精子中也检测到 Ubelx 基因 mRNA 高水平表达，同时发现 X 染色体特异基因 Mhr6A 的表达产物，X、Y 染色体其他特异基因的表达，如 X 染色体特异基因 Akap82 及 Nap2 X，Y 染色体特异基因 *Zfy*21、*Zfy*22 及

Y353/B。Fraser研究发现，小鼠的第17号染色体携带一段长30 000bp的突变区域，该区域被命名为T复合体，约含有100多个基因。T复合体产物在雄性杂合子后代中的传递比例发生了偏差，而在雌性后代中的传递比例是正常的。在T复合体中有4个位点影响到雄性杂合子后代的传递比例：反应位点（t complex responder region，TCR）和另外3个偏移位点（t complex distorter region，TCD）。当反应位点存在时，3个偏移位点的出现具有累加作用，使90%以上雄性杂合子的后代含有T复合体；当只有反应位点存在，另外3个位点缺失时，含有T复合体后代比例仅有20%；而当反应位点缺失，其他3个偏移位点存在时其后代传递比例为50%，这种性别传递偏移现象表明T复合体基因的存在状态影响到了精子中T复合体产物的共享，即在3个偏移位点缺失或反应位点缺失的情况下都没有发生T复合体共享。Aranha研究表明，小鼠的第6号染色体与15号或16号染色体发生易位而其他部分正常时，发生雄性比例偏移现象，易位的Y精子的受精能力是X精子的两倍，性别偏移现象表明在第6号染色体和X、Y染色体上有影响到精子受精能力的因子，研究人员检测到了这种因子的存在，并证明该因子有较强的定位性。雄性性别传递偏移和性别偏移的事实都证明在精子中有些蛋白没有被共享，两类精子间存在蛋白差异。Cartwright等所做的牛精子分离试验也证明：在两类精子表面存在性别特异蛋白的差异。两类精子表面存在性别特异蛋白的差异不可能来自精子变形成熟过程中的外来蛋白或外来蛋白的影响，这种差异根源只可能是两类精子基因表达的差异。

在基因组水平、mRNA表达水平和蛋白组水平的研究证明，X、Y精子间基因表达的确存在差异，哺乳动物成熟精子没有mRNA转录活性，哺乳动物成熟精子中含有的mRNA表达的差异来自精子发生过程中的转录，其翻译远落后于转录，这些mRNA是在精子成熟后需要合成的一些蛋白，或者是受精后卵母细胞mRNA库的补充，或作为RNAi对生育和胎儿生长发育起着关键的作用，X、Y精子基因表达可以通过细胞间桥部分共享，但二者仍存在mRNA和蛋白表达的差异，这为选择有效的技术手段进行两类精子特异mRNA的分离与筛选提供了理论依据。

（三）性控DNA疫苗的对象和性别控制的实现途径

对于精子那些难以纯化或在纯化过程中结构易被破坏的抗原蛋白，DNA疫苗技术开发性控疫苗是产生抗这些蛋白的抗体的可行方法，而且还可将由此制备出的抗体再用于纯化这些蛋白，有重要的理论意义和实践价值，且基因疫苗产生的抗原蛋白绝对纯净，不会产生假阳性克隆，从而使筛选工作比较容易。这方面的研究有助于逐步阐明DNA疫苗诱发自身免疫及免疫耐受的可能性机制、免疫激活序列增强免疫应答的机制、机体细胞体液反应激活的信号传导通路等一系列基础性研究，有助于逐步阐明 DNA 疫苗防治疾病的基本原理。

对于 X、Y 性别决定型的高等哺乳动物，雄性动物 X 精子和 Y 精子是研究性别差异表达基因的首选材料。从单倍体精子表达的特异基因中找到编码 X 精子和 Y 精子特异抗原的基因，制备成相应的 DNA 疫苗对动物免疫，在机体内特异性的抑制 X 精子或 Y 精子，或制成抗血清，在体外特异性的抑制 X 精子或 Y 精子，就可以实现对性别的控制。

流式细胞术在牛精子分离上的研究最为成熟和可靠，得到的分选精子不含其他体细胞，X 精子和 Y 精子纯度均可达 95%以上，并与人工授精生产的后代的性别比例一致，这种高分离纯度的 X 精子和 Y 精子为 mRNA 差异分析提供了一种绝好的研究起始材料。通过牛 X、Y 精子构建差异表达基因的消减 cDNA 文库，可为性别差异表达相关基因的功能及性别调控机理的研究作出贡献，也为研制性控 DNA 疫苗提供一个高效工具。在此基础上应用 DNA 疫苗技术，开发性控 DNA 疫苗，与传统的蛋白免疫相比具有制作简单、经济、安全、易于贮存运输等优点，具有深远的实践应用价值和广阔的市场前景。

（四）利用 X、Y 精子性别特异性基因表达为基础的性控疫苗研究

雄性动物 HY 抗原的研究一直是热点，HY 抗原是哺乳动物中最早发现的 Y 精子特异抗原，是 Y 染色体上的基因位点所编码和调控的细胞膜抗原，有诱发原始性腺分化为睾丸的潜能。罗承浩根据 HY 抗原对雌性动物发生免疫作用后，在雌性动物血清中可产生有排斥 Y 精子的抗体——HY 抗血清，HY 抗血清 IgG 能识别 Y 染色体精子抗原决定簇的免疫原理，利用分离的 Y 精子免疫小鼠的 HY 抗血清体外结合 Y 精子实现奶牛 X、Y 精子分离的试验，但其效果并不理想，主要的原因可能是：作为试验的起始材料，X、Y 精子纯度不够高（密度梯度离心法分离），X 精子纯度只有 80%（流式细胞术检测），与生产后代的性别比例 60%的结果偏离较大，其重要原因是 HY 抗原特异性较弱。由于 HY 抗原特异性较弱，人们努力探求 X、Y 精子的其他差异膜蛋白，受到蛋白分离纯化技术的限制，以 X、Y 精子性别特异性蛋白为基础的性控疫苗多停留在在理论和基础研究，至今没有大的突破。Blencher 基于性别特异蛋白存在且高度保守这一假设，将非性别特异性的蛋白（non-SSPs）用亲和层析法去除，用色谱柱得到相对保守的牛 X 精子性别特异性蛋白（sex specific proteins，SSPs），之后通过免疫动物并用层析纯化得到 SSPs 的抗体，用抗体处理的精液进行体外授精得到 106 枚胚胎，并采用核型分析技术进行胚胎性别鉴别，除了 30 枚胚胎由于染色体重叠等原

因没能鉴定出性别外，在鉴定出性别的 76 例胚胎中雄性为 70 例，占 92%，该试验的成果并没有在生产中推广应用，可能由于纯化 SSPs 和 SSPs 的抗体的费用高昂。

性控 DNA 疫苗技术在寄生虫防治的研究中有为数不多的报道，这些研究多以两性整个虫体作为 mRNA 差异显示的材料。家畜性控疫苗的研究大多集中于蛋白质水平上，以 X、Y 精子性别特异性蛋白的分离纯化技术作为研究前提，而基于家畜 X、Y 精子特异性基因表达差异的性控 DNA 疫苗技术的研究未见有文献报道，这是一个新的研究方向。

（五）精子性别差异表达 *SRY* 基因

理论上基因组水平、mRNA 表达水平和蛋白组水平都证明 X、Y 精子间存在差异，但实验确证有很大困难尤其在蛋白水平上。研究高效检出低丰度 mRNA 并建立 X、Y 精子特异性基因差异表达 cDNA 文库无论在技术应用和科学意义上有重要价值。H-Y 抗原 mRNA 是否特异存在于 Y 精子需要进一步的试验证明。最近发现 Y 精子特有 SRYMRNA 及基因产物的现象，可根据其在胚胎性别决定作用时间，提示它可能存在性外作用，这也一直是研究的热点。成熟精子中，哪些精子 RNA 会随胞质一起被抛弃，哪些精子 RNA 会被保留，它们执行什么样的功能，或进入受精卵后的功能，这些都是值得研究的问题。性别与家畜的经济用途和生产性能密切相关，而位于 Y 染色体上的性别决定基因（sex region of chromosome）的发现和研究使得人们对哺乳动物性别决定有了更深入的认识。流式细胞分析和一些重要分子生物学技术的发展，也为性别控制技术提供先进研究手段。*SRY* 不但是哺乳动物的睾丸决定基因，而且存在性别决定以外的功能。

1. *SRY* 基因分子生物学

SRY 基因是 Y 染色体上的性别决定序列，是主宰性别的 TDF（testis determining factor）的遗传基础。它是在 Y 染色体短臂上的决定雄性的 DNA 片段，该片段在多种哺乳动物中普遍存在，但不同动物所处的位置不尽相同，结构有异，长短不等，它能够启动哺乳动物睾丸的分化，是睾丸发育负调节的抑制因子。

在人类 *SRY* 基因的开放阅读框中包含 1 个外显子，可编码 204 个氨基酸的蛋白质，该蛋白质可分为 3 个区域，其中的 79 个氨基酸称为 HMG 盒（high-mobility group box，HMGbox），这个区域的蛋白质具有结合 DNA 并使 DNA 弯曲的功能，是 SRY 的主要功能区。此外，HMG 盒还带有 2 个核定位信号，人 SRY 蛋白 C 末端区无特异结构，但是最后的 7 个氨基酸在体外能够与 PDZ 区蛋白相互作用，其 N 末端区也没有特异的结构，但是这个区域的一个序列磷酸化后能够增强结合 DNA 的能力。SRY 蛋白能与特异性 DNA 序列结合，Denny 在 1992 年证明成年鼠睾丸中存在 SRYmRNA，继而用 Sox-5 抗体验证在青春期前雄鼠睾丸和生精细胞中存在 *SRY* 基因表达产物，圆形精细胞中表达产物的量最高，并且含共有的特异结合位点 AACAAT 基序，SRY 也能够特异结合这个基序，而磷酸化能够增强其结合 DNA 的能力。SRY 蛋白结合 DNA 后还能引起该 DNA 弯曲变形，并在双螺旋结构中引入一个尖锐的转折，这可使 DNA 形成环，将远距离的调节位点和启动子拉近，从而调节基因的转录和表达，性别决定对 SRY 蛋白具有高度敏感的剂量效应，不足剂量的 SRY 蛋白不能调控性腺分化，在 *SRY* 基因下游的基因对于性腺分化的调控同样有剂量效应，基因的过度表达或不足都可能引起性别分化异常，但是 *SRY* 基因并非决定性别的惟一基因，哺乳动物性别决定是一个多层次调控过程，性别决定是以 *SRY* 基因为主导的多基因参与的有序协调过程。迄今为止已发现包括 *SRY* 基因在内的 6 种基因（*SRY*、*SOX9*、*MIS*、*WT*-1、*SF*-1、*DAX*-1）参与了胚胎性别决定中从未分化原始生殖嵴到两性内生殖器官形成的过程。

目前，人们对 *SRY* 基因的认识主要基于对小鼠的研究。通过比较人和小鼠、兔、小袋鼠、羊等动物的 SRY 蛋白，在 HMG 区域内有 70%的同源性，而在 HMG 区域外没有保守序列，这些结果证明 *SRY* 基因在不同物种中的表达可能存在不同特点，另外这些研究结果表明除了具有性别决定的功能之外，可能还有其他功能，如精子生成等。*SRY* 基因在成年男性大脑、肾脏和肾上腺中表达，涉及神经系统、交感神经、肾素血管紧张素系统、雄激素受体调节。

2. *SRY* 基因在性腺的表达

SRY 能在胚胎期睾丸组织细胞中表达产生 SRY1 因子，其激活下游的启动子，进而使下游的缪勒氏体抑制物基因 *MIS*（miilerian inhibiting substance）表达，抑制缪勒氏管发育。缪勒氏管由上皮及周围的间充质组成，主要是产生雌性动物的内生殖结构，包括输卵管、子宫、子宫颈及阴道前部。在哺乳动物中，由胎儿睾丸分泌的 *MIS* 与睾酮协同引发苗勒氏管的退化而阻止雌性生殖器官的分化；此外，*SRY*1 因子还作用于间质细胞，促使其发育并分泌睾酮进而产生雄性结构。如果个体缺少 *SRY* 基因或携带的 *SRY* 基因不启动，可导致 X 染色体短臂上 *DSS* 基因（逆性别剂量敏感基因）转录，进而促进卵巢的发育。

在 *SRY* 基因作为 *TDF* 被发现后，人们只研究了少数几种哺乳动物 *SRY* 基因在性腺中的表达。最先发现的是小鼠 *SRY* 基因的表达，Koopman 等研究发现 *SRY* 基因在小鼠交配后的 10.5~12.5d 内于生殖嵴体细胞表达，11.5d 表达量最高，一旦生殖嵴发生性别分化，*SRY* 基因表达水平就开始降低。而小鼠的性别明显分化发生在交配后的 11. 5d，此时雄性性腺呈条纹状，*SRY* 基因的表达正好发生在睾丸开始形成之前到结束的 2d 内，这恰好反映了 *SRY* 基因对性别分化的调控，这种极短时间的表达也表明 *SRY* 基因启动睾丸的发育，但却不维持睾丸的存在。因此，*SRY* 基因一定是通过某种方式激活其他的基因来维持性别。小鼠的 *SRY* 基因在原始生殖嵴中的转录本是线性的，但在成体睾丸中的转录本是以一种茎环状的 RNA 分子存在，因此不和多核糖体相联而不能被翻译，这表明 *SRY* 基因在成体睾丸中可能没有功能。与小鼠一样，人类 *SRY* 基因的表达决定了睾丸的形成。人类生殖嵴在妊娠后 33d 左右形成，而 *SRY* 基因的表达在妊娠 41d 的 X、Y 型胚胎内检测到，表达量达到高峰的时间为妊娠后 44d，此时睾丸索刚好可见。但是，人类 *SRY* 基因在性腺中并不关闭，成年时仍有表达，并且存在于许多组织中。对绵羊 *SRY* 基因的表达研究结果发现，转录物在交配后 23d 出现，高峰期在交配后 27~44d，且即使在出生时也能检测到 *SRY* 基因的转录物。猪 *SRY* 基因的表达在交配后的 21d 就能检测到，23d 表达量最高，52d 之后仍能检测到转录物。也有实验表明 15%~20%的 X、Y 性腺发育不良的患者是由于 SRY 突变，多数发生在 HMG 区域。SRY 蛋白的 HMG 区域有 3 个 α 螺旋，与 DNA 结合后使其呈现松散和一定的弯曲角度，调节其表达。在 HMG 家族中还有一个与 SRY 的相关基因 *SOX*3（SRY HMG-box3，*SOX*3），它是 X 染色体连锁基因，在胚胎的中枢神经发育和未分化的性腺起作用，在哺乳动物中雌性存在剂量补偿效应，而 *SRY* 基因表达在成年男性则允许细胞不依赖循环性腺激素浓度呈现性分化，*SOX*3 和 *SRY* 基因在两性细胞表达量上的差异可以导致雄性和雌性细胞转录组的变化，因此，*SRY* 基因的表达及其转录与间性表型有密切关联。

SRY 基因的发现，使人们对哺乳动物性别决定的机理有了更深入的认识，而对 *SRY* 基因的定位、结构功能及表达蛋白特异性的研究使人们在认识哺乳动物性别决定机理方面更向前迈进了一步，并将动物的性别控制及胚胎性别鉴定等相关技术引入了一个新阶段。虽然这些技术目前已应用于畜牧生产、临床医学和科学研究等，但是我们对于 *SRY* 基因的了解并不完全，还需要进一步的探讨与研究。研究 *SRY* 基因性别决定外的功能，不但深化对这个基因对性别决定调控的认识，而且从理论上解释了 *SRY* 基因雄性特异表达与多种疾病的关联。

三、性别控制疫苗研究展望

在蛋白质水平寻找 X、Y 精子弱差异蛋白是极其困难的，而对牛高分离纯度的 X、Y 精子利用高效 mRNA 差异显示技术，可以极大地降低性别差异表达的 cDNA 文库构建的工作量，实现有效筛选低丰度性别差异表达基因，以此为基础应用 DNA 疫苗技术，开发家畜性控 DNA 疫苗，在技术上是一条捷径。高速精子分选技术分离到的高纯度两性精子，结合消减杂交技术筛选 X 精子和 Y 精子差异表达基因，希望结合 DNA 疫苗技术成为开发制作核酸性控疫苗的技术基础。

第十章　羊繁殖障碍病

随着规模化、集约化养羊业的发展，羊的繁殖障碍病逐渐成为困扰养羊业快速发展的难题。根据资料显示，每年因繁殖障碍病而淘汰的母羊高达27.6%，造成的损失相当严重。因此，降低母羊的空怀率，增强母羊的繁殖能力，已经成为养羊业的关键问题。羊繁殖障碍病的防治应引起养羊者及相关工作者的高度重视。

造成羊繁殖障碍病的病因错综复杂，总体上可分为先天性繁殖障碍病和后天性繁殖障碍病。先天性繁殖障碍病是指由于遗传因素、生殖器官等的发育异常、精子和卵子以及胚胎具有某些生物学的缺陷等使羊的繁殖能力下降或丧失；后天性繁殖障碍病是指由于饲养管理不当、繁殖技术不良、天气水土不服、衰老和疾病等原因造成的羊的繁殖障碍病。为了满足养羊者及兽医、配种人员解决养羊生产中遇到的繁殖障碍病，本章就生产中常见的难产、流产、部分寄生虫性疾病及细菌性疾病等引起母羊繁殖障碍的几种疾病进行论述。

第一节　难　产

难产（dystocia）是指分娩困难，与希腊语的顺产（eutocia）即正常分娩相对应。难产的诊断通常带有很大程度的主观性，对于同一情况有人认为是顺产，而其他人可能会诊断为难产。基于这个原因，尽管在很多情况下区分顺产和难产并不困难，但有关难产的发病率、病因或疗效的数据并非很可靠。难产的诊断和治疗是产科学中最主要的和重要的内容，它需要对正常分娩的准确理解，对母子福利的敏锐把握，并且要有优良敏锐的实际工作能力。此外，兽医人员应指导进行合理的种畜选择、做好饲养管理和卫生保健，尽可能防止难产的发生。

一、难产的后果与代价

难产的后果多种多样，主要取决于其严重程度。首先，对母子福利造成的影响难以用金钱来计量；其次，也会产生一些可以计量的经济损失。难产会导致：死胎率和产后死亡率上升；新生仔畜发病率上升；母畜死亡率上升；母畜生产力下降；母畜其后的受胎率下降，绝育的机会增加；母畜产后期疾病的可能性增加；母畜其后被淘汰的可能性增加。

有关绵羊难产对于绵羊养殖企业经济效益的影响与牛相比，研究较少，发生难产时引起的损失主要是羔羊的死亡率增加。由表 10-1 可见，羔羊围产期死亡率在 17%~49%，其中由难产引起的死亡率占 10%~50%。由于绝大多数生产体系中母羊在产羔后 6 个月以上才再次配种，因此难产对生育力的影响不太明显。分娩时可造成生殖道损伤、低育或绝育等严重损伤。对难产造成的其他在生产上的损失更难进行定量分析，但严重的难产会降低产奶量，由此导致羔羊生长速度下降、延迟断奶，使成本提高。

表 10-1 围产期死亡率及其与难产的关系

作者	年份	国家	品种	羔羊总数	围产期死亡率/%	难产死亡率/%
Moule	1954	澳大利亚	美利奴	2 467	18	23
McFarlance	1961	澳大利亚	NS*	15	49	NS
Hight 和 Jury	1969	新西兰	罗姆尼	7 727	18	32
Dennis 和 Nairn	1970	澳大利亚	美利奴	3 301	25	10
Welmer 等	1983	英国	切维厄特（Cheviot）	2 453	26	22~53
Wilsmore	1986	英国	威尔士无角陶赛特	227	17	50

注：* NS，未列出数据。

二、难产的原因

产科工作者通常将难产分为母体性难产和胎儿性难产，但有时有些场合很难鉴定原发性病因，而有些情况下主要病因在难产病程中会发生变化。更为实际的是，可把难产看作分娩过程中 3 个要素异常所引起，即：产力、产道及胎儿的大小和位置。产力不足、产道开张不好或形状不适，或因胎儿过大或胎位不正造成胎儿不能通过正常的产道，均会导致发生难产。

三、难产的发病率

正如前面所述，对分娩过程正常与否的判断往往是十分主观的。此外，在对结果进行分析时，也应考虑动物品种、年龄和胎次的影响。因此总的发病率在不同动物、不同品种、不同年龄和胎次都不相同。

绵羊难产发病率受品种的影响，例如，苏格兰黑面羊（Scottish

Blackface）为1%，而特塞尔羊（Texel）可达77%。山羊难产的发病率整体上较低，比较接近苏格兰黑面羊，为2%～3%。胎位不正可导致难产。研究表明，羊在分娩时94.5%为纵向正生，只有3.6%为纵向倒生。最常见的胎势异常为一前肢的单侧屈曲；如果羔羊小则这种情况不会造成难产。

四、难产的类型

1949年，Wallace对一个275例分娩的羊群进行了仔细观察研究，其观察数据为研究绵羊难产的原因提供了极为有用的基础资料。他发现，在所有观察的产羊中94.5%为正生，3.6%为倒生，这与在牛中的观察结果极为相似。1968年，Gunn通过对苏格兰山区羊群15 584例分娩的观察发现难产率为3.1%（单羔为3.5%，双羔为1.3%）。

一般认为，就整个绵羊群体而言，无论品种、年龄，还是胎次等，胎儿与骨盆大小不适（fetopelvic disproportion）是绵羊难产最为常见的原因，其发病率依品种而不同，但在羔羊商业生产中不同品种杂交时这种情况可经常发生，而且初产绵羊在分娩时经常会因这种难产而需要助产；公羔体格较大，易于发生这类难产，而且母羊的骨盆大小是引起胎儿与骨盆大小不适的主要因素。

在某些绵羊品种和绵羊群，由于产式异常（maldisposition）引起的难产超过了胎儿与骨盆大小不适引起的难产，例如在Gunn的研究中发现其发病率超过60%，而且在经产母羊的发病率比初产母羊更高，双胎时发病率高于单胎。在胎位异常引起的难产中，肩部屈曲最为常见，其后为腕关节屈曲、坐生、头部侧弯和横向。单侧性肩部屈曲有时可正常产出。

只有很困难的难产才需要进行救治，在兽医救治的难产中，各种类型的难产发病率依品种及羊群的管理措施而不同。资料显示，头部侧弯和子宫颈开张不全是最为常见的难产类型，紧跟这两类难产之后的为肩部屈曲、腕关节屈曲、双胎同时进入产道、坐生和胎儿过大。其他偶尔见到的病因有子宫捻转、胎儿畸形（包括裂腹畸形）、胎儿重复畸形（fetal duplication）、胎儿水肿和胎儿躯体不全（persomus elumbis）等。1990年，在Thomas进行的研究中发现，由于胎儿与母体大小不适引起的难产较少（3%），主要是由于这种难产在不是特别严重的情况下可由饲养员或放牧员自行处理。在同一研究中还发现，引起难产的其他主要原因是子宫颈开张不全，需要采用剖宫产等进行干预。伦敦大学皇家兽医学院产科临床研究的病例也发现，子宫颈开张不全引起的难产占70%。由于诊断这类难产时选用的诊断标准不同，因此难以对不同研究获得的结果进行比较，但从这些研究得出的结果来看，绵羊子宫颈开张不全（子宫颈环，ringwomb）现在的发病率要比30年前或40年前更高。

从研究报道可以看出，双胎并不明显使绵羊难产的发病率增加，其原因可能是双胎使得胎儿位置异常引起的难产增加，同时由于双胎时胎儿个体较小，因此胎儿与母体大小不适引起的难产发病率降低。从所有发表的数据可以毫无疑问地看出，倒生可明显使分娩更为困难。

五、难产的救治

在羊上，矫正胎儿产势异常的难易程度主要取决于术者将手通过骨盆插入子宫的能力。在大多数绵羊有这种可能，但在偶尔情况下，特别是在体格较小品种的初产绵羊，常常不可能获得成功，因此往往不能自然分娩。子宫颈扩张不全（子宫颈环）时也会出现同样的困难，因此在这种情况下，如果用术者的手指和手扩张子宫颈不能很快获得成功，则必须施行剖宫产。

在胎儿与母体大小不适而胎儿产势正常的情况下，可将胎儿头部或臀部从骨盆入口推回后采用绳套，这一般来说并不困难，牵引一般能将胎儿娩出。如果在阴道所要操作的量不大，可采用后部硬膜外麻醉，这是因为绵羊的子宫特别容易撕裂或破裂，因此硬膜外麻醉后可以进行小心谨慎的操作，减少损伤的风险。此外，如果胎儿产势异常同时出现四肢及头部的异常，则应将胎儿推回后重新调整其位置。推回胎儿，补充丧失的胎水，矫正异常的胎儿产势时，如果抬高母体后躯，则可使操作更为容易。可将母羊翻转为背部着地，由一助手将两条后腿向外向前拉，即可达到这种目的。在胎儿头部侧弯及坐生时，矫正操作如果不能成功，则可用线锯施行截胎术。由于羔羊较小，操作要比在犊牛容易。

在绵羊，特别重要的是要确保前置的胎儿肢体属于同一个胎儿。一般来说，在双胎或三胎时，胎儿通常较小，推回及矫正很少能遇到困难。在绵羊，如果手难以进入子宫，则可用钳子试行拉出胎儿。Hobday 型产科钳大小适当，其棘刺可保证牵拉时固定安全，因此能最好地达到这个目的。Roberts 绳钳（snare forceps of the Roberts）连接有绳套可用于头部前置时。

在进行阴道内操作时，必须特别小心不要损伤骨盆入口处的黏膜。但这种损伤，特别是用手抬起胎儿头部或四肢时很容易发生。这种裂伤通常在之后会发生感染，甚至可能引起死亡。

第二节　绵羊地方性流产

母羊地方性流产（enzootic abortion of ewes，EAE）也称为绵羊地方性流产

(ovine enzootic abortion，或 kebbing)，是由感染流产亲衣原体（*Chlamydophila abortus*）［以前分类为鹦鹉热衣原体免疫型 1（*Chlamydia psittaci* immunotype 1）］所引起，病原对妊娠子宫有较强的感染力。本病也可以感染山羊、牛、鹿及人类。本病最常发生于临产时集中管理的羊群。

一、流行病学

本病的主要传染源是购入的任何年龄阶段的感染母羊，清洁群中 80%以上的新发病是由这种方式引起的。野生动物也可传播本病，如狐狸、海鸥和乌鸦等。该病主要的传播途径是绵羊—绵羊之间的传播，产羔期间感染母羊将大量传染物排出到周围环境中，因此是最危险的发病期。易感母羊通过吸入或食入含流产亲衣原体的流产母羊的胎盘或胎水而感染本病。胎盘和胎水由于被严重污染，因此是易感母羊主要的传染源；死羔和被污染的垫料也与此病的传播有关。在环境温度较低时，亲衣原体感染颗粒（初体，elementary bodies）可以存活数周。妊娠早期被感染的母羊通常发生流产，或者病原体会处于休眠阶段直至下次妊娠。流产亲衣原体不会通过感染母羊的乳汁传播，但羔羊可通过接触乳头上沾染的子宫分泌物而被感染。现场研究表明，在被母羊感染的羔羊中，大约 30%可在第一次妊娠时（此时为羔羊或周岁羊）发生胎盘炎，还有一部分会发生流产。

在妊娠期以外时间感染的亲衣原体一直处于休眠状态，但在妊娠期它们可从“潜伏”状态被重新激活，但关于潜伏的部位和重新被激活的精确的启动因子目前还不清楚。隐性感染的羊群无法通过免疫方法确诊。研究表明，咽部的扁桃体和淋巴组织是最早的感染部位，随后随血液扩展到主要器官和淋巴结。此后一直到妊娠的第 60~90d 前衣原体存在的部位还不确定，但在妊娠第 60d 可见到胎盘和胎儿已发生感染，而一直要到妊娠第 90d 才可观察到病理变化。流产亲衣原体的快速复制可引起子叶、子叶间胎盘及对应的子宫内膜发生局部坏死和感染的接触性扩散，从而通常在妊娠的最后两周发生流产。肉眼观察、胎盘炎的病变特征和牛感染流产布鲁氏菌（*Brucellahortus*）时的特征相似。子叶间的尿膜绒毛膜水肿增厚，外观似皮革状；胎儿子叶变性坏死，并且在绒毛膜上出现深黄色沉着物。

在妊娠后期感染的母羊一直要到下次妊娠时才会发生流产。在断续产羔(split-lambing）的羊群，产羔晚的母羊可从产羔早的感染母羊获得感染，并在同一季节发生流产。购进的感染母羊可在第一年就发生流产，并在产羔时将感染扩散到易感母羊和羔羊，在第二年会引起流产的暴发。

流产产出的羔羊大部分发育良好，新鲜，无自溶性变化，说明是在子宫内新近死亡；有些感染的母羊会同时产下死亡的和活的羔羊，但活产的羔羊可能孱弱，不能生存，虽然精心护理，但仍在发生母羊地方性流产时造成严重的损失。少数可发生流产后子宫炎。流产率一般为5%～30%，较高的流产率一般出现在引入传染后的第一或第二年，之后的流产率一般在5%～10%。但是这些数据并未将新生羔羊的损失计算在内，这一阶段新生羔羊的损失可高达25%。

尽管公羊也可感染本病而发生附睾炎，但尚无证据表明公羊对母羊地方性流产的传播起重要作用。

二、诊断

1. 临床症状

母羊在流产前没有预兆性症状，体况正常。但是，有些母羊流产前几天会出现阴道分泌物，行为也可发生改变。发生本病时可发生流产、羔羊早产，或者产下很虚弱的羔羊，也可能产下正常胎儿，但胎衣发生感染。母羊可能出现胎衣不下而导致子宫炎，但无其他临床可见症状。

2. 胎盘损伤和染色

胎盘一般发生急性炎症，增厚，坏死，表现出典型的胎盘炎特征。用感染的子叶区和胎儿的皮肤涂片，通过改良的Ziehl-Neelsen法染色，检查细胞内包涵体，可发现其类似小的耐酸球菌（acid-fast cocci）；这种包涵体在细胞内呈簇状或单个分布于整个涂片，它容易与博纳特立克次氏体（*Coxiella burnetii*）混淆，后者会更大一些。

3. 血清学诊断

通过荧光抗体试验，从胎水中或者哺乳前新生羔羊的血清中检测到特异性亲衣原体抗体的存在，是亲衣原体感染的特异性证据。补体结合试验是常规采用的诊断方法，抗体滴度至少达4/32时可确定为阳性。应在流产时和流产后3～4周采取双份样本进行比较，阳性羊样品抗体滴度显著升高。接种过疫苗的羊抗体滴度较低，没有升高的迹象。也可用酶联免疫吸附试验（ELISA）和间接免疫荧光抗体试验进行检测。

三、治疗

抗生素可减少但不能消除流产的发生，可用于产羔季节延长的羊群。为了得到最好的结果，应尽可能在妊娠95～100d进行治疗，因为这时可能已经发生了胎盘感染。长效土霉素可按20mg/kg的剂量每10～14d重复用药一次，直至产羔。这种治疗方法可以减少病原体排出的数量，但不能消除感染。也不能彻底改变已经出现的严重感染的胎盘的病理变化，因此即使进行治疗，仍然会有一些流产发生。

四、防控

预防控制的主要目的是保持羊群无污染，要从确定无母羊地方性流产的羊群中购买后备羊。

1. 母羊地方性流产诊断程序

①隔离3周以上，标记所有流产母羊；②如果羊群中流产病例不止一例，应将死亡的羔羊和胎衣送实验室进行诊断；③降低向其他母羊扩散的风险；④处理不需要再进行诊断的死羔和胎衣；⑤清理产羔区，并覆盖清洁的垫草；⑥由于阴道分泌物和污染的羊毛可使羔羊感染，因此不建议用母羊哺乳羔羊。如果羔羊已经哺乳，则不应留作种用；⑦随后几年可以考虑进行免疫接种和/或用土霉素治疗的策略。

已经获得感染的母羊在流产之前不会表现出阳性抗体滴度，因此不可能通过筛选羊群检测隐性感染。可在羔羊5月龄时进行疫苗接种，成年绵羊也可在配种前1~4个月进行免疫接种。疫苗可以保护羔羊不经胎盘感染此病。高危羊群，即每年流产率在5%以上，以及从未经认可的羊群中购入母羊的羊群，应该每年或者每两年进行免疫接种。低危羊群，即每年流产率在5%以下，或者从经认可的羊群中购入母羊的羊群，只需进行一次免疫接种。

2. 如果不存在母羊地方性流产，也应按照以下管理策略，努力防止疾病的传入

①保持羊群封闭，购入公羊来源清楚，或者从进行母羊地方性流产监控的羊群选购；②购入的母羊第一年要与原母羊群隔离产羔，对所有流产或空怀母羊均要进行检查。

五、人畜共患风险

绵羊的流产亲衣原体病对于孕妇非常危险，且可在未出生的婴儿胎盘上快速繁殖。孕妇最初表现为轻微流感样症状，之后逐渐严重，并有可能在1周之内发生流产。母体可发生弥散性血管内凝血（disseminated intravascular coagulation，DIC），产生危急疾病。通常加强对孕妇的护理，会很快完全康复，但遗憾的是，到目前为止，所有的婴儿都无一存活。

第三节 绵羊子宫颈和阴道脱出

子宫颈和阴道脱出（prolapse of the cervix and vagina，CVP）是一种典型的反刍动物疾病，通常发生于妊娠后期，偶尔可见于产后，极少出现在与妊娠或分娩无关的情况下。如果看到不同部分的阴道壁及有时连带着子宫颈从阴门突出时，阴道黏膜暴露于体外，则说明发生了子宫颈和阴道脱出。

绵羊的子宫颈和阴道脱出要比其他动物常见得多，因此具有真正的经济意义。平均发病率为0.35%~0.98%，在一些群体中可上升至20%和46%，因此可造成严重的经济损失。

一、按严重程度分类

正常情况下子宫颈和阴道脱出很容易识别，但有时尿囊绒毛膜在破裂前可突出于阴门之外，因此可与突出的阴道和子宫颈相混淆。本病的严重程度差别很大，也可采用不同的分类方法对其进行分类，其中最为简单的是分类如下。

第一类：母羊躺卧时阴道黏膜从阴门突出，站立时消失；

第二类：即使母羊站立，仍可见阴道黏膜从阴门突出，看不见子宫颈；

第三类：阴道突出，子宫颈可见。

其他的分类体系还考虑了脱出持续时间的长短、脱出体积的大小和脱出的阴道中是否包裹着其他器官等，如按照脱出严重程度可分为轻度脱出、中度脱出和重度脱出。膀胱是最常受到影响的器官，膀胱会向后折转被包进向后脱出的阴道壁的夹层（vesicogenital peritoneal pouch）内，造成尿道完全或部分不通，引起尿液潴留；子宫角和小肠管也会被包进向后脱出的阴道壁的夹层内。实时超声诊断可用于检查阴道和子宫颈脱出中的内容物。

二、病因

关于本病的病因，许多证据为猜测性的，而且经常自相矛盾。以下是一些具有致病倾向的因素：激素过量或失衡；低钙血症；胎儿过大（双胎或三胎）；过于肥胖；过于瘦弱；运动不足；断尾过短；块根类容积大的饲料；饲料纤维过量；饲料中有雌激素及其前体；阴道刺激；以往发生过难产；遗传因素。

除了这些主观推测的有致病倾向的因素外，发生子宫颈和阴道脱出要有3个条件：①阴道壁必须处于一种容易外翻的状态，阴道腔必须大；②阴门和前庭壁必须松弛；③必须要有外力移动阴道壁造成外翻。

三、临床症状和病程

子宫颈和阴道脱出的临床症状明显，最常见于妊娠的最后 2~3 周，唯一需要辨别的是疾病的严重性。绵羊严重脱出时伴有努责，可能很难耐过，常死于休克、衰竭和厌氧菌感染。母畜会流产或早产，经常产出的是死胎，之后母畜会迅速康复。通过对 129 例子宫颈和阴道脱出的绵羊病例的研究中发现，自然分娩的占 26%，难产占 58%，其中 70%的难产病例属于子宫颈扩张不全。

1961 年，White 首次报道了一例妊娠后期绵羊，小肠经阴道背侧或侧壁的自然破口流出而死亡的病例，这一情况与阴道脱出有关，但为什么会发生这种情况，其原因还不完全清楚。近期一项关于挪威 Dala 绵羊的研究对这种理论质疑，其研究结果认为这种情况可能是由于许多原因所引起，包括子宫扭转。

四、治疗

治疗患子宫颈和阴道脱出的绵羊时通常不考虑动物福利，兽医很容易利用尾椎硬膜外麻醉来减轻整复时的疼痛和不适。这项技术可用于除轻微脱出之外的所有病例，同样也能让整复更容易进行。

整复时将绵羊阴门外侧的羊毛剪掉，防止整复过程中污染脱出物，引起感染。为了固定绵羊脱出的阴道，可采用阴道内放置“U”形不锈钢支架的方法。将露出阴道的支架末端向外弯曲出合适的角度，用缝线穿过支架末端的小孔，将支架与绵羊臀部的毛紧紧地绑在一起。后来将这种支架改进成塑料的勺子形支架，用同样方法进行固定，或者用尼龙固定带进行固定。也可用长针将一根粗缝线在阴门外侧绕着阴门缝合一圈，尽量将缝线留在动物的皮下，在线头线尾汇合处适当拉紧缝线打结。

早期整复和固定脱出的组织，对于防止外伤、维持妊娠非常重要。

就目前的研究结果来看，由于人们对本病的发生是否具有遗传性感到担忧，因此对发生阴道脱出的动物进行繁殖是不明智的。毫无疑问，常年坚持淘汰病畜是控制此病的有力措施。子宫颈和阴道脱出的复发率变化很大，在 3.6%~72%。

第四节 弓形虫病

刚地弓形虫（*Toxoplasma gondii*）感染是导致绵羊流产的重要原因之一，

研究表明，本病可引起包括绵羊在内的多种家畜的早期孕体死亡、流产、死产和弱胎，而且广泛分布于动物群体和人群。未孕绵羊感染弓形虫后呈现典型的温和的及隐性感染，但在妊娠期感染时往往会导致孕体疾病，感染时的妊娠阶段也影响疾病的过程和性质。

本病的病原弓形虫具有复杂的生活史，包括发生在任何哺乳动物和鸟类的无性繁殖周期和仅能在猫和野生猫科动物中完成的有性繁殖周期。在猫科动物，弓形虫是在小肠上皮细胞中繁殖，所以，卵囊一般可在 8d 左右从粪便排出；在此期间可以排出数以千计的卵囊。卵囊排出后数天内形成孢子，之后被绵羊摄入体内。

一、流行病学

弓形虫病主要的传播媒介是猫及其野生猫科动物。具有传染性的弓形虫卵囊可在牧草、饲料或垫草中存活达 2 年以上。当幼猫第一次开始捕食时，即可通过粪便感染弓形虫病，因此通过粪便传递卵囊。虽然研究表明，弓形虫可存在于试验性及自然感染的公羊的精液中，但母羊在配种时感染不太可能会引起流产。在急性感染期，弓形虫也可通过乳汁传播，而羊群中从流产母羊的横向传播重要性不大，然而由患病母羊产下的活羔羊可能存在先天性感染。一般 200 个卵囊就可感染一只母羊，而猫的 1g 粪便中大约含有 100 万个卵囊。一旦摄入的孢子在动物体内扩散，它们可穿过小肠散布于各个器官形成组织囊肿，并在 5~12d 后出现发热反应，同时出现虫血症（parasitaemia）。动物机体在摄入弓形虫卵囊后 10d 左右，即可在子宫肉阜（uterinecaruncular septa）中检出弓形虫，10~15d 可在胎盘滋养层细胞检出；30d 后形成弓形虫特异性胎儿抗体。

感染后一般认为绵羊会终生保持持续感染状态，对弓形虫会具有免疫能力。

二、临床症状

感染弓形虫后对繁殖的影响取决于感染发生时的妊娠阶段。如果在妊娠早期，即妊娠后 60~70d 前感染，通常会发生胎儿吸收，母畜返回发情或空怀。与母羊地方性流产不同的是，在对羊群筛查或在产羔期间检查时可发现，许多未观察到流产的母羊是空怀的。虽然发生早期孕体死亡，但是如果公羊仍然随群且繁殖季节尚未结束，则母羊能够受胎，而且具有很好的免疫力。妊娠中期感染弓形虫病时，可导致流产或胎儿干尸化。发生胎儿干尸化时，只有双胎或三胞胎中的一个可能发病。妊娠 120d 发生感染通常会引起死产、弱胎或产出非正常羔羊。

胎盘，尤其是子叶的肉眼可见变化是刚地弓形虫病非常典型的病变。子叶由亮红变到暗红色，表面有许多直径 1~3mm 的白色坏死灶（所谓“霜草莓样病变”，frosted strawberries）。这些结节可分散存在，也可由于数量很多而聚集分布，但有时子叶正常。

三、诊断

本病的主要特点是母羊空怀、流产、死产、胎儿干尸化和羔羊孱弱。胎盘的外观具有诊断价值。

采集含有白色结节的子叶病料，涂片用吉姆萨或 Leishman 染色，进而可确诊。另外，证实寄生虫存在时，应采集子叶，做组织切片。对大脑进行检查，尤其是在出生后不久就死亡的羔羊，可能会发现神经胶质细胞病灶和脑白质软化症（leucoencephalomalacia），这些都是感染弓形虫病的特征变化。同样，也可对子叶组织切片进行免疫荧光染色。

对母体血清可以通过一系列血清学试验进行检测，且能获得令人满意的结果，这些试验包括萨宾和费尔德曼的染色试验（dye test of Sabin and Feldman）、间接荧光抗体试验（IFA），放射免疫测定和酶联免疫吸附试验（ELISA）。酶联免疫吸附试验可以改进后用来检测体液中抗弓形虫的免疫球蛋白 G。目前已经建立了间接血凝试验（indirect hemagglutination test，IHA），其试剂盒可用于兽医的工作实验室。单个血清样本中如果抗体效价升高，则说明以前感染过弓形虫病。但如果抗体效价持续数年一直很高，则很难对这种母羊的血清学检测结果进行解释，而采集双份血清可能对结果的解释具有意义。如果间隔 14d 后再次采样，其抗体效价升高，则说明存在进行性的感染。感染的羔羊存在乳前抗体，可对胸膜液、心包液、腹膜液或羔羊血清进行血清学检查。如果只能采集初乳后的样本，则必须测定 IgG 和 IgM 抗体。

四、治疗和防控

妊娠期间，饲料中以每只动物每天 15mg 的剂量添加莫能菌素进行化学预防（chemoprophylaxis）能有效抑制绵羊弓形虫感染。抗球虫药地考喹酯（decoquinate）以每天每千克体重 2mg 给药，也可以有效抑制妊娠母羊摄入弓形虫卵囊后的发病。这两种药物如果在母羊遇到感染时使用，而不是在建立感染之后使用，效果最好。

在弓形虫病的急性期，可以用磺胺类药物对母羊进行治疗，可以使用的磺胺药物如甲氧苄啶（trimethoprim），但其比较昂贵。近来的研究表明，磺胺二甲嘧啶（sulfamethazine）和乙胺嘧啶（pyrimethamine）配伍使用，可用于治疗人弓形虫病。

尽管在流产母羊确实不存在横向传播弓形虫的危险，但是在流产暴发的早期阶段应隔离流产母羊，因为此时也可能存在有其他的传染性因素。

已经流产的母羊对弓形虫病将获得免疫力，因此仍可继续留在羊群中。在繁殖季节开始前，应尽可能早使新加入的羊只接触到污染的饲料或垫草的卵囊，以暴露到可能的感染中获得免疫力。

有人采用刚地弓形虫 S48 株活的速殖子研制了一种有效的疫苗（Toxovax，Intervet，UK）。母羊羔在 5 月龄时接种这种疫苗，母羊和周岁羊应在配种前 4 个月接种；妊娠期母羊不能接种疫苗。近来的研究表明，接种疫苗后 18 个月时，由 S48 速殖子疫苗产生的保护度与在 6 个月时一样好。制造商声明在使用该疫苗后，4 周内不能使用其他活苗。

五、传播途径及发病机制

毋庸置疑，弓形虫病主要的传播媒介是猫和为猫有关的野生动物。这些动物在粪便中排出卵囊，污染牧场、饲草、饲料等。幼猫和具有繁殖能力的成年猫是主要传染源，牧场上成年不育猫是非常有用的，因为它们不仅降低了害虫的水平，还赶走了野猫。应该保护饲草料以防被猫的粪便污染。野生啮齿类动物，尤其是鼠类，是猫感染的主要来源。

妊娠期以外感染的母羊可以获得较好的免疫力。后备母羊在购入后应尽早暴露于草场环境，使其在配种前摄入卵囊，以获得免疫力。

刚地弓形虫也可以影响人类，但通常不会出现临床症状。但在妊娠期首次被感染的孕妇例外。胎盘和胎儿感染会对未出生的婴儿造成严重伤害。其他风险人群包括患免疫抑制性疾病的人群，这类人与孕妇一样，都不应该在产羔季节入场工作。

第五节　弯曲杆菌病

在英国，弯曲杆菌（*Campylobacter*）是引起绵羊流产的第三大主要原因，也是新西兰绵羊造成流产的最常见的原因。胎儿弯曲杆菌（*C. fetus fetus*）和空肠弯曲杆菌（*C. jejuni*）均可引起母羊流产，其中前者是分离到的主要病原菌，青年母羊最常发。

一、流行病学

母羊感染弯曲杆菌病（campylobacteriosis）后通常无临床症状，但可随粪便排出病原菌。空肠弯曲杆菌主要来自野生动物，而胎儿弯曲杆菌则来自带菌绵羊。牛的感染途径主要是通过交配传播，而绵羊则不同，主要是由肠道摄入。一旦发生流产，则可横向传播给其他易感妊娠母羊。弯曲杆菌在寒冷、潮湿的环境下易于生存，但在炎热、干燥的条件下则很快死亡。本病唯一的临床症状是流产，且通常发生在妊娠期的最后 6 周，妊娠足月的羔羊可在产出时死亡或体质虚弱。母羊除外阴肿胀和流出淡红色分泌物外，几乎不表现其他临床症状。母羊流产后可发生子宫炎，有些母羊可发病甚至死亡。流产时排出的物质均具有感染性。母羊在妊娠不足 3 个月时感染此病常无影响。若妊娠 3 个月以上发生感染，则可发生菌血症，主要的损害是引起胎盘炎。若在妊娠末期发生感染，则可在感染后 1～3 周内流产。羊群首次感染时，流产率可达 5%～50%，感染后具有较强的免疫力，但这种免疫力呈血清特异性。无症状的带菌羊可排菌长达 18 个月。

二、诊断

胎盘发炎，胎儿子叶水肿、坏死；子叶间胎膜水肿、充血，并且略不透明。但是这些并不是弯曲杆菌病的特征性病理变化。刚流产的胎儿看起来新鲜，无任何特异性的肉眼可见的病理变化，但在约 25% 的流产胎儿的肝脏上会出现直径 10～20mm 的灰色圆形坏死灶。

对胎盘和胎儿胃内容物，或来自胎盘、胎儿胃或肝脏的培养物制备的涂片进行革兰氏染色或改良齐尔—尼尔森染色，可鉴定出病原体。血清学鉴定无实际意义。

三、治疗与防控

一旦怀疑患有弯曲杆菌病，应将流产母羊与妊娠母羊隔离。如果可能发生了广泛的横向传播，妊娠母羊应该肌内注射青霉素 30 万 IU 和双氢链霉素 1g 治疗，连用 2d。

当弯曲杆菌病确诊后，可将流产母羊和已经产羔的母羊混养，以刺激产生较强的免疫力。本病是一种自限性疾病，因此感染羊群中的大多数母羊，不管它们是否发生过流产，均可在第一年获得免疫力。这种后天获得性免疫一般可以持续 3 年，在大多数情况下，正好与期望的母羊的繁殖年限相等。

羊群应保持封闭状态。购入的母羊应尽可能地与原有母羊在妊娠中期以前混养，在妊娠末期分开饲养，单独产羔。

在美国、新西兰、澳大利亚和欧洲，利用弯曲杆菌最流行的血清Ⅰ型和Ⅴ型制备的二价福尔马林佐剂灭活疫苗已经投入使用，两种疫苗可间隔15~30d注射，可在繁殖季节之前或妊娠前半期注射。母羊的免疫力大约持续3年，但后备母羊必须进行疫苗注射。有研究表明，在羊群暴发弯曲杆菌病早期，对所有维持妊娠的母羊进行疫苗接种是非常有必要的。因为疫苗注射以后10~14d才会产生免疫效果，因此进行早期诊断是绝对必要的。

由于弯曲杆菌病是一种共患传染病，因此母畜流产的胎儿及分泌物必须做销毁处理。避免感染妊娠3个月以上的绵羊，以及可能成为传播宿主的野生动物。

第六节　沙门氏菌病

多种血清型的沙门氏菌可引起绵羊流产，其中包括：绵羊流产沙门氏菌（*Salmonella abortusovis*）、鼠伤寒沙门氏菌（*S. typhimurium*）、都柏林沙门氏菌（*S. dublin*）及蒙得维的亚沙门氏菌（*S. montevideo*）。有时，偶尔也可以分离到外来菌株，这经常与输入的异体蛋白有关。

一、流行病学

多种动物，包括人类，都可成为传染源，在妊娠早期造成母羊空怀，在妊娠后期造成流产、死产或弱羔。根据血清型不同，感染母羊可能患病或造成母羊和羔羊巨大的灾难性损失。同时，已康复的母羊可能成为隐性带菌者。

二、临床症状

本病的症状随病原体的血清型差异而不同，现总结如下。

1. 绵羊流产沙门氏菌（*Salmonella abortusovis*）

该菌是宿主专一性菌株，曾在英格兰西南部普遍流行，但现在已很少能分离到。病羊很少出现临床症状，但通常在妊娠期的最后6周发生流产。隐性带菌羊通常是隐性传染源。

可以观察到羔羊出现两种不同的临床症状：一是出生时羔弱，生后数小时内死亡；二是出生时健康，但突然发病，并在出生后10d内死亡。

2. 蒙得维的亚沙门氏菌（*S. montevideo*）

该菌在苏格兰东南部多年来一直是主要问题。除了造成流产外，该菌感染后很少有其他全身症状。据报道，1982 年严冬，11 500 只繁殖母羊中流产率达 10.1%。恶劣的天气，伴随长期的冷应激，必须将这些羊只聚集在一起，以便尽早供给饲草料。这些工作使问题更加复杂化，如造成水源污染，导致下游的动物感染。但最终调查研究表明，海鸟在沙门氏菌病的传播方面起着非常重要的作用。蒙得维的亚沙门氏菌病没有像感染鼠伤寒沙门氏菌和都柏林沙门氏菌那么严重，出生后存活幼羔的腹泻也并非是本病的典型特征。

3. 鼠伤寒沙门氏菌（*S. typhimurium*）

感染该菌后，绵羊的临床症状完全与上述的不同。病羊常见厌食，发热（高达 41℃）和严重腹泻。阴道分泌物具有恶臭气味，患有败血症或严重脱水的病例可能在 6~9d 内死亡。有些羔羊出生时即死亡，有些出生后存活的羔羊表现出腹泻等严重症状，死亡率较高。这经常给母羊带来严重的损失。大量的研究表明，鼠伤寒沙门氏菌病经常在一些应激后发生，如合群之后，在严寒的冬天剪毛、舍饲以及注射疫苗等。

4. 都柏林沙门氏菌（*s. dublin*）

母羊和羔羊感染该菌后的临床症状通常不如感染鼠伤寒沙门氏菌后的严重。死亡常由菌血症或脱水所引起，但死亡率通常很低。

三、诊断

但得强调的是，除绵羊流产沙门氏菌外，其他沙门氏菌引起的沙门氏菌病为共患病，因此在处理感染材料时要特别小心。

①患病母羊的临床症状为腹泻、发热；在流产前或流产时阴道会排出恶臭分泌物；②出生后存活下来的羔羊可能患有严重败血症或肺炎等疾病，尤其是被鼠伤寒沙门氏菌和都柏林沙门氏菌感染时尤为严重；③从胎儿胃内容物、胎盘组织或阴道分泌物的培养物可鉴定到病原菌。另外，也可采用荧光抗体技术对上述组织的病原体进行快速诊断；④可用血清学试验诊断绵羊流产沙门氏菌感染。

四、感染及发病机理

绵羊流产沙门氏菌具有宿主特异性，往往通过感染羊只传入羊群。沙门氏菌的其他菌株不具有宿主特异性，一般都是通过污染的饲料、水、野鸟或其他感染的畜禽而感染。一旦沙门氏菌病得以建立，将会通过摄入污染的垫料、饲料或水而快速传播。留在羊群中的隐性带菌者总是一个威胁，它可成为持久的传染源。

蒙得维的亚沙门氏菌主要感染绵羊，并且在英国的绵羊生产中形成了一种地方流行性病。在屠宰场，全年可从羊肠系膜淋巴结中分离到该菌株，因此，在羊群之间年复一年发生携带性传染。

五、治疗和控制

①控制蒙得维的亚沙门氏菌病的许多基本原则也适合于控制其他类型的沙门氏菌；②隔离感染且已流产或腹泻的绵羊，并用对沙门氏菌敏感的抗生素进行治疗，从而限制病原体的排出；③将流产母羊与将要产羔的母羊分开饲养；④如果鸟类是本病的传染源，当料槽不用时把它翻过来；有规律地改变饲喂地点，并避免在地上饲喂；⑤避免羊群内的应激情况，如频繁地驱赶，确保羊只能自由采食，提供足够的料槽，避免抢食；⑥尽量阻止羊只饮用溪水和沟渠水，最好通过水管供给新鲜水。

第七节　李斯特菌病

李斯特菌在许多家畜广泛分布，尤其是反刍动物，在英国大约2%的绵羊流产是由李斯特菌引起的。引起绵羊致病的李斯特菌有两株，即单核细胞增生性李斯特菌（*L. monocytogenes*）和绵羊李斯特菌（*L. ivanovii*）。该病以脑炎、流产、腹泻和败血症、角膜结膜炎、虹膜炎和乳房炎及新生羔羊败血症及死亡为主要特征。

一、流行情况及症状

近年来，李斯特菌病（listeriosis）在英国的发生率一直呈上升趋势，脑炎是其最常见的表现形式。李斯特菌脑炎的神经症状主要是转圈，一侧性面神经麻痹，头向一侧倾斜，做转圈运动。单核细胞增生性李斯特菌和绵羊李斯特菌都可以引起绵羊的流产，虽然流产可发生在任何阶段，但最常发生于妊娠后期。最初，绵羊体温升高。发生流产时并没有任何明显的特征，排出胎儿后也未见典型并发症，胎儿可能会发生自溶。羔羊出生时通常很虚弱，羔羊的肝脏上可见灰色或白色的坏死灶（所谓的“锯末肝”，sawdust liver）。胎盘绒毛出现坏死，绒毛膜上覆盖有红褐色渗出物；可见大量深褐色的阴道分泌物，因子宫炎和败血症死亡的母羊很少见。

李斯特菌病的几种表现形式可能在羊群中同时出现。暴发时，开始饲喂青贮饲料2d后即出现腹泻和败血症，尽管停饲青贮饲料，但是4周后仍然发生脑炎，随后发生流产。这些症状很少在同一母羊上出现，而且神经症状和流产很少同时发生。

二、诊断

根据从阴道拭子、胎膜或胎儿及胎儿肝脏的病变部位分离到的病原，可对本病作出诊断。

采用荧光抗体技术进行诊断，并且使用肝脏坏死灶接种小鼠，以及在接种兔后出现角膜炎可用于辅助诊断。

三、治疗

本病的病原体对许多抗生素都很敏感，因此如果给已经流产及有阴道分泌物的母羊用抗生素进行治疗，均可获得明显的效果。

四、传播和发病机制

单核细胞增生性李斯特菌在环境中普遍存在，经常见于土壤，也可在饲草及健康动物的粪便中分离到。土壤是最主要的传染源，尤其是饲喂了发酵不好的被土壤污染了的青贮饲料后可诱发本病。绵羊可能经常暴露到感染，但据推测可能还需要其他因素才能诱导李斯特菌病临床症状的出现。在妊娠后期母羊摄入病原菌后，其可穿过肠黏膜而感染胎儿，引起败血症及胎盘炎，这两者均可致死胎羔，最终发生流产。

五、控制

所有的流产母羊均应隔离，同时彻底清理流产地点。

随着给绵羊饲喂青贮饲料的增加，特别是将青贮饲料做成圆捆进行储存时，各种形式的李斯特菌病发病率急剧上升。调查显示，10%的羊群发生李斯特菌病，而其中的80%是由饲喂青贮饲料而引起。所以在生产青贮饲料时，应建立良好的条件，防止李斯特菌的繁殖。提出以下建议。

①使用添加剂以降低青贮饲料的pH值：制作pH值小于5的高质量青贮饲料，避免大量的土壤污染（每千克干物质灰分含量超过70mg），例如避开土丘或者不要把牧草收割机放得太低；

②压垛与封闭同一天进行，确保圆捆密封、不漏气；

③避免饲喂闻起来明显发霉及变质的青贮饲料，以及取自圆捆顶端及四周的青贮饲料；撤掉48h后绵羊还未吃完的青贮饲料；

④在每年都发生李斯特菌病的农场，建议家畜不要在准备生产青贮饲料的牧场放牧。李斯特菌病也是一种人畜共患病，因此具有公共卫生隐患。

第八节　边界病和钩端螺旋体病

一、边界病

边界病（border disease）最早是20世纪50年代在英格兰和威尔士的边界地区首先发现的，感染的新生羔羊表现神经症状，如战栗、被毛粗乱［所谓的“被毛摇动者（hairy shakers）”］，而且羔羊虚弱，死亡率高。此后，在英国的其他地方也相继发现该病。研究表明，这种疾病也可引起繁殖失败。

1. 病原学

这种疾病是由一种瘟病毒（pestivirus）引起的，与引起牛病毒性腹泻（bovine viral diarrhea，BVD）和欧洲猪瘟（european swine fever）的病毒相似。

2. 临床症状

关于羔羊的临床症状文献报道很详细，称作“被毛摇动者”或“茸毛羔（fuzzy lambs）”。在成年母羊上，感染常导致中等程度的发热，常常未能诊断而痊愈。但是，如果母羊已经处于妊娠期，则其后果取决于胎儿发育的阶段；病毒感染胎儿后可引起胎儿死亡而发生胎儿干尸化，流产；或者在胎儿期的早期感染，可引起胎儿死亡而被吸收，或者生出很虚弱的已感染的胎儿。流产可以发生在妊娠的任何阶段，但最常发生在妊娠90d左右，而且常常排出棕色干尸化的或全身水肿的胎儿。在妊娠的头60d，孕体对试验性感染本病很敏感，如果感染发生在早期，唯一的临床症状可能就是空怀。在妊娠的60～80d胎儿可对抗原刺激产生反应，之后可在羔羊检查到其他征象。

3. 诊断

根据羔羊的临床症状，结合羔羊脑和脊髓的病理组织学检查及从羔羊分离到的病毒或荧光抗体染色技术，可对本病作出诊断。通常在胎盘上看不到明显的病变。参照羊群中其他羊只的抗体水平，对流产或空怀母羊进行血清学检查，也可以作出诊断。

4. 传播途径

其他动物的瘟病毒在实验条件下也可以引起绵羊的边界病，因此在家畜中，尤其牛及山羊也是潜在的传染源。

但是边界病最有可能的传染源还是边界病康复后被引入羊群的母羔羊。这些个体虽然外表很健康，但可在很长一段时间内缓慢向外排毒。尽管这些个体生育力降低，但仍可生出感染的后代，而这些后代本身就是一种传染源。一些雄性羔羊可以通过精液排毒，它们的生育力降低可能与其睾丸小而软有关。

5. 治疗和防控

目前对本病尚无有效的治疗方法，也没有好的商用疫苗。控制该病的最好方法是确保羊群封闭，从而防止病原传入。一旦羊群发病，重要的是在暴发的早期尽力将妊娠母羊与已经产出有临床感染症羔羊的母羊隔离。同时，为了确保未妊娠的母羊获得免疫力，应将它们暴露在感染环境中。从感染羊群中存活下来的所有羔羊都不能留作种用，应当屠宰，从而不再使隐性带毒者留存下来。

二、钩端螺旋体病

钩端螺旋体病（leptospirosis）发生于妊娠后期和产后期早期，给牧民带来极大的损失。在英格兰和威尔士，从 188 个分散的羊群中采集的 3 722 份成年绵羊的血清中，总共有 6.4%含有抗钩端螺旋体哈德焦血清型（leptospira interrogans serovarhardjo）的抗体。

钩端螺旋体病一般发生在绵羊的两个出现生理性免疫抑制的时期，即母羊产羔前两周和羔羊出生后的第一周。

1. 流行病学和传播

在进行传统管理的山地羊群中见不到本病，但是当这些羊群被购入而作为密集养殖和舍饲的低地后备羊时就会发病。繁殖损失一般发生在第一个产羔期，但是在随后各年度不会再发生。对于绵羊是否为这种感染的维持（maintenance）宿主以及是否需要牛作为已建立的感染的维持宿主参与本病的发生，目前还一直存在争议。无论如何，人们一致认为在控制本病时，减少绵羊和牛的接触是一种很好的措施。

2. 临床症状

成年母羊的临床症状主要是以妊娠后期的流产、死产、产出弱羔为主要形式的繁殖损失。1981—1987 年在北爱尔兰 Stormont 检测的 872 只流产的羔羊中，共有 17%是感染钩端螺旋体，主要是哈德焦血清型。也从患有脑膜炎的羔羊脑内分离到哈德焦型钩端螺旋体（*L. hardjo*）。

3. 诊断

发生流产、死产和孱弱羔羊的病例，可根据从流产胎儿或胎膜分离到病原体进行初步诊断，通过对相同组织或胎盘的荧光抗体检测技术检测到病原体的存在，或根据平行血样中抗体滴度的升高进行确诊。

4. 控制

可通过注射疫苗预防本病，可在配种前按照牛用剂量的 1/4 注射哈德焦型钩端螺旋体疫苗，2~4 周后相同剂量重复注射一次。

暴发流产时，对尚未流产的母羊按 25mg/kg 的剂量一次注射双氢链霉素进行治疗。

第九节　布鲁氏菌病和蜱传热

一、布鲁氏菌病

绵羊可感染马尔塔布鲁氏菌（*Brucella melitensis*）和羊布鲁氏菌（*B. ovis*）。前者在许多地中海国家、非洲和中美洲呈地方流行性，但在英国未发生过。后者在东欧的部分地区、南非、美国的西部各州、新西兰和澳大利亚有过报道，在英国也未曾发生过。在我国，布鲁氏菌主要有 3 种类型，分别为牛型、羊型、猪型，其中羊型对人的致病性最强，而且发病率也最高，其次为牛型。

1. 流行病学和传播

由马耳他布鲁氏菌引起的布鲁氏菌病是山羊和绵羊的主要疾病，但也可感染其他动物，包括人类（马耳他热，malta fever）。此病通过直接摄入流产产物或被感染的奶而传播。

羊布鲁氏菌主要对公羊产生影响，它可以引起附睾炎进而导致不育或绝育。试验性感染母羊后，病原体可以引起胎盘炎，之后在妊娠后期发生流产或产出弱羔。但是，在牧场条件下很少出现流产。据学者报道，即使确实发生流产，发病率也很低（7%~10%）。如果母羊以前与感染公羊交配过，其他公羊通过与这些母羊交配也可发生感染，而这些母羊本身却不会通过性途径被感染。母羊发生感染的途径目前还不太清楚。最近有报道认为，羊布鲁氏菌具有宿主特异性，然而发现阉割公羊感染后表现的临床症状和正常公羊相似。阉割过的公羊可以通过已感染的公羊或其他感染的阉割公羊而感染。

2. 典型症状与病变

病羊一般呈隐性经过，不表现症状。怀孕羊的主要症状是流产，流产多发生在怀孕的后期（3~4 个月）。在流产前体温升高，精神沉郁，食欲减退，由阴道排出黏液或带血的黏液性分泌物。流产的胎儿多数死亡，成活的则极度衰弱，发育不良。流产胎儿呈败血症变化，浆膜和黏膜有出血斑点，皮下出血、水肿。胎衣水肿、增厚，呈黄色胶冻样，甚至有纤维素及脓液附着。肝脏可见坏死灶。流产母羊呈化脓、坏死性子宫内膜炎变化，黏膜表面可见污浊的脓液和黄白色坏死物。有时病羊因发生慢性关节炎而出现跛行。公羊可发生化脓、坏死性睾丸炎、附睾炎，睾丸明显肿大，切面可见淡黄色化脓、坏死灶。也可见精索增粗、肿胀等变化。

3. 诊断要点

根据流产与流产胎儿、胎衣等病变，可怀疑本病。依据细菌学检查、血清学检查和变态反应检查才能确诊。虎红平板凝集试验是较简易的血清学检查法，被检血清与虎红平板抗原各 0.03ml 滴于玻片，混匀，看有无凝集反应。绵羊和山羊的大群检疫，也常用血清平板凝集试验和变态反应检查。

4. 防治措施

本病以预防为主，一般不予治疗。发病后用试管凝集或平板凝集反应对羊群进行检疫，发现呈阳性和可疑反应的羊及时淘汰。对被污染的用具和场地等进行彻底消毒。流产胎儿、胎衣、羊水和产道分泌物要深埋。凝集反应阴性羊用冻干布鲁氏菌猪 2 号弱毒苗（采用注射法或饮水法）、冻干布鲁氏菌羊 5 号弱毒苗（采用气雾免疫或注射免疫，在配种前 1~2 个月进行为宜）或布鲁氏菌 19 号弱毒苗（仅用于绵羊）进行免疫接种。如欲治疗，可用土霉素、金霉素、链霉素及磺胺类药物等。

5. 诊疗注意事项

本病为人兽共患传染病，畜牧与兽医人员在饲养管理、接羔和防疫等工作中应注意严格消毒和个人防护。

二、蜱传热

蜱传热（tick-borne fever）仅限于羊蜱蝇（*Ixodes ricinus*）发生的地区。本病在英格兰西南部、苏格兰、斯堪的那维亚、荷兰和南非都有报道。

1. 症状及诊断

以前无蜱接触中的成年绵羊，在妊娠后期感染蜱传热后可发生自然流产，通常在发热开始后的 2~8d 流产，体温升高时可高达 107°F（41.7℃）。部分妊娠母羊会发生死亡。有些胎儿可死于子宫内，胎儿干尸化，在数周后排出。未妊娠母羊的康复过程一般都比较平静。

本病可通过鉴定已经流产或者是在败血症期母羊白细胞中病原体作出确诊。

2. 治疗

对本地其余羊群可用土霉素进行治疗。

3. 控制

能够生存下来的感染母羊可产生免疫力，而来自蜱感染区域的大部分绵羊从小就获得了免疫力。对新购入而对环境还未适应的羊只应该在配种前投入农场，最好是在蜱的数量达到最高时投入。也可通过采取合适的药浴方式控制蜱的数量。

值得注意的是，在繁殖季节，公羊首次感染蜱传热时，由于精液的质量下降，可导致其长达数月的生育力降低。

第十节 蓝舌病

蓝舌病病毒（blue tongue virus，BTV）可能起源于非洲大陆，在非洲大陆其已经适应于以脊椎动物和无脊椎动物为宿主。多年来人们一直认为该病毒主要限于非洲大陆中部，但在20世纪40年代中期，病毒扩散到地中海周边的北非国家、塞浦路斯和土耳其等国家。蓝舌病于1948年首次在美国的得克萨斯州确诊，1960年时，在美国的11个州都有本病存在，而且在牛、绵羊、山羊和野生反刍动物等均诊断出本病。

1956年，欧洲首次报道发生蓝舌病，当时在葡萄牙的发病见于牛和绵羊，随后又在西班牙发生。2006年夏末和秋季，欧洲的西北部暴发绵羊和牛的蓝舌病，至2007年1月，报告共发生2 056例，2007年9月英国首次报道发生蓝舌病。蓝舌病是由蓝舌病病毒所引起，经库蠓（*Culicoides*）传播，可感染所有反刍动物，特别是绵羊感染后特别严重。在一些野生反刍动物，如白尾鹿等也有感染。欧洲暴发的蓝舌病是由蓝舌病病毒8型血清型感染所引起，此前欧洲并没有检测到该病毒型。病毒的传播媒介为库蠓（*Culicoides dewulfi*）。有些欧洲绵羊品种比其他品种更容易感染蓝舌病。蓝舌病在气候温暖的地中海国家流行过一段时间，在这些地方，库蠓能够越冬，病毒也可在宿主内存活更长的时间。

一、流行病学

本病的发生与蓝舌病病毒、传播媒介与反刍动物宿主之间的关系密切相关，它们之间的相互作用及后果则取决于气候因素，特别是温度。蓝舌病不能通过直接接触而传播，只能通过一些种类的蚊虫叮咬传播，病毒也可通过对羊群进行免疫接种时的针头而传播。在蓝舌病流行病学上，牛是很重要的，而且牛是蓝舌病感染的主要储毒畜主，其可表现病毒毒血症（viraemic）长达100d。

二、临床症状

蓝舌病的症状主要是由于血管内皮广泛损伤所引起，病畜可表现高热，由于冠状动脉带（coronary band）出血而发生跛行，由于鼻口部、舌、口腔黏膜等充血而流涎。可见舌头发紫或发蓝，因此称为蓝舌病。到2006年10月底，比利时暴发的蓝舌病在绵羊上的死亡率达1.35%。羊群一旦感染蓝舌病，可使其受胎率下降，妊娠母羊感染后可发生繁殖失败，主要表现为早期孕体死亡、流产、胎儿干尸化，产出死胎及畸形胎儿，胎儿可能失明或无法站立。公羊感染后可造成暂时性不育。

一般说来，山羊发生本病时较为轻微，往往被忽视；牛表现亚临床症状，5%左右的感染牛表现轻微的临床症状。

三、诊断

可采用各种血清学试验检测病毒抗体；也可从血液或淋巴组织分离病毒。

四、防控

蓝舌病没有特定的治疗方法，必须进行对症治疗。对于蓝舌病，动物可以获得终身免疫，这种免疫力为血清型特异性，与其他血清型之间无交叉保护。

目前已经成功研制出血清型特异性疫苗，用于绵羊可降低发病率和死亡率。

对于蓝舌病，最重要的控制措施是限制反刍动物的转移。如继2006年欧洲暴发蓝舌病以来，英国限制了从欧洲发病国家引进动物并限制这些国家的动物从本国过境。引进反刍动物时，必须对其到达目的地后进行7～10d的检疫。

第十一节　妊娠毒血症和Q热

一、妊娠毒血症

羊的妊娠毒血症是母羊妊娠末期多见的一种代谢障碍性疾病。临床病理特征为低血糖、酮血症、酮尿症、虚弱和瞎眼。多发于怀双羔、三羔或胎儿过大的奶山羊和绵羊。

1. 病因

本病的病因不明。一般认为母羊怀双羔、三羔或胎儿过大时需要消耗大量的营养物质，可成为本病的诱因。气候恶劣、天气突变、天气寒冷、环境改变、缺乏运动和母羊营养不良等，也可诱使本病的发生。

2. 典型症状与病变

症状常在妊娠最后 1 个月，特别是产前 10~20d 出现。各品种的母羊在怀第二胎及以后妊娠时均有可能发生。病初精神沉郁，食欲减退，但体温正常。以后，结膜黄染，食欲废绝，磨牙，反刍停止，视力明显减退，出现神经症状，呼吸浅快，呼出的气体有丙酮味。严重时病羊倒地，震颤，昏迷，多在 1~3d 死亡。血液学检查时主要表现为低血糖，高血酮和低蛋白血症，淋巴细胞和嗜酸性粒细胞减少。尿液酮体呈强阳性。肝、肾明显肿大，色黄，质脆易碎，切面有油腻感。组织上，实质细胞尤具肝细胞严重脂肪变性，甚至坏死。肝细胞被大小不等的脂肪滴所占据。

3. 诊断要点

根据症状、孕期饲养管理及血液，尿液检查结果，可做出诊断。死后可作组织学检查。

4. 防治措施

本病预防的关键是要合理搭配饲料，保证母羊所必需的糖、蛋白质、矿物质和维生素。一般从妊娠第 2 个月开始适当增加精料量，从产前第 2 个月起，每日供给精料 250g，至产前 2 周，每日精料量增至 1kg。在怀孕期间，应提供专门的营养和管理，要避免妊娠羊过于消瘦或肥胖，避免饲喂制度的突然改变，并且要增加运动。

治疗可采用以下方法：

①每只羊用 25%~50%葡萄糖液 150~200ml，维生素 C 0.5g，一次静脉注射，1d 2 次。也可结合应用类固醇激素治疗，如胰岛素 20~30IU，肌内注射；

②每只羊用氢化可的松 75mg 和地塞米松 12mg，肌内注射，同时静脉注射葡萄糖及钙、磷、镁制剂；

③以肌醇作祛脂药，促进脂肪代谢，降低血脂，保肝解毒；

④以上方法无效时，应尽快施行剖宫产或人工引产。

5. 诊疗注意事项

本病应注意与羊生产瘫痪相区别。但生产瘫痪多见于高产奶山羊，常发生于产后 1~3d 或泌乳早期，以补钙和乳房送风治疗法有效。

二、Q 热

本病由感染贝氏柯克斯体（*Coxiella burneti*）所引起，虽然在绵羊生产中意义不大，但与英国暴发的数次小规模的绵羊流产有关。Q 热的重要性在于对公共卫生的影响，人感染 Q 热后会出现流感样症状、肺炎和心脏损伤。因此，应该检查流产的羊胎儿，确定病原，以避免人感染本病。显微镜检查时，极易将 Q 热与流产布鲁氏菌（*B. abortus*）和流产亲衣原体（*C. abortus*）相混淆。

发生本病时，胎盘和阴道分泌物严重污染，因此可在分娩期或随后通过产羔区的羊毛和灰尘的气雾颗粒传播，这也是人感染的主要传染源。

参考文献

陈大元，2000. 受精生物学——受精机制与生殖工程［M］. 北京：科学出版社.

陈怀涛，贾宁，2015. 羊病诊疗原色图谱［M］. 第二版 . 北京：中国农业出版社.

陈晓利，郑永富，王杰，等，2017. 超长时间低温保存绵羊鲜精活率和DNA 完整性的比较［J］. 黑龙江畜牧兽医（10）：90-92.

程汉华，周荣家，2007. 早期胚胎的发育选择：性别决定［J］. 遗传，29（2）：145-149.

高庆华，2015. 哺乳动物性别决定和性别控制技术［M］. 长春：吉林大学出版社：93-122.

郭立宏 . 母羊的发情鉴定及发情处理方法［J］. 现代畜牧科技，2017，30（6）：65.

郭志勤，1998. 家畜胚胎工程［M］. 北京：中国科学技术出版社.

侯云鹏，2016. 动物配子与胚胎冷冻保存原理及应用［M］. 第二版 . 北京：科学出版社.

李海静，吕鑫，于杰，等，2016. 发情鉴定方法的研究进展［J］. 黑龙江畜牧兽医（07）：62-64.

李军，金海，2019. 2018 年肉羊产业发展概况、未来趋势及对策建议［J］. 中国畜牧杂志，55（3）：138-145.

李军，金海，2024. 2023 年我国肉羊产业发展概况、未来发展趋势及建议［J/OL］. 中国畜牧杂志：1-12. ［2024-03-09］. https：//doi. org/10. 19556/j. 0258-7033. 20240206-05.

李馨，杨隽，郭志光，1997. 家畜性别控制研究现状与展望［J］. 内蒙古畜牧科学，2：15-18.

卢克焕，2002. 哺乳动物性别控制研究进展［J］. 中国兽医学报，22（4）：411-414.

陆阳清，张明，卢克焕，2005. 流式细胞仪分离精子法的研究进展［J］.

生物技术通报，176（3）：26-30.
桑润滋，2002. 动物繁殖生物技术［M］. 北京：中国农业出版社.
唐杰，方丛，李婷婷，2011. 人早期胚胎解冻后氨基酸代谢变化的研究［J］. 江苏农业科学，4：248-250.
王光亚，1994. 山羊胚胎工程［M］. 杨凌：陕西天则出版社.
王建辰，1998. 动物生殖调控［M］. 合肥：安徽科技出版社.
许惠艳，胡林林，吴胜芳，等，2013. 离心去脂处理对不同发育阶段猪孤雌激活脏胎冷冻保存效果的影响［J］. 中国兽医学报，33（12）：1923-1926.
杨利国，2003. 动物繁殖学［M］. 北京：中国农业出版社.
杨增明，2005. 生殖生物学［M］. 北京：科学出版社：345-346.
赵兴绪，2008. 羊的繁殖调控［M］. 北京：中国农业出版社.
赵兴绪，2016. 兽医产科学［M］. 第五版. 北京：中国农业出版社.
朱士恩，左琴，曾申明，等，2000. 乙二醇为主体的玻璃化溶液对小鼠桑葚胚的超低温保存［J］. 中国实验动物杂志学，10（3）：150-157.
邹宇银，马梦婷，安丹，等，2017. 绵羊鲜精长效保存稀释液海藻糖浓度优化试验［J］. 黑龙江畜牧兽医（7）：107-109.
ABDALLA H，SHIMODA M，HARA H，*et al*，2010. Vitrification of ICSI and IVF-derived bovine blastocysts by minimum volume cooling procedure：effect of developmental stage and age［J］. Theriogenology，74（6）：1028-1035.
ABDEL-HAFEZ F，XU J，GOLDBERG J，*et al*，2011. Vitrification in open and closed carriers at different cell stages：assessment of embryo survival，development，DNA integrity and stability during vapor phase storage for transport［J］. BMC Biotechnol.，11（2）：29.
ABDELHAFEZ FF，DESAI N，ABOU-SETTA AM，*et al*，2010. Slow freezing，vitrification and ultra-rapid freezing of human embryos：a systematic review and meta-analysis［J］. Reprod. Biomed. Online，20（2）：209-222.
ABEYDEERA LR，JOHSON LA，WELCH GD，*et al*，1998. Birth of piglets preselected for gender following in vitro fertilization of in vitro matured pig oocytes by X and Y chromosome bearing spermatozoa sorted by high speed flow cytometry［J］. Theriogenology，50（7）：981-988.
ACHOUR R，HAFHOUF E，BEN AI，*et al*，2015. Embryo vitrification：

First Tunisian live birth following embryo vitrification and literature review [J]. Tunis. Med., 93 (3): 181-183.

AFLATOONIAN N, POURMASUMI S, AFLATOONIAN A, *et al*, 2013. Duration of storage does not influence pregnancy outcome in cryopreserved human embryos [J]. Iran. J. Reprod. Med., 11 (10): 843-846.

AI-HASANI S, OZMEN B, KOUTLAKI N, *et al*, 2007. Three years of routine vitrification of human zygotes: is it still fair to advocate slow-rate freezing? [J]. Reprod. Biomed. Online, 14 (3): 288-293.

AL YACOUB AN, GAULY M, HOLTZ W, 2010. Open pulled straw vitrification of goat embryos at various stages of development [J]. Theriogenology, 73 (8): 1018-1023.

ALLEN W R and STEWART F, 2001. Equine placentation [J]. Reprod. Fert. Dev., 13: 623-634.

AN L Y, CHANG S W, HU Y S, *et al*, 2015. Efficient cryopreservation of mouse embryos by modified droplet vitrification (MDV) [J]. Cryobiology, 71 (1): 70-76.

ANDERSON AR, WEIKERT ML, CRAIN JL, 2004. Determining the most optimal stage for embryo cryopreservation [J]. Reprod. Biomed. Online, 8 (2): 207-211.

BAGIS H, MERCAN H O, KUMTEPE Y, 2005. Effect of three different cryoprotectant solutions in solid surface vitrification (SSV) techniques on the development rate of vitrified pronuclear-stage mouse embryos [J]. Turk. J. Vet. Anim. Sci., 29 (3): 621-627.

BAGIS H, SAGIRKAYA H, MERCAN HO, *et al*, 2004. Vitrification of pronuclear-stage mouse embryos on solld surface (SSV) versus in cryotube: Comparison of the effect of equilibration time and different sugars in the vitrification solution [J]. Mol. Reprod. Dev., 67 (2): 186-192.

BARTLEWSKI PM, BEARD AP, COOK SJ, *et al*, 1998. Ovarian follicular dynamics during anoestrus in ewes [J]. J. Reprod. Fertil., 113: 275-285.

BARTLEWSKI PM, BEARD AP, RAWLINGS NC, 2000. An ultrasound aided study of temporal relationships between the patterns of LH/FSH secretion, development of ovulatory sized antral follicles and formation of corpora lutea in ewes [J]. Theriogenology, 54: 229-245.

BAZER FW, 1992. Mediators of maternal recognition of pregnancy in mammals

[J]. Proc. Soc. Exp. Bio. Med., 199: 373-384.

BAZER FW, THATCHER WW, HANSEN PJ, *et al*, 1991. Physiological mechanisms of pregnancy recognition in ruminants [J]. J. Reprod. Fert. Suppl., 43: 39-47.

BEKER AR, IZADYAR F, COLENBRANDER B, *et al*, 2000. Effect of growth hormone releasing hormone (GHRH) and vasoactive intestinal peptide (VIP) on in vitro bovine oocyte maturation [J]. Theriogenology, 53 (9): 1771-1182.

BRAYMAN M, THATHIAHA and CARSON DD, 2004. MUC1: A multifunctional cell surface component of reproductive tissue epithelia [J]. Reprod. Biol. Endocr., 2: 4.

BURGHARDT RC, JOHNSON GA, JAEGER LA, *et al*, 2002. Integrins and extracellular matrix proteins at the maternal - fetal interface in domestic animals [J]. Cells Tissues Organs., 171: 202-217.

BURTON GJ, WATAON AL, HEMPSTOCK J, *et al*, 2002. Uterine glands provide histiotrophic nutrition for the human fetus during the first trimester of pregnancy [J]. J. Clin. Endocr. Metab., 87: 2954-2959.

CARSON DD, BAGCHI I, DEY SK, *et al*, 2000. Embryo implantation [J]. Dev. Bio., 223: 217-237.

CHANDLER JE, TAYLOR TM, CANAL A, *et al*, 2007. Calving sex ratio as related to the predicted Y-chromosome-bearing spermatozoa ratio in bull ejaculates [J]. Theriogenology, 67: 563-571.

CHARPIGNY G, REINAUD P, TAMBY JP, *et al*, 1997. Expression of cyclooxygenase-1 and-2 in ovine endometrium during the estrous cycle and early pregnancy [J]. Endoerinology, 138: 2163-2171.

CHEN C, SPENCER TE, BAZER FW, 2000. Fibroblast growth factor-10: a stromal mediator of epithelial function in the ovine uterus [J]. Biol. Reprod., 63: 959-966.

CHOI Y, JOHNSON GA, BURGHARDT RC, *et al*, 2001. Interferon regulatory factor-two restricts expression of interferon-stimulated genes to the endometrial stroma and glandular epithelium of the ovine uterus [J]. Biol. Reprod., 65: 1038-1049.

CLINE MA, RALSTON JN, SEALS RC, *et al*, 2001. Intervals from norgestomet withdrawal and injection of equine chorionic gonadotrophin or PG 600 to estrus and ovulation in ewes [J]. J. Anim. Sci., 79: 589-594.

COOPER DN, 2002. Galectinomics: finding themes in complexity [J]. Bioch. Biophy. Acta, 1572: 209-231.

CUI KH, 1997. Size differences between human X and Y spermatozoa and prefertilization diagnosis [J]. Mol. Human. Prod., 3: 61-67.

DAVIS GH, 2005. Major genes affecting ovulation rate in sheep [J]. Genet. Sel. Evol., 37 (supple 1): S11-S23.

DAVIS GH, BRUCE GD, DODDS KG, 2001. Ovulation rate and litter size of prolific Inverdale (FecXI) and Hanna (FecXH) sheep [J]. Proc. Assoc. Adv. Anim. Breed. Genet., 14: 175-178.

DAVIS GH, DODDS KG, BRUCE GD, 1999. Combined effect of the Inverdale and Booroola prolificacy genes on ovulation rate in sheep [J]. Proc. Assoc. Adv. Anim. Breed. Genet., 13: 74-77.

DAVIS GH, DODDS KG, WHEELER R, *et al*, 2001. Evidence that an imprinted gene on the X chromosome increases ovulation rate in sheep [J]. Biol. Reprod., 64: 216-221.

DAVIS GH, GALLOWAY SM, ROSS IK, *et al*, 2002. DNA tests in prolific sheep from eight countries provide new evidence on origin of the Booroola (FecB) mutation [J]. Biol. Reprod., 66: 1869-1874.

DEMARTINI JC, CARLSON JO, LEROUX C, *et al*, 2003. Endogenous retroviruses related to jaagsiekte sheep retrovirus [J]. Curr. Top. Microbiol. Immunol., 275: 117-137.

DUGGAVATHI R, BARTLEWSKI PM, BARRETT DM, *et al*, 2005. The temporal relationship between patterns of LH and FSH secretion, and development of ovulatory-sized follicles during the mid-to late-luteal phase of sheep [J]. Theriogenology, 64 (2): 393-407.

ECKERY DC, WHALELJ, LAWRENCE SB, *et al*, 2002. Expression of mRNA encoding growth differentiation factor 9 and bone morphogenetic protein 15 during follicular formation and growth in a marsupial, the brushtail possum (Trichosurus vulpecula) [J]. Mol. Cell. Endocrinol., 192: 115-126.

EPPIG JJ, 2002. The mammalian oocyte orchestrates the rate of ovarian follicular development [J]. Proc. Natl. Acad. Sci. USA, 99: 2890-2894.

EVANS ACO, FLYNN JD, DUFFY P, *et al*, 2002. Effects of ovarian follicle ablation on FSH, oestradiol and inhibin A concentrations and growth of other follicles in sheep [J]. Reproduction, 123: 59-66.

FABRE S, PIERRE A, PISSELET C, *et al*, 2003. The Booroola mutation in sheep is associated with an alteration of the bone morphogenetic protein receptor-IB functionality [J]. J Endocrinol, 177: 435-444.

FLEMING JA, CHOI Y, JOHNSON GA, *et al*, 2001. Cloning of the ovine estrogen receptor-alpha promoter and functional regulation by ovine interferon-tau [J]. Endocrinology, 142: 2879-2887.

FLYNN JD, DUFFY P, BOLAND MP, *et al*, 2000. Progestagen synchronisation in the absence of a corpus luteum results in the ovulation of a persistent follicle in cyclic ewe lambs [J]. Anim. Reprod. Sci., 62: 285-296.

GALLOWAY SM, MCNATTY KP, CAMBRIDGE LM, *et al*, 2000. Mutations in an oocyte-derived growth factor (BMP15) cause increasedovulationrate and infertility in a dosage-sensitive manner [J]. Nat. Gen., 25: 279-283.

GARLOW JE, KA H, JOHNSON GA, *et al*, 2002. Analysis of osteopontin at the maternal-placental interface in pigs1 [J]. Biol. Reprod., 66: 718-725.

GARNER DL, 2006. Flow cytometric sexing of mammalian sperm [J]. Theriogenology (65): 943-957.

GARNER DL, JOHNSON LA, 1995. Viability assessment of mammalian sperm using SYBR-14 and propidium iodide [J]. Biol. Reprod., 53 (2): 276-284.

GARNER DL, JOHNSON LA, YUE ST, *et al*, 1994. Dual DNA staining assessment of bovine sperm viability using SYBR-14 and propidium iodide [J]. JAndrol, 15 (6): 620-629.

GARNER DL, THOMAS CA, JOERG HW, *et al*, 1997. Fluorometric assessments of mitochondrial function and viability in cryopreserved bovine spermatozoa [J]. Biol. Reprod., 57 (6): 1401-1406.

GERTLER A, DJIANE J, 2002. Mechanism of ruminant placental lactogen action: molecular and in vivo studies [J]. Mol. Genet. Metab., 75: 189-201.

GIANCOTTI FG, and RUOSLAHTI E, 1999. Integrin signaling [J]. Science, 285: 1028-1032.

GILLAN L, MAXWELL WMC, 1999. The functional integrity and fate of cryopreserved ram spermatozoa in the female tract [J]. J. Reprod. Fertil. Suppl., 54: 271-283.

GOLDSMITH HL, LABROSSE JM, MCINTOSH FA, *et al*, 2002. Homotypic interactions of soluble and immobilized osteopontin [J]. Ann. Biomed. Eng., 30: 840-850.

GRAY C, BARTOL FF, TAYLOR KM, *et al*, 2000. Ovine uterine gland knock-out model: effects of gland ablation on the estrous cycle [J]. Biol. Reprod., 62: 448-456.

GRAY CA, BARTOL FF, TARLETON BJ, *et al*, 2001. Developmental biology of uterine glands [J]. Biol. Reprod., 65: 1311-1323.

GRAY CA, BURGHARDT RC, JOHNSON GA, *et al*, 2002. Evidence that absence of endometrial gland secretions in uterine gland knockout ewes compromises conceptus survival and elongation [J]. Reproduction, 124: 289-300.

GROSSFED R, KILINC P, SIEG B, *et al*, 2005. Production of piglets with sexed semen employing a non-surgical insemination technique [J]. Theriogenology, 63: 2269-2277.

GUTHRIE HD, JOHNSON LA, GARRETT WM, *et al*, 2002. Flow cytometric sperm sorting: effects of varying laser power on embryo development in swine [J]. Mol Reprod Dev, 61 (1): 87-92.

HALEZ ESE & HAFEZ S, 2000. Folliculogenesis, Egg maturation, and ovulation [M]. 7th ed. Hafez ESE and Hafez B. Reproduction in Farm Animals. Philadelohia: Lippincott Willams & Wilkins: 68-81.

HANRAHAN JP, GREGAN SM, MULSANT P, *et al*, 2004. Mutations in the genes for oocyte derived growth factors GDF9 and BMP15 are associated with both increased ovulation rate and sterility in Cambridge and Belclare sheep (Ouis aries) [J]. Biol. Reprod., 70: 900-909.

JAINUDEEN MR, WAHID H, HAFEZ ESE, 2000. Ovulation induction, embryo production and transfer [M]. 7th ed. Hafez ESE and Hafez B. Reproduction in Farm Animals. Philadelohia: Lippincott Willams & Wilkins: 405-430.

JOHNSON GA, BAZER FW, JAEGER LA, *et al*, 2001. Muc-1, integrin, and osteopontin expression during the implantation cascade in sheep [J]. Biol. Reprod., 65: 820-828.

JOHNSON GA, BURGHARDT RC, BAZER FW, *et al*, 2003. Osteopontin: roles in implantation and placentation [J]. Biol. Reprod., 69: 1458-1471.

JOHNSON GA, GRAY CA, STEWART MD, *et al*, 2001. Effects of the estrous cycle, pregnancy and interferon tau on 2', 5' -oligoadenylate synthetase expression in the ovine uterus [J]. Biol. Reprod., 64: 1392-1399.

JOHNSON GA, SPENCER TE, BURGHARDT RC, *et al*, 2000. Progesterone modulation of osteopontin gene expression in the ovine uterus [J]. Biol. Reprod., 62: 1315-1321.

JOHNSON LA, WELCH GR, RENS W, 1999. The Beltsville sperm sexing technology: high-speed sperm sorting gives improved sperm output for in vitro fertilization and AI [J]. Anim. Sci., 77: 213-220.

JOHNSON LA, FLOOK JP, HAWK HW, 1989. Sex preselection in rabbits: live births from X and Y sperm separated by DNA and cell sorting [J]. Biol. Reprod., 41: 199-203.

JUENGEL JL, 2000. Gene expression in abnormal ovarian structures of ewes homozygous for the Inverdale prolificacy gene1 [J]. Biol. Reprod., 62: 1467-1478.

JUENGEL JL, 2002. Growth differentiation factor-9 and bone morphogenetic protein 15 are essential for ovarian follicular development in sheep [J]. Biol. Reprod., 67: 1777-1789.

JUENGEL JL, HUDSON NL, WHITING L, *et al*, 2004. Effects of immunization against BMP15 and it GDF9 on ovulation rate, fertilization and pregnancy in ewes [J]. Biol. Reprod., 70: 557-561.

KIM S, CHOI Y, BAZER FW*et al*, 2003. Identification of genes in the ovine endometrium regulated by interferon tau independent of signal transducer and activator of transcription 1 [J]. Endocrinology, 144: 5203-5214.

KIM S, CHOI Y, SPENCER TE, *et al*, 2003. Effects of the estrous cycle, pregnancy and interferon tau on expression of cyclooxygenase two (COX-2) in ovine endometrium [J]. Reprod. Biol. Endocrinol., 1: 58.

KIMBER SJ AND SPANSWICK C, 2000. Blastocyst implantation: the adhesion cascade [J]. Sem. Cell Dev. Biol., 11: 77-92.

KLISCH K, THOMSEN PD, DANTZER V, *et al*, 2004. Genome multiplication is a generalised phenomenon in placentomal and interplacentomal trophoblast giant cells in cattle [J]. Reprod. Fertil. Dev., 16 (3):

301–306.

KOOPMAN P, GUBBAY J, VIVIAN N, *et al*, 1991. Male development of chromosomally female mice transgenic for Sry [J]. Nature, 351: 117–121.

LIAO WX, 2004. Functional and molecular characterization of naturally occurring mutations in the oocyte secreted factors BMP–15 and GDF–9 [J]. J. Biol. Chem., 279: 17391–17396.

LIAO WX, MOORE RK, OTSUKA F, *et al*, 2003. Effect of intracellular interactions on the processing and secretion of bone morphogenetic protein–15 (BMP–15) and growth and differentiation factor– 9: Implication of the aberrant ovarian phenotype of BMP – 15 in mutant sheep [J]. J. Biol. Chem., 278: 3713–3719.

MANDIKI SN, NOEL B, BISTER JL, *et al*, 2000. Pre – ovulatory follicular characteristics and ovulation rates in different breed crosses, carriers or non–carriers of the Booroola or Cambridge fecundity gene [J]. Anim. Reprod. Sci., 63: 77–88.

MATZUK MM, 2002. Intercellular communication in the mammalian ovary: Oocytes carry the conversation [J]. Science, 296: 2178–2180.

MAZERBOURG S, KLEIN C, ROH J, *et al*, 2004. Growth differentiation factor–9 (GDF9) signalling is mediated by the type 1 receptor ALK5 [J]. Mol. Endocrinol., 18: 653–665h.

MCNATTY KP, SMITH P, MOORE LG, *et al*, 2005. Oocyte – expressed genes affecting ovulation rate [J]. Mol. Cell. Endocrinol., 234: 57–66.

MONGET P, FABRE S, MULSANT P, *et al*, 2002. Regulation of ovarian folliculogenesis by IGF and BMP system in domestic animals [J]. Domest. Anim. Endocrinol., 23: 139–154.

MONTGOMERY GW, GALLOWAY SM, DAVIS GH, *et al*, 2001. Genes controlling ovulation rate in sheep [J]. Reproduction, 121: 843–852.

MOORE RK, OTSUKA F, SHIMASKA S, 2003. Molecular basis of bone morphogenetic protein–15 signaling in granulosa cells [J]. J. Biol. Chem., 27: 34–310.

MORUZZI JF, 1979. Selecting a mammalian species for the separation of X – and Y – chromosome – bearing spermatozoa [J]. J. Reprod. Fertil., 57: 319–323.

MULSANTL P, LECERF F, FABRE S, *et al*, 2001. Mutation in bone morphogenetic protein receptor-1B is associated with increased ovulation rate in BooroolaMerino ewes [J]. Proc. Natl. Acad. Sci. USA, 98: 5104-5109.

NEILD DM, GADELLA BM, CHAVES MG, *et al*, 2003. Membrane changes during different stages of a freeze-thaw protocol for equine semen cryopreservation [J]. Theriogenology, 59 (8): 1693-1705.

NOAKES D E, 2014. 兽医产科学 [M]. 第九版. 赵兴绪, 译. 北京: 中国农业出版社.

NOEL S, HERMAN A, JOHNSON GA, *et al*, 2003. Ovine placental lactogen specifically binds endometrial glands of the ovine uterus [J]. Biol. Reprod., 68: 772-780.

OTSUKA F AND SHIMASAKI S, 2002. A negative feedback system between oocyte bone morphogenetic protein 15 and granulosa cell kit ligand: its role in regulating granulosa cell mitosis [J]. Proc. Natl. Acad. Sci. USA, 99: 8060-8065.

OTSUKA F, YAMAMOTO S, ERICKSON GF, *et al*, 2001. Bone morphogenetic protein-15 inhibits follicle-stimulating hormone (FSH) action by suppressing FSH receptor expression [J]. J. Biol. Chem., 276: 11387-11392.

OTSUKA F, YAO F, LEE TH, *et al*, 2000. Bone morphogenetic protein-15: Identification of target cells and biological functions [J]. J. Biol. Chem., 275: 39523-39528.

PALMARINI MA, GRAY CA, CARPENTER K, *et al*, 2001. Expression of endogenous beta retroviruses in the ovine uterus: effects of neonatal age, estrous cycle, pregnancy and progesterone [J]. J. Virol., 75: 11319 - 11327.

PARIA BC, REESE J, DAS SK, *et al*, 2002. Deciphering the cross-talk of implantation: advances and challenges [J]. Science, 296: 2185-2188.

RATH D, JOHNSON LA, DOBRINSKY JR, *et al*, 1997. Production of piglets preselected for sex following in vitro fertilization with X and Y chromosome-bearing spermatozoa sorted by flow cytometry [J]. Theriogenology, 47 (4): 795-800.

RIESENBERG S, MEINECKE-TILLMANN S, MEINECKE B, 2001. 2001. Ultrasonic study of follicular dynamics following superovulation in German Merino ewes [J]. Theriogenology, 55: 847-865.

ROH JS, BONDESTAM J, MAZERBOURG S, *et al*, 2003. Growth differentiation in factor-9 stimulates inhibin production and activates Smad 2 in cultured rat granulosa cells [J]. Endocrinology, 144: 172-178.

SEELENMEYER C, WEGEHINGEL S, LECHNER J, *et al*, 2003. The cancer antigen CA125 represents a novel counter receptor for galectin-1 [J]. J. Cell Sci., 116: 1305-1318.

SEIDEL GE JR, SCHENK JL, HERICKOFF LA, *et al*, 1999. Insemination of heifers with sexed sperm [J]. Theriogenology, 52: 1407-1420.

SEIDEL JR GE, 2003. Economics of selecting for sex: the most important genetic trait [J]. Theriogenology, 59: 585-598.

SHIMASAKI S, MOORE RK, ERICKSON GF, *et al*, 2003. The role of bone morphogenetic proteins in ovarian function [J]. Reprod. Suppl., 61: 323-337.

SHIMASAKI S, MOORE RK, OTSUKA F, *et al*, 2004. The bone morphogenetic protein system in mammalian reproduction [J]. Endocr. Rev., 25: 72-101.

SILLS ES, KIRMAN I, COLOMBERO LT, *et al*, 1998. H-Y antigen expression patterns in human X-and Y-chromosome bearing spermasozoa [J]. Am. J. Reprod. Immunol., 40 (1): 43-47.

SPENCER TE and BAZER FW, 2002. Biology of progesterone action during pregnancy: recognition and maintenance of pregnancy [J]. Front. Bio., 7: 1879-1898.

SPENCER TE, JOHNSON GA, BURGHARDT RC, *et al*, 2004. Progesterone and placental hormone actions on the uterus: insights from domestic animals [J]. Biol. Reprod., 71: 2-10.

STEWART MD, JOHNSON GA, GRAY CA, *et al*, 2000. Prolactin receptor and uterine milk protein expression in the ovine endometrium during the estrous cycle and pregnancy [J]. Biol. Reprod., 62: 1779-1789.

STOCCO C, CALLEGARI E and GIBORI G, 2001. Opposite effect of prolactin and prostaglandin F2α on the expression of luteal genes as revaled by rat cDNA expression array [J]. Endocrinology, 142: 4158-4161.

TRITSCHLER JP, DUBY RT, PARSONS EM, *et al*, 1991. Comparison of two protestagens during out of season breeding in a commercial ewe flock [J]. Theriogenology, 35: 943-952.

VINOLES C, FORSBERG M, BANCHERO G, *et al*, 2001. Effect of long-term and short - term progestagen treatment on follicular development and pregnancy rate in cyclic ewes [J]. Theriogenology, 55: 993-1004.

VITT UA, 2000. Growth differentiation factor - 9 stimulates proliferation but suppresses the follicle - stimulating hormone - induced differentiation of cultured granulosa cells from small antral and preovulatory rat follicles [J]. Biol. Reprod., 6: 277-377.

WALLING GA, BISHOP SC, PONG -WONG R., *et al*, 2002. Detection of a major gene for litter size in Thoka Cheviot sheep using Bayesian segregation analyses [J]. Anim. Sci., 75: 339-347.

WANG J and ARMANT DR, 2002. Integrin mediated adhesion and signaling during blastocyst implantation [J]. Cells Tissues Organs., 172: 190-201.

YAN C, 2001. Synergistic roles of bonemorphogenetic protein 15 and growth differenotiation factor 9 in varian function [J]. Mol. Endocrinol., 15: 854-866.

YANG RY and LIU FT, 2003. Galectins in cell growth and apoptosis [J]. Cell Mol. Lif. Sci., 60: 267-276.

YI SE, LAPOLT PS, YOON BS, *et al*, 2001. The type I BMP receptor BmprIB is essential for female reproductive function [J]. Proc. Natl. Acad. Sci. USA, 98: 7994-7999.